从新手到高手

网页设计与网站建设
（CS6 中文版）
从新手到高手

□ 吴东伟　王英华　编著

清华大学出版社
北　京

内 容 简 介

本书结构清晰，案例丰富，详细介绍了利用Dreamweaver CS6、Flash CS6和Photoshop CS6等为主的网站开发组合软件开发不同类型网站的过程。本书还重点介绍了数据库、ASP等常用网站开发不可缺少的技术。本书是典型的案例实例教材，从行业应用出发，详细介绍了博客、餐饮、健康、企业、教育、旅游、艺术、服饰、房产、娱乐、购物等类型的网站。

本书在编著过程中，结合了大量网页设计人员及设计师的开发经验。本书既适用于网页设计与制作初学者、网站开发人员，又可以作为大中专院校相关专业师生的专业教材，还可以适用于网页设计和网站组建培训班学员等。

图书在版编目(CIP)数据

网页设计与网站建设（CS6中文版）从新手到高手 / 吴东伟等编著. —北京：清华大学出版社，2014
（从新手到高手）
ISBN 978-7-302-33531-3

Ⅰ．①网…　Ⅱ．①吴…　Ⅲ．①网页制作工具②网站—建设　Ⅳ．①TP393.092

中国版本图书馆CIP数据核字(2013)第199369号

责任编辑：夏兆彦
封面设计：吕单单
责任校对：胡伟民
责任印制：王静怡

出版发行：清华大学出版社
　　　　　网　　　址：http://www.tup.com.cn, http://www.wqbook.com
　　　　　地　　　址：北京清华大学学研大厦A座　　　邮　　编：100084
　　　　　社 总 机：010-62770175　　　　　　　　　邮　　购：010-62786544
　　　　　投稿与读者服务：010-62776969，c-service@tup.tsinghua.edu.cn
　　　　　质 量 反 馈：010-62772015，zhiliang@tup.tsinghua.edu.cn
印　刷　者：三河市君旺印务有限公司
装　订　者：三河市新茂装订有限公司
经　　　销：全国新华书店
开　　　本：190mm×260mm　　　印　张：22.5　　　字　　数：655千字
　　　　　　（附光盘1张）
版　　　次：2014年10月第1版　　　　　　　　印　　次：2014年10月第1次印刷
印　　　数：1～4000
定　　　价：59.00元

产品编号：049475-01

前　言

在互联网时代，许多企事业单位将自己的信息制作成网站，并通过Internet平台面向全世界，以实现宣传、电子商务、娱乐、便民服务、交互等目的。由于这些网站所提供的服务，使Internet更加丰富多彩，并且增强了企业的形象，加快了人与人之间的沟通，以及增加了商务贸易活动。

本书以Dreamweaver CS6、Flash CS6和Photoshop CS6等网站开发组合软件为主，从不同的行业角度出发，详细介绍了博客、餐饮、健康、企业门户、教育、旅游、时尚流行、文化艺术、电子政务、房产、娱乐、电子商务、论坛等不同类型网站的开发过程。并且，本书还重点介绍了数据库、ASP等常用一些网站开发不可缺少的技术。

本书内容

本书是一本典型的案例实例教程，由多位经验丰富的网页设计人员和程序员编著而成，全书共分为15章，各章的主要内容如下。

第1章介绍了站点及网站的设计，包括网站建设流程、网页界面构成、网页策划、网页色彩基础和网页制作的常用工具等内容。

第2章介绍了网站与数据库的应用技术，主要内容包括数据库的作用及常用数据库的类型。同时，还讲解了创建Access数据表、SQL Server数据表及ODBC数据源的方法。

第3章以Photoshop为重点介绍了网页图像处理，包括网页图像概述、网页色彩、图像的颜色选取、图像的变换、图像的裁剪、图像的复制、图像的删除及图层等内容。

第4章以Flash为重点介绍了网页动画设计，包括网页中的Flash元素、整站Flash、图形绘制工具、图层和元件等内容。

第5章以CSS样式为重点介绍了博客类网站，包括博客的栏目、博客与传统网站的区别、博客的布局方式、制作博客的方法，以及如何更新与维护博客。

第6章以表格为重点介绍了健康类网站，主要内容包括健康类网站的类型和常见形式。同时，以一个健康类网站为实例讲解了该类型网站的制作方法。

第7章以文本样式为重点介绍了服饰类网站，主要内容包括服饰类网站的类型、设计风格和色调分析。同时，以一个服饰类网站为实例讲解了该类型网站的制作方法。

第8章以XHTML+CSS布局为重点介绍了企业门户网站，主要内容包括企业门户网站的栏目设计、网站一般设计要求及色彩分析。同时，以一个企业类网站为实例讲解了该类网站的制作方法。

第9章以JavaScript语言为重点介绍了房产类网站，主要内容包括房产类网站的分类及设计风格。同时，以一个房产类网站为实例讲解了该类型网站的制作方法。

第10章以表单为重点介绍了教育类网站，主要内容包括文化艺术类网站的风格及创建。同时，以一个中学类网站为实例讲解了教育类网站的制作方法，以及如何为网页添加表单。

第11章以Dreamweaver行为为重点介绍了娱乐类网站，主要内容包括娱乐类网站的分类、色相情感、色彩知觉和色调联想。同时，以一个娱乐类网站为实例讲解了该类型网站的制作方法，以及Dreamweaver行为在网页中的应用。

第12章以Flash动画为重点介绍了餐饮类网站，主要内容包括餐饮类网站的分类及设计风格。同时，以一个餐饮类网站为实例讲解了该类型网站的制作方法。

第13章以Photoshop滤镜为重点介绍了艺术类网站，主要内容包括文化艺术类网站的风格及创意。同时，以一个艺术类网站为实例讲解了该类型网站的设计方法。

第14章以ASP脚本语言和Access数据库为重点介绍了购物类网站，主要内容包括购物类网站的类型及制作特色。同时，以一个购物类网站为实例讲解了商品展示模块和商品详细信息模块的制作方法。

第15章以ActionScript 3.0为重点介绍了旅游类网站，主要内容包括旅游类网站的分类及设计风格。同时，以一个旅游类网站为实例讲解了该类型网站的制作方法。

本书特色

本书是专门介绍网页设计与网站建设（CS6中文版）基础知识的教程，在编写过程中精心设计了丰富的实例，以帮助读者顺利学习本书的内容。

■ **系统全面，超值实用** 本书针对各个章节不同的知识内容，提供了多个不同内容的实例，除了详细介绍实例应用知识之外，还在侧栏中同步介绍相关知识要点。每章穿插大量的提示、注意和技巧，构筑了面向实际的知识体系。另外，本书采用了紧凑体例的版式，相同内容下，篇幅缩减了约30%，实例数量增加了约50%。

■ **串珠逻辑，收放自如** 统一采用了二级标题灵活安排全书内容，摆脱了普通培训教程按部就班讲解的窠臼。同时，每章最后都对本章重点、难点知识进行分析总结，从而达到了内容安排收放自如，方便读者学习本书内容的目的。

■ **全程图解，快速上手** 各章内容分为基础知识、实例演示和高手答疑三个部分，全部采用图解方式，图像均做了大量的裁切、拼合、加工，信息丰富、效果精美，使读者翻开图书的第一感觉就获得强烈的视觉冲击。

■ **书盘结合，相得益彰** 多媒体光盘中提供了本书实例完整的素材文件和全程配音教学视频文件，便于读者自学和跟踪联系本书内容。

读者对象

本书内容详尽、讲解清晰，全书包含众多知识点，采用与实际范例相结合的方式进行讲解，并配以清晰、简洁的图文排版方式，使学习过程变得更加轻松和易于上手。因此，能够有效吸引读者进行学习。

本书适合作为高等院校和高职高专院校学生学习使用，也可以作为网页设计与网站建设（CS6中文版）初学者、网站开发人员、大中专院校相关专业师生、网页制作培训班学员等的参考资料。

参与本书编写的除了封面署名人员外，还有王敏、马海军、祁凯、孙江玮、田成军、刘俊杰、赵俊昌、王泽波、张银鹤、刘治国、何方、李海庆、王树兴、朱俊成、崔群法、孙岩、倪宝童、王立新、王咏梅、康显丽、辛爱军、牛小平、贾栓稳、赵元庆、郭磊、杨宁宁、郭晓俊、方宁、王黎、安征、亢凤林、李海峰等。

由于时间仓促与水平有限，疏漏之处在所难免，欢迎读者朋友登录清华大学出版社的网站www.tup.com.cn与我们联系，帮助我们改进提高。

编 者
2013年1月

目　录

第 1 章

站点及网页设计

　　随着互联网的逐渐发展，越来越多的企业开始建设网站，通过互联网为企业寻找新的机遇；而很多个人也开始学习建立个人网页，通过互联网展示自我，寻求个人发展的空间。无论是建设网站还是建立个人网页，都离不开网页设计技术。

　　本章主要介绍在站点及网页设计之前的一些基础知识、设计网页需要进行的各种准备工作，以及设计网页所使用的一些基本技术和软件。

1.1 网站建设流程

版本：Dreamweaver CS6

网站的整体建设是一个系统工程，在建设网站之前需要进行许多准备工作。

1．市场调查

市场调查提供了网站策划的依据。在市场分析过程中，需要先进行3个方面的调查，即用户需求调查、竞争对手情况调查以及企业自身情况的调查。

2．市场分析

市场分析是将市场调查的结果转换为数据，并根据数据对网站的功能进行定位的过程。

3．制定网站技术方案

在建设网站时，会有多种技术供用户选择，包括服务器的相关技术（NT Server/Linux）、数据库技术（ACCESS/My Sql/SQL Server）、前台技术（XHTML+CSS/Flash/AIR）以及后台技术（ASP/ASP.Net/PHP/JSP）等。

> **提示**
>
> 在制定网站技术方案时，切忌一切求新，盲目采用最先进的技术。符合网站资金实力和技术水平的技术才是合适的技术。

4．规划网站内容

在制定网站技术方案之后，即可整理收集网站资源，并对资源进行分类整理、划分栏目等。

网站的栏目划分，标准应尽量符合大多数人的习惯。例如，一个典型的企业网站栏目，通常包括企业的简介、新闻、产品、用户的反馈以及联系方式等。产品栏目还可以再划分子栏目。

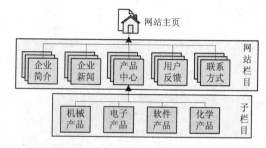

5．前台设计

前台设计包括所有面向用户的平面设计工作，如网站的整体布局设计、风格设计、色彩搭配以及UI设计等。

6．后台开发

后台开发包括设计数据库和数据表，以及规划后台程序所需要的功能范围等。

7．网站测试

在发布网站之前需要对网站进行各种严密测试，包括前台页面的有效性、后台程序的稳定性、数据库的可靠性以及整体网站各链接的有效性等。

8．网站发布

在制定网站的测试计划后，即可制定网站发布的计划，包括选择域名、网站数据存储的方式等。

9．网站推广

除了网站的规划和制作外，推广网站也是一项重要的工作，如登记各种搜索引擎、发布各种广告、公关活动等。

10．网站维护

维护是一项长期的工作，包括对服务器的软件和硬件维护、数据库的维护、网站内容的更新等。多数网站还会定期的改版，保持用户的新鲜感。

1.2 网页界面构成

版本：Dreamweaver CS6

从严格意义上讲，网页也是一种"软件"，其界面也是软件界面的一种。然而，相比各种系统软件和应用软件，网页的界面又有一些不同。

网页是由浏览器打开的文档，因此可以将其看作是浏览器的一个组成部分。网页的界面只包含内置元素，而不包含窗体元素。以内容来划分，一般的网页界面包括网站Logo、导航条、Banner、内容栏和版尾5个部分。

1．网站Logo

Logo是企业或网站的标志。例如，微软的Logo：Microsoft。

网站 Logo

2．导航条

导航条是索引网站内容，帮助用户快速访问网站功能的辅助工具。根据网站内容，一个网页可以设置多个导航条，还可以设置多级的导航条以显示更多的导航内容。

导航条内包含的是网站功能的按钮或链接，其项目的数量不宜过多。通常同级别的项目数量以3~7个为宜，超过这一数量后，应尽量放到下一级别处理。设计合理的导航条可以有效地提高用户访问网站的效率。

在导航条的设计中，还可以多采用类似Flash或jQuery脚本等实现的动画元素，吸引用户访问。

导航条

3．Banner

Banner的中文意思为旗帜或网幅，是一种可以由文本、图像和动画相结合而成的网页栏目。Banner的主要作用是显示网站的各种广告，包括网站本身产品的广告和与其他企业合作放置的广告。

在网页中预留标准Banner大小的位置，可以降低网站的广告用户Banner设计成本，使Banner广告位的出租更加便捷。

国际广告联盟的"标准与管理委员会"联合广告支持信息和娱乐联合会等国际组织，推出了一系列网络广告宣传物的标准尺寸，称作"IAC/

CASIE"标准，共包括7种标准的Banner尺寸。

名称	Banner面积
摩天大楼形	120px×600px
中级长方形	300px×250px
正方形弹出	250px×250px
宽摩天大楼	160px×600px
大长方形	336px×280px
长方形	180px×150px
竖长方形	240px×400px

iPod engraving
Free. Only from the Apple Online Store.

Corporate Gifting
Special pricing on gifts and all iPod models.

Banner

Product Red
Play more than music.
Play a part.

iTunes Gift Cards
Give music, movies, and more.

在众多商业网站中，通常都会遵循以上标准定义Banner的尺寸，方便用户设计统一的Banner应用在所有网站上。然而，在一些不依靠广告位出租赢利的网站中，Banner的大小则比较自由。网页的设计者完全可以根据网站内容以及页面美观的需要随时调整Banner的大小。

4．内容栏

内容栏是网页内容的主体，通常可以由一个或多个子栏组成，包含网页提供的所有信息和服务项目。

内容栏的内容既可以是图像，也可以是文本，或图像和文本结合的各种内容。

在设计内容栏时，用户可以先独立地设计多个子栏，然后再将这些子栏拼接在一起，形成整体的效果。同时，还可以对子栏进行优化排列，提高用户的操作体验。

如果网页的内容较少，则可以使用单独的内容栏，通过大量的图像使网页更加美观。

5．版尾

版尾是整个网页的收尾部分。在这部分内容中，可以声明网页的版权、法律依据以及为用户提供的各种提示信息等。

除此之外，在版尾部分还可以提供独立的导航条，为将页面滚动到底部的用户提供一个导航的替代方式。

1.3　网页策划

网页策划包括网站的选题、内容采集整理、图片的处理、页面的排版设置、背景及其整套网页的色调等。

1．网站定位

在网页设计前，首先要给网站一个准确的定位，它是属于宣传自己产品的一个窗口，还是用来提供商务服务或者提供资讯服务性质的网站，从而确定主题与设计风格，网站名称要切题，题材要专而精，并且要兼顾商家和客户的利益。在主页中标题起着很重要的作用，它在很大程度上决定了整个网站的定位。一个好的标题必须有概括性、简短、有特色且容易记，还要符合自己主页的主题和风格。

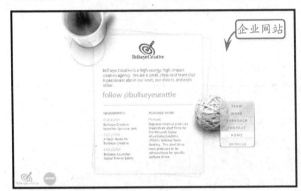

2．网站规划

在设计之前，需先画出网站结构图，其中包括网站栏目、结构层次、链接内容。首页中的各功能按钮、内容要点、友情链接等都要体现出来，一定要切题，并突出重点，同时在首页上应把大段的文字换成标题性的、吸引人的文字，将单项内容交给分支页面去表达，这样才显得页面精炼。也就是说，首先要让访问者一眼就能了解这个网站都能提供什么信息，使访问者有一个基本的认识，并且有继续看下去的兴趣。而且要细心周全，不要遗漏内容，还要为扩容留出空间。分支页面内容要相对独立，切忌重复，导航功能要好。网页文件命名开头不能使用运算符、中文字等，分支页面的文件存放于自己单独的文件夹中，图形文件存放于单独的图形文件夹中，汉语拼音、英文缩写、英文原意均可用来命名网页文件。

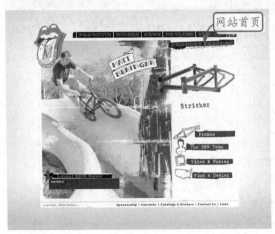

3．内容的采集

采集内容必须与标题相符，在采集内容的过程中，应注重特色。主页中的特色应该突出自己的个性，并把内容按类别进行分类，设置栏目，让人一目了然，栏目不要设置太多，最好不要超过10个，层次上最好少于5层，而重点栏目最好能直接从首页到达，保证用各种浏览器都能看到主页最好的效果。

4．主页设计

主页设计包括创意设计、结构设计、色彩调配和布局设计。创意设计来自设计者的灵感和平时经验的积累。结构设计源自网站结构图。在主页设计时应考虑到"标题"要有概括性和特色，符合自己设计时的主题和风格；"文字"的组织应有自己的特色，努力把自己的思想体现出来；"图片"适当地插入网页中可以起到画龙点睛的作用；"文字"与"背景"的合理搭配，可以使文字更加醒目和突出，使浏览者更加乐于阅读和浏览。整个页面的色彩在选择上一定要统一，特别是在背景色调的搭配上一定不能有强烈的对比，背景的作用主要在于统一整个页面的风格，对视觉的主体起一定的衬托和协调作用。

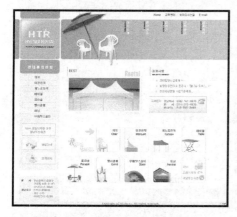

5．图片

主页不能只用文字，必须在主页上适当地添加一些图片，增加可看性，当然，处理得不好的以及无关紧要的图片最好不要放上去，否则让人觉得是累赘，同时也影响网页的传输速度。一般来说，图片颜色较少、色调平板均匀以及颜色在256色以内的最好把它处理成gif图像格式，如果是一些色彩比较丰富的图片，如扫描的照片，最好把它处理成jpg图像格式，因为gif和jpg图像格式各有各的压缩优势，应根据具体的图片来选择压缩比。另外，网页中最好对图片添加注解，当图片的下载速度较慢，在没有显示出来时注解有助于让浏览者知道这是关于什么的图片，是否需要等待，是否可以单击，特别考虑到纯文本浏览者浏览的方便，很有必要为图片添加一个注解。

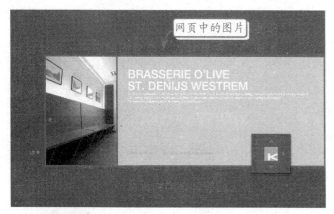

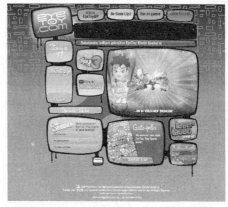

6．网页排版

要灵活运用表格、层、帧、CSS样式表来设置网页的版面。网页页面整体的排版设计是不可忽略的，它很重要的一个原则是合理地运用空间，让自己的网页疏密有致，井井有条，留下必要的空白，让人觉得很轻松。不要把整个网页都填得密密实实，没有一点空隙，这样会给人一种压抑感。

7．背景

网页的背景并不一定要用白色，选用的背景应该和整套页面的色调相协调。合理地应用色彩是非常关键的，根据心理学家的研究，色彩最能引起人们奇特的想象，最能拨动感情的琴弦。比如说做的主页是属于感情类的，那最好选用一些玫瑰色、紫色之类的比较淡雅的色彩，而不要用黑色、深蓝色这类比较灰暗的色彩。黑色是所有色彩的集合体，黑色比较深沉，它能压抑其他色彩，在图案设计中黑色经常用来勾边或点缀最深沉的部位，黑色在运用时必须小心，否则会使图案因"黑色太重"而显得沉闷阴暗。

1.4 网页色彩基础

版本：Dreamweaver CS6

网页设计是平面设计的一个分支，和其他平面设计类似，对色彩都有较大的依赖。色彩可以决定网站的整体风格，也可以决定网站所表现的情绪。

1．RGB色彩体系

人类的眼睛是根据所看见的光的波长来识别颜色的。肉眼可识别的白色太阳光，事实上是由多种波长的光复合而成的全色光。

根据全色光各复合部分的波长（长波、中波和短波），可以将全色光解析为3种基本颜色，即红（Red）、绿（Green）和蓝（Blue）三原色光。

可见光中，绝大多数的颜色可以由三原色光按不同的比例混合而成。例如，当3种颜色以相同的比例混合，则形成白色；而当3种颜色强度均为0时，则形成黑色。

计算机的显示器系统就是利用三原色的原理，采用加法混色法，以描述三原色在各种可见光颜色中占据的比例来分析和描述色彩，从而确立了RGB色彩体系。

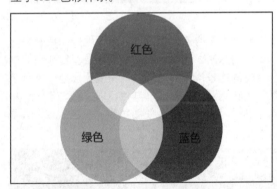

2．色彩的属性

任何一种色彩都会具备色相、饱和度和明度3种基本属性。这3种基本属性又称作色彩的三要素。修改这3种属性中任意一种，都会影响原色彩其他要素的变化。

■ 色相

色相是由色彩的波长产生的属性，根据波长的长短，可以将可见光划分为6种基本色相，即红、橙、黄、绿、蓝和紫。根据这6种色相可以绘制一个色相环，表示6种颜色的变化规律。

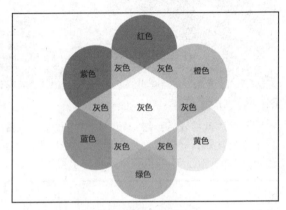

在Photoshop等图像处理软件中，通常用一种渐变色条来表示色彩的色相。

■ 饱和度

饱和度是指色彩的鲜艳程度，又称彩度、纯度。色彩的饱和度越高，则色相越明确，反之则越弱。饱和度取决于可见光波波长的单纯程度。

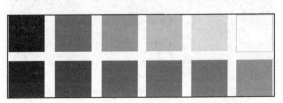

在色彩中，六色色相环中的6种基础色饱和度最高，黑、白、灰没有饱和度。

■ 明度

明度是指色彩的明暗程度，也称光度、深浅度。色彩的明度来自于光波中振幅的大小。色彩的明度越高，则颜色越明亮，反之则越阴暗。

1.5 Dreamweaver CS6窗口界面

版本：Dreamweaver CS6

与之前的版本相比，Dreamweaver CS6提供了全新界面，供用户以更加高效地方式创建网页。在打开Dreamweaver CS6之后，即可进入Dreamweaver窗口主界面。Dreamweaver CS6主要包括两种模式，即可视化模式和代码模式。在默认情况下，Dreamweaver将以可视化的方式显示打开或创建的文档。

在使用Dreamweaver CS6编写网页文档时，有可能会使用到Dreamweaver CS6的代码模式。

Dreamweaver CS6的代码模式与可视化模式在文档窗口方面有很大的不同，在代码模式下，提供了多种工具以帮助用户编写代码。

在使用Dreamweaver CS6设计和制作网页时，可以通过Dreamweaver窗口中的各种命令和工具实现对网页对象的操作。

1．应用程序栏

在Dreamweaver窗口中，应用程序栏可显示当前软件的名称。除此之外，右击带有"Dw"字样的图标，可打开快捷菜单，对Dreamweaver窗口进行操作。

2．工作区切换器

在工作区切换器中，提供了多种工作区模式，供用户选择，以更改Dreamweaver中各种面板的位置、显示或隐藏方式，满足不同类型用户的需求。

3．在线帮助

在线帮助是Dreamweaver CS6的新特色之一。其提供一个搜索框与Adobe官方网站以及Adobe公共帮助程序连接。当用户在搜索框中输入关键字并按下Enter键 Enter 之后，即可通过互联网或本地Adobe公共帮助程序，索引相关的帮助文档。

4．命令栏

Dreamweaver CS6的命令栏与绝大多数软件类似，都提供了分类的菜单项目，并在菜单中提供各种命令供用户执行。

5．嵌入文档

由于网页文档的特殊性，很多网页文档都嵌入了大量外部的文档，包括各种CSS样式规则文档、JavaScript脚本文档以及其他应用程序文档等。

在嵌入文档栏中，将显示当前网页文档所嵌入的各种文档的名称。单击这些名称即可在文档窗口打开文档，对文档进行修改。如需要返回源文档，可单击【源代码】按钮，Dreamweaver会返回源文档。

6．文档工具

文档工具栏的作用是提供视图切换工具、浏览器调用工具、各种可视化助理、网页标题修改工具等，帮助用户编辑和测试网页。

其中，【代码】和【设计】按钮用于切换代码视图与设计视图。如用户需要在编辑代码的同时查看代码的效果，可单击【拆分】按钮进入拆分视图模式，Dreamweaver会以左右分栏的方式分别显示代码和设计结果。

【实时视图】按钮的作用是以Dreamweaver内置的网页引擎解析页面，为用户提供一个类似真实网页浏览器的环境，以调试网页。

在选中【实时视图】按钮后，用户还可以选择【实时代码】按钮，使用Dreamweaver解析文档中的各种脚本代码，更进一步地调试网页文档中的脚本。

7．文档窗口

与以往版本相比，Dreamweaver CS6的文档窗口更加灵活多样，其既可以显示网页文档的内容，又可以显示网页文档的代码。同时，用户还可以使之同时显示内容和代码等信息。

执行【查看】|【标尺】|【显示】命令后，用户可将标尺工具添加到文档窗口中，以便更加确地设置网页对象的位置。

8．状态栏

状态栏的作用是显示当前用户选择的网页标签及其树状结构，供用户进行选择。同时，状态栏还提供了【选取工具】 、【手形工具】 以及【缩放工具】 3个按钮，帮助用户选择网页对象、拖放视图以及对视图进行放大和缩小。

在【缩放工具】按钮 右侧的下拉列表中，用户还可以直接输入或选择缩放的百分比大小，更改视图的缩放比例。

另外，用户可单击显示视图尺寸的区域，右击执行【编辑大小】命令，更改以窗口方式打开的【文档窗口】的尺寸。

在状态栏最右侧，显示了网页文档的大小以及编码方式，供用户查看和编辑。

9．属性检查器

Dreamweaver属性检查器提供了大量的选项供用户选择。当用户选中【设计视图】中的某个网页对象后，即可在属性检查器中设置该网页对象的属性。

10．面板组

面板组是Adobe系列软件中共有的工具集合。在面板组中，几乎包含了对网页进行所有操作的工具和功能。

1.6　Dreamweaver CS6的新特性

版本：Dreamweaver CS6

Dreamweaver CS6作为Adobe Dreamweaver的最新版本，在立足于Adobe Dreamweaver的固有功能上，又新增了以下几种功能。

1．新站点管理器

虽然大部分功能保持不变，但【管理站点】对话框（【站点】|【管理站点】）给人焕然一新的感觉。附加功能包括创建或导入 Business Catalyst 站点。

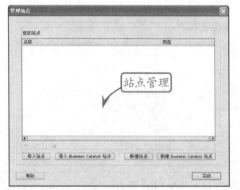

2．CSS3过渡效果

使用新增的【CSS过渡效果】面板可将平滑属性变化更改应用于基于CSS的页面元素，以响应触发器事件，如悬停、单击和聚焦。常见例子是当用户悬停在一个菜单栏项上时，它会逐渐从一种颜色变成另一种颜色。而现在用户不需要再编写代码，可以直接使用代码级支持以及新增的【CSS过渡效果】面板（【窗口】|【CSS过渡效果】）来创建CSS过渡效果。

3．基于流体网格的CSS布局

在Dreamweaver中使用新增的强健流体网格布局（【新建】|【新建流体网格布局】）来创建能应对不同屏幕尺寸的最合适CSS布局。在使用流体网格生成Web页时，布局及其内容会自动适应用户的查看装置。如台式机、绘图板或智能手机等。

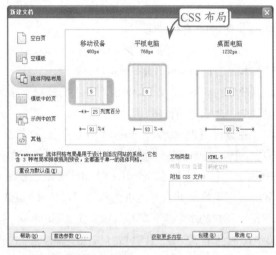

4．多CSS类选区

现在可以将多个CSS类应用于单个元素。选择一个元素，打开【多类选区】对话框，然后选择所需类。在用户应用多个类之后，Dreamweaver会根据用户的选择来创建新的多类。然后，新的多类会从用户进行CSS选择的其他位置变得可用。

HTML用户可以从多个访问点打开【多类选区】对话框：

■　HTML属性检查器（从菜单中选择【应用多个类】）。

■　CSS属性检查器的【目标规则】弹出菜单。

■　【文档】窗口的底部的标记选择器的上下文菜单（右键单击标记并选择【设置类】|【应用多个类】）。

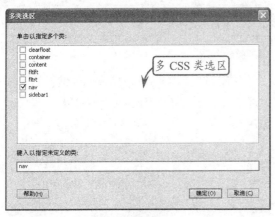

5. PhoneGap Build集成

通过与令人激动的新增PhoneGap Build服务的直接集成，Dreamweaver CS6用户可以使用其现有的HTML、CSS和JavaScript技能来生成适用于移动设备的本机应用程序。

在通过【PhoneGap Build服务】面板（【站点】|【PhoneGap Build服务】）登录到PhoneGap Build后，可以直接在PhoneGap Build服务上生成Web应用程序，并且将生成的本机移动应用程序下载到用户的本地桌面或移动设备上。PhoneGap Build服务管理用户的项目，并允许用户为大多数流行的移动平台生成本机应用程序，包括Android、iOS、Blackberry、Symbian和webOS。

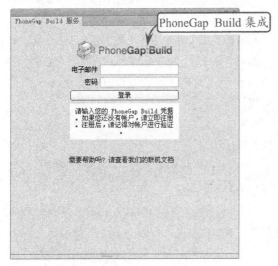

6. jQuery Mobile 1.0

Dreamweaver CS6附带jQuery 1.6.4，以及

jQuery Mobile 1.0文件。jQuery Mobile起始页可以从【新建文档】对话框（【文件】|【新建】|【示例中的页】|【Mobile起始页】）中获得。

现在，当用户创建jQuery Mobile页时，还可以在两种CSS文件之间进行选择：完全CSS文件或被拆分成结构和主题组件的CSS文件。

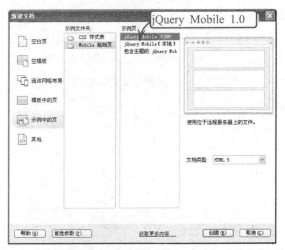

7. jQuery Mobile 色板

用户通过使用新的【jQuery Mobile 色板】面板（【窗口】|【jQuery Mobile色板】），可以在jQuery Mobile CSS文件中预览所有色板（主题）。然后，使用此面板来应用色板，或从jQuery Mobile Web页的各种元素中删除它们。使用此功能，用户可以将色板逐个应用于标题、列表、按钮和其他元素。

8．新Business Catalyst站点

用户现在可以直接从Dreamweaver创建新的Business Catalyst试用站点，并且探索Business Catalyst为用户和项目提供的多种功能。

9．Business Catalyst面板

在登录到Business Catalyst站点后，可以在Dreamweaver中直接从Business Catalyst面板（【窗口】|【Business Catalyst】）内插入和自定义 Business Catalyst模块。用户将可以访问丰富的功能如产品目录、博客与社交媒体集成、购物车等。集成为用户提供一种在Dreamweaver中的本地文件和Business Catalyst站点上的站点数据库内容之间进行集成的方式。

10．Web字体

现在可以在Dreamweaver中使用有创造性的Web支持字体（如Google或Typekit Web字体）。首先，执行【修改】|【Web字体】命令，打开【Web字体管理器】对话框，将Web字体导入用户的Dreamweaver站点。然后，Web字体将在用户的Web页中可用。

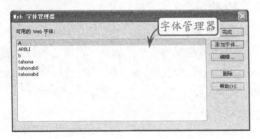

如果在【Web字体管理器】对话框中没有字体，用户可以通过单击【添加字体】按钮，打开【添加Web字体】对话框添加字体。

11．简化的PSD优化

Dreamweaver CS5【图像预览】对话框现在叫做【图像优化】对话框。要打开此对话框，先在【文档】窗口中选择一个图像，然后单击属性检查器中的【编辑图像设置】按钮。以前的CS5【图像预览】对话框中的一些选项现在显示在属性检查器中。

当用户更改【图像优化】对话框中的设置时，【设计视图】中会显示图像的即时预览。

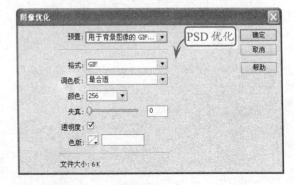

12．对FTP传递的改进

Dreamweaver使用多路传递来使用多个渠道同时传输选定文件。Dreamweaver也允许用户同时使用获取和放置操作来传输文件。

如果有足够的可用带宽，FTP多路异步传递可显著加快传输速度。

1.7 Photoshop CS6窗口界面

版本：Photoshop CS6

建设在开始使用Photoshop处理和绘制图像之前，首先要了解该软件的界面构成，以帮助用户快速地进行操作。启动Photoshop，将显示Photoshop CS6的操作界面，该软件的窗口由菜单栏、选项栏、工具箱、图像编辑窗口和控制面板组成。

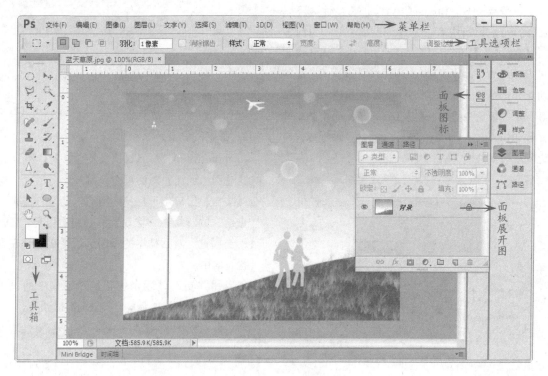

Photoshop CS6与Photoshop CS5相同，在工具箱与面板布局上引入了全新的可伸缩的组合方式，使编辑操作更加方便、快捷。

1．菜单

Photoshop 的菜单栏选项可以执行大部分Photoshop中的操作。它包括11个菜单，分别是【文件】、【编辑】、【图像】、【图层】、【选择】、【滤镜】、【分析】、【3D】、【视图】、【窗口】和【帮助】。

2．工具箱

工具箱中列出了Photoshop常用的工具，单击工具按钮或者选择工具快捷键即可使用这些工具。对于存在子工具的工具组（在工具右下角有一个小三角标志，说明该工具中有子工具）来说，只要在图标上右击或单击左键不放，就可以显示出该工具组中的所有工具。

3．选项栏

选项栏用于设置工具箱中当前工具的参数。不同的工具所对应的选项栏也有所不同。

4．控制面板

Photoshop中的控制面板综合了Photoshop编辑图像时最常用的命令和功能，以按钮和快捷键菜单的形式集合在控制面板中。在Photoshop CS6中，所有控制面板以图标形式显示在界面右侧，并且将其分为8个面板组。

1.8 Photoshop CS6新增功能

版本：Photoshop CS6

在Photoshop CS6中，除了常用的基本功能外，还增加了一系列的新功能。工作界面的改变、内容感知的修补和移动、全新的裁剪功能、矢量图层、模糊效果、图层搜索、自动恢复、油画滤镜等功能使软件操作更加实用、简单、方便。

1. 全新的裁剪功能

在Photoshop CS6中，使用全新的非破坏性裁剪工具可以快速精确地裁剪图像，并且在画布上能够控制图像。

2. 图层搜索

现在可以通过类型、名称、效果、模式、属性和颜色，使用新的图层搜索工具对图层进行搜索与排序。

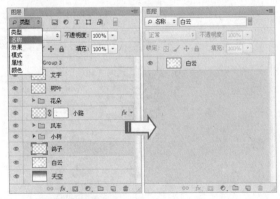

3. 内容感知移动

【内容感知移动】是CS6中的一个新工具，它能在用户整体移动图片中选中的某物体时，智能填充物体原来的位置。

4. 油画滤镜

使用Mercury图形引擎支持的油画滤镜，让用户的作品快速呈现油画效果。

1.9 Flash CS6窗口界面

版本：Flash CS6

Flash CS5是Flash系列软件中的最新版本，是Adobe Creative Suite系列软件的第5版中最重要的组成部分之一。打开Flash CS6后，即可查看其软件的工作界面。

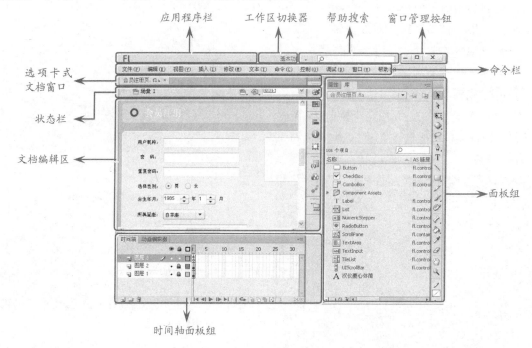

时间轴面板组

在使用Flash CS6制作矢量动画时，可以通过窗口中的各种命令和工具，实现对矢量图形的修改操作。

1．应用程序栏

与Photoshop类似，应用程序栏显示当前软件的名称。除此之外，右击带有"Fl"字样的图标，可以打开快捷菜单，对Flash窗口进行操作。

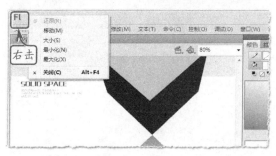

2．工作区切换器

在工作区切换器中，提供了多种工作区模式

供用户选择，以更改Flash中各种面板的位置、显示或隐藏方式。

Flash提供了7种预置的工作区模式供用户进行选择，包括动画、传统、调试、设计人员、开发人员、基本功能和小屏幕，适用于不同的需求。

3．帮助搜索

在工作区切换器右侧，是Flash的帮助搜索文本框。用户可在该文本框中输入文本，然后单击左侧的【搜索】按钮 🔍，在Adobe的在线帮助或本地帮助中搜索包含这些文本的页面。

4．命令栏

Flash CS6的命令栏与绝大多数软件类似，都提供了分类的菜单项目，并在菜单中提供了各种命令供用户执行。

5．状态栏

状态栏用于显示当前打开的内容从属于哪一个场景、元件和组等，从而反映内容与整个文档的目录关系。单击【上行】按钮 ⇦，用户可以方便地跳转到上一个级别。

状态栏右侧提供了【编辑场景】按钮 🗺 和【编辑元件】按钮 🖐。单击这两个按钮，可以分别查看当前Flash文档所包含的场景和元件列表。选择其中某一个项目，可以对其进行编辑。

除此之外，在状态栏最右侧，还提供了查看当前文档缩放比例的下拉列表菜单，用户可在此设置文档的缩放比例。

6．文档编辑区

文档编辑区的作用是显示Flash打开的各种文档，并提供各种辅助工具，帮助用户编辑和浏览文档。

■ 标尺

在Flash文档的上方和左侧提供两个辅助工具栏，并在其中显示尺寸。执行【视图】|【标尺】命令，用户可以更改标尺的显示方式。

■ 辅助线

辅助线用于对齐文档中的各种元素。将鼠标光标置于标尺栏上方，然后按住鼠标左键，向文档编辑区拖拽以添加辅助线。

执行【视图】|【辅助线】|【编辑辅助线】命令，可以设置辅助线的基本属性，包括颜色、贴紧方式和贴紧精确度等。

用户不需要再更改Flash影片的辅助线，则可选择【锁定辅助线】的复选按钮。此时，所有辅助线都将无法被移动。

■ 网格

网格是一种用于图像内容对齐的辅助线工具。在Flash CS6中执行【视图】|【网格】|【编辑网格】命令，即可设置网格的属性。

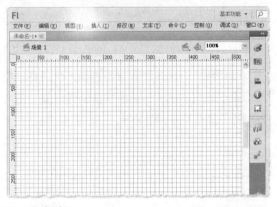

7. 面板组

面板组中，包括【属性】面板、【库】面板

和【工具箱】面板。其中【属性】面板又被称作属性检查器，是Flash中最常用的面板之一。用户在选择Flash影片中的各种元素后，即可在【属性】面板中修改这些元素的属性。

【库】面板的作用类似一个仓库，其中存放着当前打开的影片中所有的元件。用户可直接将【库】面板中的元件拖拽到舞台场景中，或对【库】面板中的元件进行复制、编辑和删除等操作。

【工具箱】面板也是Flash CS6中最常用的面板之一。在【工具箱】面板中，列出了Flash CS6中常用的30种工具，用户可以单击相应的工具按钮，或按下这些工具所对应的快捷键，来调用这些工具。

一些工具是以工具组的方式存在的。此时，用户可以右击工具组，或者按住工具组的按钮3秒钟时间，打开该工具组的列表，在列表中选择相应的工具。

1.10　Flash CS6新增功能

版本：Flash CS6

Flash CS6软件内含强大的工具集，具有排版精确、版面保真和丰富的动画编辑功能，能帮助用户清晰地传达创作构思。详细介绍如下：

■ HTML的新支持

以Flash Professional的核心动画和绘图功能为基础，利用新的扩展功能（单独提供）创建交互式HTML内容。导出JavaScript来针对CreateJS开源架构进行开发。

■ 生成Sprite表单

导出元件和动画序列，以快速生成Sprite表单，协助改善游戏体验、工作流程和性能。

■ 锁定3D场景

使用直接模式作用于针对硬件加速的2D内容的开源Starling Framework，从而增强渲染效果。

■ 高级绘制工具

借助智能形状和强大的设计工具，更精确有

效地设计图稿。

■ 行业领先的动画工具

使用时间轴和动画编辑器创建和编辑补间动画，使用反向运动为人物动画创建自然的动画。

■ 高级文本引擎

通过"文本版面框架"获得全球双向语言支持和先进的印刷质量排版规则API。从其他Adobe应用程序中导入内容时仍可保持较高的保真度。

■ Creative Suite集成

使用 Adobe Photoshop CS6软件对位图图像进行往返编辑，然后与 Adobe Flash Builder 4.6 软件紧密集成。

■ 专业视频工具

借助随附的Adobe Media Encoder应用程序，将视频轻松并入项目中并高效转换视频剪辑。

■ 滤镜和混合效果

为文本、按钮和影片剪辑添加有趣的视觉效果，创建出具有表现力的内容。

■ 基于对象的动画

控制个别动画属性，将补间直接应用于对象而不是关键帧。使用贝赛尔手柄轻松更改动画。

■ 3D转换

借助激动人心的3D转换和旋转工具，让2D对象在3D空间中转换为动画，让对象沿x、y和z轴运动。将本地或全局转换应用于任何对象。

■ 骨骼工具的弹起属性

借助骨骼工具的动画属性，创建出具有表现力、逼真的弹起和跳跃等动画效果。强大的反向运动引擎可制作出真实的物理运动效果。

■ 装饰绘图画笔

借助装饰工具的一整套画笔添加高级动画效果。制作颗粒现象的移动（如云彩或雨水），并且绘出特殊样式的线条或多种对象图案。

■ 轻松实现视频集成

用户可在舞台上拖动视频并使用提示点属性检查器，简化视频嵌入和编码流程。在舞台上直接观赏和回放 FLV 组件。

■ 反向运动锁定支持

将反向运动骨骼锁定到舞台，为选定骨骼设置舞台级移动限制。为每个图层创建多个范围，定义行走循环等更复杂的骨架移动。

■ 统一的Creative Suite界面

借助直观的面板停放和弹起加载行为简化用户与 Adobe Creative Suite版本中所有工具的互动，大幅提升用户的工作效率。

■ 精确的图层控制

在多个文件和项目间复制图层时，保留重要的文档结构。

■ 特定平台和设备访问

使用预置的本地扩展功能访问特定平台与设备的功能，如电池电量和振动。

■ Adobe AIR移动设备模拟

模拟屏幕方向、触控手势6和加速计等常用的移动设备应用互动来加速测试流程。

■ ActionScript 编辑器

借助内置ActionScript编辑器提供的自定义类代码提示和代码，简化开发工作。有效地参考用户本地或外部的代码库。

■ 基于XML的FLA源文件

借助XML格式的FLA文件，更轻松地实现项目协作。解压缩项目的操作方式类似于文件夹，可使用户快速管理和修改各种资源。

■ 代码片段面板

借助为常见操作、动画和多点触控手势等预设的便捷代码片段，加快项目完成速度。这也是一种学习ActionScript的更简单的方法。

■ 顺畅的移动测试

在支持Adobe AIR运行时，使用USB连接的设备执行源码级调试，直接在设备上运行内容。

■ 有效地处理代码片段

使用pick whip预览并以可视方式添加了20多个代码片段，其中包括用于创建移动和AIR应用程序、用于加速计以及多点触控手势的代码片段。

■ Flash Builder集成

与开发人员密切合作，让用户使用Adobe Flash Builder软件对用户的FLA项目文件内容进行测试、调试和发布，提高工作效率。

■ 返回顶部创建一次，即可随处部署

使用预先封装的Adobe AIR captive创建应用程序，在台式计算机、智能手机、平板电脑和电视上呈现一致的效果。

■ 广泛的平台和设备支持

锁定最新的Adobe Flash Player和AIR，使用户能针对Android和iOS平台进行设计。

■ 高效的移动设备开发流程

管理针对多个设备的FLA项目文件。跨文档和设备目标共享代码和资源，为各种屏幕和设备有效地创建、测试、封装和部署内容。

■ 创建预先封装的Adobe AIR应用程序

使用预先封装的Adobe AIR captive创建和发布应用程序。简化应用程序的测试流程，使终端用户无需额外下载即可运行相关内容。

■ 在调整舞台大小时缩放内容

元件和移动路径已针对不同屏幕大小进行优化设计，因此在进行跨文档分享时可节省时间。

■ 简化的【发布设置】对话框

使用直观的【发布设置】对话框，更快、更高效地发布内容。

■ 跨平台支持

在用户选择的操作系统上工作：Mac OS或Windows。

■ 元件性能选项

借助新的工具选项、舞台元件栅格化和属性检查器提高移动设备上的 CPU、电池和渲染性能。

■ 增量编译

使用资源缓存缩短使用嵌入字体和声音文件的文档编译时间，提高丰富内容的部署速度。

■ 自动保存和文件恢复

即使在计算机崩溃或停电后，也可以确保文件的一致性和完整性。

■ 多个AIR SDK支持

用户可以使用新增菜单命令来添加多个AIR SDK，轻松选择目标版本并发布。

■ 返回顶部快速编写代码和轻松执行测试

使用预制的本地扩展功能可访问平台和设备的特定功能，以及模拟常用的移动设备应用互动。

1.11 高手答疑

版本：Dreamweaver CS6

问题1：什么是位图？什么是矢量图？这两种图有什么区别？

解答： 位图和矢量图分类的主要依据是图形图像的表述和处理方式。

■ 位图

位图是以单位点作为描述和显示的基础，将点平铺在显示器中显示。其优点在于显示和获取方便，通过多种设备均可以从计算机外部获取位图。

The Fluffy family picture

但由于位图是以像素组成的，因此，在放大和缩小位图时，往往会改变这些像素之间的相对位置，造成图像质量的损失。

■ 矢量图

矢量图也是一种计算机图像，与位图有着本质的不同，矢量图并非由像素点阵构成，而是由点、直线、多边形等基于数学方程的图形表示。

矢量图的优点是允许放大或缩小任意倍数而不会发生图像失真的情况。除此之外，存储相同的内容，矢量图所占用的磁盘空间通常要比位图小一些。

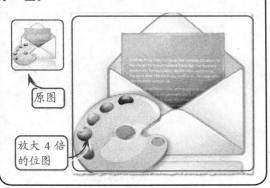

矢量图的缺点在于其只能通过计算机进行绘制，无法通过各种外部的设备获取。同时，支持编辑和浏览矢量图形的软件较少。

问题2：Flash CS6都有那些基本功能？

解答： Flash具备了从动画的绘制、动作的实现到编程控制以及最后动画的输出一整套功能。

■ 绘制原画

原画是指在场景中某个动作的起始和结束的画面，也就是动画绘制的关键动作。绘制原画是绘制动画动作的基础。

Flash软件具有强大的绘图功能，其提供了大量实用的绘制工具，允许用户通过鼠标或数位板绘制线条，将其加工为原画或Flash关键帧。

■ 应用特效

Flash CS6提供了特效功能，允许用户为各种元件添加滤镜、混合模式等。

对于一些特殊的元件（如各种补间元件等），Flash还允许用户为其定义加速度、减速度等，使元件的运动效果更加丰富。

■ **制作动画**

与传统的动画相比，使用Flash制作动画更加便捷。它允许用户将制作的原画转换为元件，然后创建基于元件的补间动作动画、补间形状动画、引导动画以及遮罩动画等。

■ **编写脚本**

ActionScript是一种功能强大的脚本语言，可以控制元件、舞台、场景、帧等一系列Flash对象，并可以绘制矢量图形和制作位图等。

1.12 高手训练营

版本：Dreamweaver CS6

1. Photoshop应用的多领域

Photoshop以其强大的位图编辑功能，灵活的操作界面，早已渗透到图像设计的各个领域，成为不可或缺的组成部分。

■ **广告设计**

无论是平面广告、包装装潢，还是印刷制版，自从Photoshop诞生之日起，就引发了这些行业的技术革命。Photoshop中丰富而强大的功能，使设计师的各种奇思妙想得以实现，使工作人员从繁琐的手工拼贴操作中解放出来。

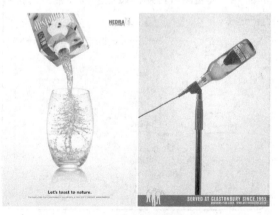

■ 数码照片处理

运用Photoshop可以针对照片问题进行修饰和美化。它可以修复旧照片，如边角缺损、裂痕、印刷网纹等，使照片恢复原来的面貌；或者是美化照片中的人物，如去斑、去皱、改善肤色等，使人物更完美。

■ 网页创作

互联网技术飞速发展，上网冲浪、查阅资料、在线咨询或者学习，已经成为人们生活的习惯和需要。而优秀的网站设计，精美的网页动画，恰当的色彩搭配，能够带来更好的视听享受，为浏览者留下难忘的印象。

■ 插画绘制

插画作为现代设计的一种重要的视觉传达形式，以其直观的形象性、真实的生活感和美的感染力，在现代设计中占有特定的地位，并且许多表现技法都是借鉴了绘画艺术的表现技法。

■ 界面设计

界面是人与机器之间传递和交换信息的媒介，软件用户界面是指软件用于和用户交流的外观、部件和程序等。软件界面的设计，既要从外观上进行创意以到达吸引眼球的目的，还要结合图形和版面设计的相关原理，这样才能给人带来意外的惊喜和视觉的冲击。

2．网页设计的审美需求

人们对美的追求是不断深入的，网页设计同样如此。考虑如何使受众能更好、更有效率地接收网页上的信息，这就需要从审美的方面入手。网页设计的审美需求是对平面视觉传达设计美学的一种继承和延伸，两者的表现形式和目的都有一定的相似性。把传统平面设计中美的形式规律同现代的网页设计的具体问题结合起来，将一些平面设计中美的基本形式运用到网页中去，增加网页设计的美感，满足大众的视觉审美需求。

首先，网页的内容与形式的表现必须统一并具有秩序，形式表现必须服从内容要求，网页上的各种构成要素之间的视觉流程要能自然而有序地达到信息诉求的要求。在把大量的信息塞到网页上去的时候，要考虑怎样把它们以合理的统一的方式排列起来，强调整体感的同时又要有变化。

其次，突出主题要素，必须在众多构成要素中突出一个清楚的主题，它应尽可能地成为阅读时视线流动的起点。如果没有这个主题要素，浏览者的视线将会无所适从，或者导致视线流动偏离设计的初衷。

形式美的法则随着时代的不同而不断发展进步，特别是在生活节奏如此之快的互联网时代，由于追求目标的变化，人们的审美观念也在不断地变化，但是美的本质是不变的。

第 2 章

网站与数据库技术

在网站制作过程中，一般的静态页面只是将一些信息固定到网页中，不会随着时间或者用户权限而改变。而动态网站则可以根据不同时间、不同地域、不同访问用户而改变其内容。在动态网站中，起到关键作用的是数据库，它用于存储动态网站中的所有内容，并根据条件（时间、区域等）来通过网页读取不同的内容。

2.1　数据及数据库概述

版本：Dreamweaver CS6

数据库是用于存储数据内容的，它可以将生活中的一个事件或者一类问题，存储到数据库中。在学习数据库之前，首先介绍一下数据库的一些基本概念，有助于更好的了解数据库。

1．数据与信息

为了了解世界，交流信息，人们需要描述事物。在日常生活中，可以直接用自然语言（如汉语）来描述。如果需要将这些事物记录下来，便需要将事物变成信息进行存储，而信息是对客观事物属性的反映，也是经过加工处理并对人类客观行为产生影响的数据表现形式。

例如，在计算机中，为了存储和处理这些事物，需要抽象的描述这些事物的特征。而这些特征正是用户在数据库中所存储的数据。数据是描述事物的符号记录。描述事物的符号可以是数字，也可以是文字、图形、图像、声音、语言等。

下面以"学生信息表"为例，通过学号、姓名、性别、年龄、系别、专业和年级等内容，来描述学生在校的特征：

（08060126 王海平 男 21 科学与技术 计算机教育 一年级）

在这里的学生记录就是信息。在数据库中，记录与事物的属性是对应的关系。可以将数据库理解为存储在一起的相互有联系的数据集合。数据被分门别类、有条不紊地保存。而应用于网站时，则需要注意一些细则问题，即这些特征需要用字母（英文或者拼音）来表示，避免不兼容性问题的发生。

2．数据库

数据库（Database，DB）是"按照数据结构来组织、存储和管理数据的仓库"。就类似于我们使用的Excel电子表格一样，可以将诸多数据放置在不同的单元格之中，因而将这些能够存储不同数据（如文本、数据、图像、声音等）类型的表，以及存储所有表的库称之为"仓库"。

在经济管理的日常工作中，常常需要把某些相关的数据放进这样的"仓库"，并根据管理的需要进行相应的处理。例如，企业或事业单位的人事部门常常要把本单位职工的基本情况(职工号、姓名、年龄、性别、籍贯、工资等)存放在表中，这张表就可以看成是一个数据库。

3．数据库管理系统

数据库管理系统（Database Management System，DBMS）是一种操纵和管理数据库的大型软件，用于建立、使用和维护数据库。它对数据库进行统一的管理和控制，以保证数据库的安全性和完整性。

用户通过DBMS访问数据库中的数据，数据库管理员也通过DBMS进行数据库的维护工作。它提供多种功能，详细介绍如下：

■ **数据定义功能**

DBMS提供数据定义语言（Data Definition Language，DDL），用户通过它可以方便地对数据库中的数据对象进行定义。例如，在Access数据表中，可以定义数据的类型、属性（如字段大小、格式）等。

■ **数据操纵功能**

DBMS还提供数据操纵语言（Data Manipulation Language，DML），用户可以使用DML操纵数据实现对数据库的基本操作，如查询、插入、删除和修改等。例如，在User表中，右击任意记录，执行【删除记录】命令，即可删除数据内容。

■ **数据库的运行管理**

数据库在建立、运用和维护时，由数据库管理系统统一管理、统一控制，以保证数据的安全性、完整性。

■ **数据库的建立和维护功能**

它包括数据库初始数据的输入、转换功能；数据库的转储、恢复功能；数据库的管理重组织功能和性能监视、分析功能等。

2.2　在网站中数据库的作用

版本：Dreamweaver CS6

数据库是网络的一个重要应用，在网站建设中发挥着重要的作用。下面来介绍一下数据库在网站中主要的作用。

1．收集用户信息

为了加强网站影响力度，往往需要将访问该网站的用户的信息收集起来，或者要求来访用户成为会员，从而提供更多的服务，如购物网、交易网站等。通过注册页面，网站可以了解注册用户的一些个人信息。

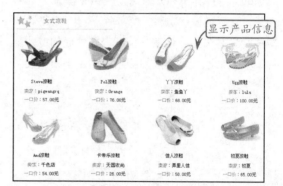

除此之外，还有一些网站想了解用户对所使用的产品或者对该网站的一些意见，通常以问卷调查方式进行收集。

2．网站搜索功能

网站的站内搜索功能对于用户获取网站信息具有非常重要的作用，尤其是对于含有大量信息的网站，如B2C网上销售网站或者含有大量产品信息的企业网站等。

站内搜索不仅可以使网站结构清晰，有利于需求信息的查找，节省浏览者的时间，也是吸引顾客、达成网站营销目的的重要手段。

3．产品管理

如果网站含有大量的产品需要展示和买卖，则通过网络数据库可以方便地进行分类，使产品更有条理、更清晰地展示给客户。其中，重要的是需要通过数据库进行存储，合理地将产品信息归类，从而方便日后的维护和检索。

对于动态网站而言，往往在后台有一个维护系统，目的是将技术化的网站维护工作简单化。通过后台管理界面，管理数据库中的信息从而完成产品信息的管理。

4．新闻系统

新闻网站系统是一套大型的网站内容管理系统。在站内的一般新闻栏目中，放置行业新闻或相关企业新闻、动态等。并且，新闻内容更新的频率很快，所以需要数据库不断的添加新的新闻内容。

2.3 网站中的常用数据库

版本：Dreamweaver CS6

目前，很多企业开始重视网络数据库，网络数据库对于充分利用网络的即时性、互动性起着重要的作用。那么，面对众多的数据库，使用哪些数据库技术更合适呢？下面介绍一些常见的数据库及其特点，以帮助用户准确地为网站选择合适的数据库。

1．Access数据库技术

Microsoft Access是第一个在Windows环境下开发的一种全新的关系数据库管理系统，是中小型数据库管理的最佳选择之一，它是Office家族的组件之一。

目前，Access 2010是最新数据库版本，凭借其Fluent用户界面和无需深厚的数据库知识即可使用的交互式设计功能，Access 2010可帮助用户轻松地跟踪和报告信息。快速掌握预建的应用程序，修改或改编这些应用程序以满足不断变化的业务需求。

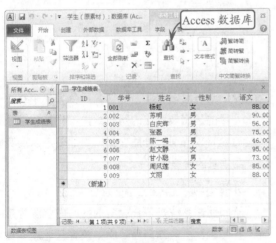

2．SQL Server数据库技术

SQL Server是一个关系数据库管理系统，是Microsoft推出的新一代数据管理与分析软件。SQL Server是一个全面的、集成的、端到端的数据解决方案，它为企业中的用户提供了一个安全、可靠和高效的平台，可用于企业数据管理和商业智能应用。目前微软已经推出了SQL Server 2012数据库。

3．MySQL数据库技术

MySQL是一个小型关系型数据库管理系统，开发者为瑞典MySQL AB公司，2008年1月16号被Sun公司收购。目前MySQL被广泛地应用在Internet上的中小型网站中。由于其体积小、速度快、总体拥有成本低，尤其是开放源码这一特点，许多中小型网站为了降低网站总体拥有成本而选择了MySQL作为网站数据库。

phpMyAdmin是用PHP编写的，可以通过互联网控制和操作MySQL。通过phpMyAdmin可以对数据库进行操作，如建立、复制、删除数据等等。

4．Oracle数据库技术

Oracle是目前应用最广泛的数据库系统。一个完整的数据库系统包括系统硬件、操作系统、网络层、DBMS（数据库管理系统）、应用程序与数据，各部分之间是互相依赖的，对每个部分都必须进行合理的配置、设计和优化才能实现高性能的数据库系统。

2.4 了解Access数据库

版本：Dreamweaver CS6

Access数据库是Microsoft公司于1994年推出的微机数据库管理系统。它具有界面友好、易学易用、开发简单、接口灵活等特点，是典型的新一代桌面数据库管理系统。

1．Access 数据库用途

Access数据库的用途非常广泛。不仅可以作为个人的RDBMS（关系数据库管理系统）来使用，而且还可以用在中小型企业和大型公司中来管理大型的数据库。

■ 个人的RDBMS

Access是家用计算机中管理个人信息的出色工具。可以使用它来创建一个包含所有家庭成员的姓名、电子邮件、爱好、生日、健康状况等信息的数据库。

■ 小型企业中的数据库

在一个小型的企业或者学校中，可以使用Access简单而又强大的功能来管理运行业务所需要的数据。

■ 大型公司中的数据库

Access 2010在公司环境下的重要功能之一就是能够链接工作站、数据库服务器或者主机上的各种数据库格式。

■ 大型数据库解析

在大型公司中，Access 2010特别适合于创建客户/服务器应用程序的工作站部分。

2．Access 2010的优点

Access 2010通过改进界面和无需很深数据库知识的交互设计功能，帮助用户轻松地快速跟踪和报告信息。信息还可以在SharePoint Services列表上通过Web共享。

■ 用户界面

Access 2010通过面向结果的重新设计的用户界面、新导航窗格和带有选项卡的窗口视图，为用户提供了一种全新的体验。即使没有数据库经验，任何用户都可以开始跟踪信息和创建报告，做出更加有根据的决策。

■ 直接从数据源收集和更新信息

Access 2010可以使用InfoPath 2010或HTML，为保持表格业务规则的数据库收集信息，创建带有嵌入表单的电子邮件。电子邮件回复将植入并更新Access表格，不需要重新输入任何信息。

■ 创建具有相同信息的不同视图的多个报告

在Access 2010中创建报告是一种真正的"所见即所得"体验。可以修改具有实时视觉反馈的报告，并为不同的受众保存各种视图。新的分组窗格和过滤与分类功能可以帮助用户显示信息，以便作出更加有根据的决策。

■ 访问和使用多个数据源的信息

通过Access 2010可以将表格链接到其他Access数据库、Excel电子表格、SharePoint Server站点、ODBC数据源、SQL Server数据库和其他数据源。然后，使用这些链接的表格来轻松创建报告，从而在更加全面的信息集合上作决策。

■ 快速创建表格

有了自动数据类型检测，在Access 2010中创建表格与使用Excel表格一样轻松。在输入信息时，Access 2010将识别这些信息是日期、货币，还是任何其他常见数据类型。甚至可以将整个Excel表格粘贴到Access 2010中，通过数据库功能跟踪信息。

■ 拥有针对更多情景的新字段类型

Access 2010可以采用附件和多重数值字段等新字段类型。现在，可以将任何文档、图像或电子表格附加到应用程序中的任何记录。有了多重数值字段，您现在可以在每个单元格中选择多个值（如将某任务分配给多个人）。

2.5　SQL Server数据库

版本：Dreamweaver CS6

SQL Server是一个典型的关系型数据库管理系统，以其强大的功能、简便的操作、友好的界面和可靠的安全性等，得到很多用户的认可，目前已应用在银行、邮电、铁路、财税和制造等众多行业和领域。

1．SQL Server发展历史

SQL Server起源于Sybase SQL Server，于1988年推出了第一个版本，这个版本主要是为OS/2平台设计的。Microsoft公司于1992年将SQL Server移植到了Windows NT平台上。

特别是Microsoft SQL Server 7.0的推出，这个版本在数据存储和数据库引擎方面发生了根本性变化，更加确立了SQL Server在数据库管理工具中的主导地位。

Microsoft公司于2000年发布了SQL Server 2000，该版本继承了SQL Server 7.0版本的优点，同时又增加了许多更先进的功能，具有使用方便、可伸缩性好、与相关软件集成程度高等优点，可跨越多种平台使用。

2005年，Microsoft公司发布了Microsoft SQL Server 2005，该版本为各类用户提供了完整的数据库解决方案，可以帮助用户建立自己的电子商务体系，增强用户对外界变化的反应能力，提高用户的市场竞争力。

最新的SQL Server 2008是一个重大的产品版本，它推出了许多新的特性和关键的改进，提供了更安全、更具延展性、更高效的管理能力，使得它成为至今为止最强大和最全面的SQL Server版本。其主要功能说明如下：

■　保护数据库咨询

SQL Server 2008本身将提供对整个数据库、数据表与Log加密的机制，并且存取加密数据库时，完全不需要修改任何程序。

■　花费更少的时间在服务器的管理操作

SQL Server 2008将会采用一种Policy Based管理Framework，来取代现有的Script管理，如此可以花费更少的时间来进行例行性管理与操作。而且透过Policy Based的统一政策，可以同时管理数千部的SQL Server，以达成企业的一致性管理，而不必对每一台SQL Server去设定新的组态或管理设定。

■　增加应用程序稳定性

SQL Server 2008面对企业关键性应用程序时，将会提供比SQL Server 2005更高的稳定性，并简化数据库失败复原的工作，甚至将进一步提供加入额外CPU或内存而不会影响应用程序的功能。

■　系统执行效能最佳化与预测功能

SQL Server 2008将会继续增强数据库执行效能与预测功能，不但将进一步强化执行效能，并且加入自动收集数据可执行的资料，将其存储在一个中央资料的容器中，而系统针对这些容器中的资料提供了现成的管理报表，可以生成系统现有执行效能与先前历史效能的比较报表，让管理者进一步做管理与分析决策。

2．SQL Server 2008体系结构

SQL Server 2008应用在微软数据平台上，使得公司可以运行最关键任务的应用程序，同时降低了管理数据基础设施和发送观察信息给所有用户的成本。

这个数据平台可以帮助公司满足数据爆炸和下一代数据驱动应用程序的需求。下面简单了解微软数据平台上的SQL Server 2008如何满足这些数据驱动应用程序的需求。

■　保护用户信息

SQL Server 2008在SQL Server 2005的基础之上，做了以下方面的增强来扩展安全性以保护用户的信息：

■　简单的数据加密

■　SQL Server 2008可以对整个数据库、数据文件和日志文件进行加密，而不需要改动应用

程序。简单的数据加密的好处包括使用任何范围或模糊查询搜索加密的数据、加强数据安全性以防止未授权的用户访问和数据加密。

■ 外键管理

SQL Server 2008通过支持第三方密钥管理和硬件安全模块产品为这个需求提供了很好的支持。

■ 增强审查

SQL Server 2008使用户可以审查自己对数据的操作，从而提高了遵从性和安全性。审查不只包括对数据修改的所有信息，还包括读取数据的时间信息。SQL Server 2008具有加强审查的配置和管理功能，这使得公司可以满足各种规范需求。

■ 确保可持续性

SQL Server 2008使公司具有简化管理和提高可靠性的应用能力，并提供了更可靠的加强了数据库镜像的平台。这主要包括：

■ 页面自动修复

SQL Server 2008通过请求获得一个从镜像合作机器上得到的出错页面的重新拷贝，使主要的和镜像的计算机可以透明的修复数据页面上的823和824错误。

■ 提高了性能

SQL Server 2008压缩了输出的日志流，以便使数据库镜像所要求的网络带宽达到最小。

■ 加强了可支持性

SQL Server 2008包括了新增加的执行计数器、动态管理视图和对现有的视图的扩展，使数据库功能更加强大。

■ 即插即用CPU

为了即时添加内存资源而扩展SQL Server中的已有支持，即插即用CPU使数据库可以按需扩展。事实上，CPU资源可以添加到SQL Server 2008所在的硬件平台上而不需要停止应用程序。

■ 改进的安装和开发过程

SQL Server 2008对SQL Server的服务生命周期进行了显著的改进，对安装、建立和配置架构进行了重新设计。这些改进将计算机上的各个安装与SQL Server软件的配置分离开来，这使得公司和软件合作伙伴可以提供推荐的安装配置。

SQL Server 2008提供了集成的开发环境和更高级的数据提取，使开发人员可以创建下一代数据应用程序，同时简化了对数据的访问。

■ ADO.NET实体框架。

■ 语言级集成查询能力（LINQ）。

■ CLR集成和ADO.NET对象服务。

■ Service Broker可扩展性。

■ 报表功能

SQL Server 2008提供了一个可扩展的商业智能基础设施，使公司可以有效的以用户想要的格式和地址发送相应报表。SQL Server 2008可以通过下面的报表改进之处来制作、管理和使用报表：

■ 企业报表引擎

有了简化的部署和配置，可以在企业内部更简单地发送报表，使用户能够轻松地创建和共享所有规模和复杂度的报表。

■ 新的报表设计器

改进的报表设计器可以创建广泛的报表，使公司可以满足所有的报表需求。独特的显示能力使报表可以被设计为任何结构，同时增强的可视化进一步丰富了用户的体验。

■ 强大的可视化

SQL Server 2008扩展了报表中可用的可视化组件。可视化工具如地图、量表和图表等使报表更加友好和易懂。

■ Microsoft Office渲染

SQL Server 2008提供了新的Microsoft Office渲染，使用户可以从Word里直接访问报表。此外，现有的Excel渲染器被极大的增强，用以支持像嵌套数据区域、子报表和合并单元格等功能。这使用户可以维护显示保真度和改进Microsoft Office应用中所创建的报表的全面可用性。

■ Microsoft SharePoint集成

SQL Server 2008报表服务将Microsoft Office SharePoint Server 2007和Microsoft SharePoint Services深度集成，提供了企业报表和其他商业信息的集中发送和管理。这使用户可以访问包含了与他们直接在商业门户中所做的决策相关的结构化和非结构化信息的报表。

2.6 了解ODBC

版本：Dreamweaver CS6

ODBC(Open Database Connectivity，开放数据库互连)是微软公司开放服务结构(WOSA，Windows Open Services Architecture)中有关数据库的一个组成部分，它建立了一组规范，并提供了一组对数据库访问的标准API（应用程序编程接口）。这些API利用SQL来完成其大部分任务。ODBC本身也提供了对SQL语言的支持，用户可以直接将SQL语句送给ODBC。

一个基于ODBC的应用程序对数据库的操作不依赖任何DBMS（数据库管理系统），不直接与DBMS打交道，所有的数据库操作由对应的DBMS的ODBC驱动程序完成。也就是说，不论是Access、MYSQL还是Oracle数据库，均可用ODBC API进行访问。由此可见，ODBC的最大优点是能以统一的方式处理所有的数据库。

一个完整的ODBC由下列几个部件组成。而各部件之间的关系：

- **应用程序(Application)** 为了完成某项或某几项特定任务而被开发运行于操作系统之上的计算机程序。
- **ODBC管理器(Administrator)** 主要任务是管理安装的ODBC驱动程序和数据源。
- **驱动程序管理器(Driver Manager)** 驱动程序管理器包含在ODBC32.DLL中，对用户是透明的。其任务是管理ODBC驱动程序，是ODBC中最重要的部件。
- **ODBC API** 一套复杂的函数集,可提供一些通用的接口，以便访问各种后台数据库。
- **ODBC驱动程序** 一些DLL，提供了ODBC和数据库之间的接口。
- **数据源** 数据源包含了数据库位置和数据库类型等信息，实际上是一种数据连接的抽象。

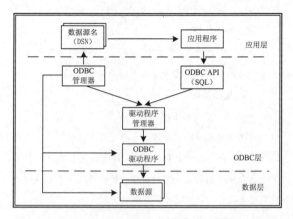

应用程序要访问一个数据库，首先必须用ODBC管理器注册一个数据源，管理器根据数据源提供的数据库位置、数据库类型及ODBC驱动程序等信息，建立起ODBC与具体数据库的联系。这样，只要应用程序将数据源名提供给ODBC，ODBC就能建立起与相应数据库的连接。

在ODBC中，ODBC API不能直接访问数据库，必须通过驱动程序管理器与数据库交换信息。驱动程序管理器负责将应用程序对ODBC API的调用传递给正确的驱动程序，而驱动程序在执行完相应的操作后，将结果通过驱动程序管理器返回给应用程序。

在访问ODBC数据源时，需要ODBC驱动程序的支持。ODBC使用层次的方法来管理数据库，在数据库通信结构的每一层，对可能出现依赖数据库产品自身特性的地方，ODBC 都引入一个公共接口以解决潜在的不一致性，从而很好地解决了基于数据库系统应用程序的相对独立性，这也是ODBC一经推出就获得巨大成功的重要原因之一。

2.7 IIS服务器配置

版本：Dreamweaver CS6

Windows Web服务器IIS（Internet Information Server网络信息服务）运行在Windows NT以及Windows 2000以后的版本，而IIS在默认时没有被安装。

1．IIS简介

IIS发布系统是一种基于Windows NT操作系统的Web发布系统，而在Windows普通用户操作系统中，也可以使用该服务。

当然，由于版本不同，Windows操作系统中所附带的IIS版本也不一样。用户只需在使用之前，先安装IIS服务。下面列出了不同Windows操作系统所包含的IIS服务版本。

操作系统	IIS软件版本	操作系统	IIS软件版本
Windows 2000	IIS 5.0	Windows XP	IIS 5.1
Windows 2003	IIS 6.0	Windows XP X64	IIS 6.0
Windows Vista	IIS 7.0	Windows 2008	IIS 7.0
Windows 7	IIS 7.5	Windows 2008 R2	IIS 7.5

2．IIS的安装

打开【我的电脑】窗口，并单击左侧的【添加/删除程序】按钮。或者，执行【开始】|【设置】|【控制面板】命令，并在弹出的【控制面板】窗口中，双击【添加/删除程序】图标。

提示

在Windows操作系统中，打开【控制面板】窗口的方式大致相同。当然，不同版本，可能打开的方式也稍微有点区别，如在Windows 7中，用户执行【开始】|【控制面板】命令，即可打开【调整计算机的设置】窗口。

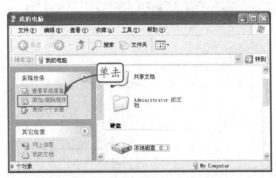

在弹出的【添加/删除程序】对话框中，可以单击左侧的【添加/删除Windows组件】按钮。

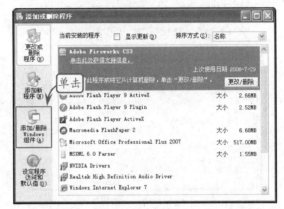

在弹出的【Windows 组件向导】对话框中，启用【Internet信息服务（IIS）】复选框，单击【详细信息】按钮。

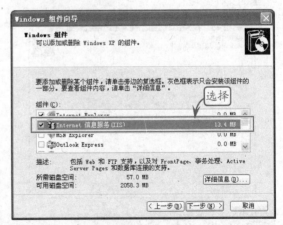

在弹出的【Internet 信息服务（IIS）】对话框中，选择【万维网服务】项目，并单击【详细信息】按钮。

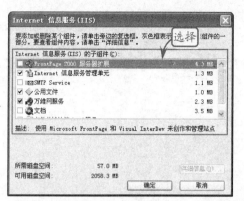

在【万维网服务】对话框中，取消默认选中的【打印机虚拟目录】选项，然后单击【确定】按钮，返回【万维网服务】对话框。

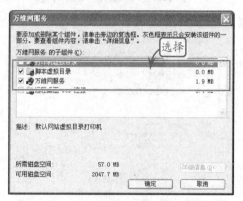

在【Internet 信息服务（IIS）】对话框中，单击【确定】按钮，即可开始安装IIS服务器系统，并根据提示信息选择Windows操作系统安装盘中指定的文件。

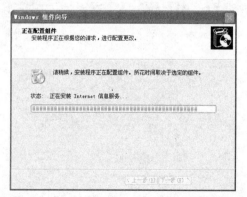

3．启用IIS服务器

安装完服务器后，用户可以从【控制面板】|【管理工具】文件夹中，双击【Internet信息服务】图标打开IIS配置服务器。

在【Internet信息服务】窗口，从左侧列表选择【默认网站】目录选项，即可在右侧看到网站文件的列表。单击工具栏中 ▶、■ 和 ‖ 按钮分别可以启动、停止和暂停Web服务器。

2.8 查看数据表内容

版本：DW CS6 ● downloads/第2章/01

Access数据库的操作都是基于数据表对象的操作，这就需要查看数据表中的内容，了解它的表结构。下面介绍一种查看数据表内容的方法。

操作步骤 ▶▶▶▶

STEP|01 执行【文件】|【打开】命令，在弹出的【打开】对话框中，选择光盘中的"学生（原素材）"数据库文件，再单击【打开】按钮。

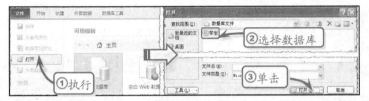

STEP|02 双击导航窗格中的"学生户籍"表，这时打开"学生户籍"多文档选项卡，显示出该数据表中的所有记录。

STEP|03 在导航窗格中，右击"学生户籍"数据表，执行【表属性】命令，这时弹出【学生户籍 属性】对话框，在该对话框中可以查看该数据表的创建时间、修改时间、所有者和属性信息。

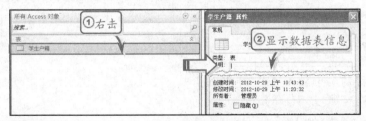

STEP|04 在导航窗格中，右击"学生户籍"数据表，执行【设计视图】命令，进入该数据表的设计视图界面，可以更改字段名称及数据类型等。

练习要点

- 查看数据表内容
- 查看数据表结构

技巧

要打开数据库文件，可以在数据库文件的存放位置，双击它直接打开。

技巧

在【打开】对话框中，单击【打开】按钮右边的下三角符号，可以选择打开方式。

技巧

在导航窗格中，当数据库对象较多时，需单击搜索框上方的 按钮，选择【按组筛选】下的【表】选项，再从表列表中找数据表。

2.9 查询户籍为"河南"的学生

版本：DW CS6 ● downloads/第2章/02

虽然从表和查询中都可以查找记录，但是生成表查询的优点是查找速度快，数据查询工作量少。下面以"学生信息"数据库为例，利用生成表查询创建一个户籍为"河南"的数据表。

操作步骤 ▶▶▶▶

STEP|01 打开光盘中的"学生信息（原素材）"数据库，选择【创建】选项卡，单击【查询】命令组中的【查询设计】按钮。在【显示表】对话框中，双击需要查询的表，如"学生表"。

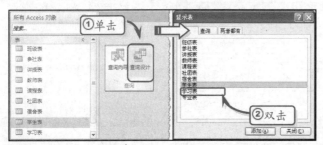

STEP|02 添加"班级表"、"宿舍表"，在查询【设计视图】中，将需要查询字段添加到【字段】行的单元格中。在【条件】行中，输入条件并取消【显示】复选框。单击【查询类型】命令组中的【生成表】按钮。

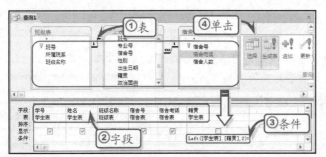

STEP|03 在弹出的【生成表】对话框中，输入【表名称】如为"河南籍学生"，单击【确定】按钮。单击【结果】组中的【运行】按钮。然后，弹出"您正准备向新表粘贴4行"提示信息，单击【是】按钮。生成的表格添加到导航窗格中。

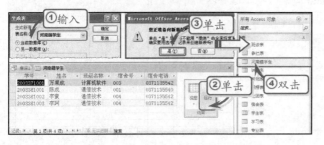

练习要点

● 创建生成表查询
● 添加字段
● 添加查询条件
● 保存生成表

提示

在【查询工具 设计】选项卡下，单击【查询设置】命令组中的【显示表】按钮，在【显示表】对话框中添加。

提示

为查询中添加字段，可以单击查询窗体上面的数据表字段区域中的字段，然后拖动到下面的网格区域。此时的字段位置决定在生成表中的位置。

提示

Left([学生表].[籍贯],2)= '河南'表达式的意思是学生表的籍贯字段值，前两个字符是河南的学生。因为在查询中不需要显示籍贯，所以取消【显示】复选框。

2.10 删除供应商信息

版本：DW CS6 downloads/第2章/03

通过删除查询可以删除表中的部分记录，或是删除表中的整条记录。下面以"供应商表"为例，通过删除查询删除供应商名为"北京开元合资公司"的供应商信息。

操作步骤 ▶▶▶▶

STEP|01 打开光盘中的"商品信息（原素材）"数据库，选择【创建】选项卡，单击【查询】命令组中的【查询设计】按钮。这时弹出【显示表】对话框中，在该对话框中双击需要查询的表，如"供应商表"。这时创建【查询1】选项卡。

STEP|02 在【查询1】中，双击"供应商表"字段列表中的"*"，添加到下面的【字段】行的单元格中。再单击【查询类型】命令组中的【删除】按钮，然后再双击"供应商表"字段列表中的"供应商名称"，在第二列的【条件】行，输入""表达式。

STEP|03 单击【查询类型】命令组中的【删除】按钮，单击【状态栏】中的【数据表视图】按钮，在【数据表视图】下，可以看到要删除的记录。再切换到【设计视图】，单击【结果】命令组中的【运行】按钮，在弹出的"您正准备从指定表删除1行"的信息，单击【是】按钮。

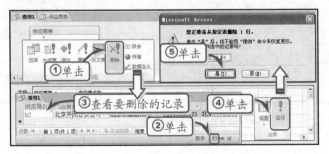

练习要点

- 创建查询
- 设置查询条件
- 执行删除操作
- 查看原数据表信息

知识

From表示删除表中所有记录。其中在【字段】行中，选择该表名称所带"*"选项。"Where"表示删除满足【条件】行中输入条件的记录。

注意

通过删除查询删除部分或整条记录后，将不能撤消更改。因此，运行删除查询之前，用户可以先备份数据。

技巧

如果需要删除表中字段中的数据，可以使用更新查询将现有值更改为空值（即不包含数据）或零长度字符串（中间不包含空格的一对双引号）。

2.11 创建SQL Server数据库

版本: DW CS6

在SQL Server中创建数据库，与Access中创建数据库的方法不同，在SQL Server中创建数据库需要设置一系列参数。

例如，创建bbs数据库，初始大小为2MB，最大大小为50MB，数据库自动按10%方式增长；日志文件初始大小为默认值，最大大小不受限制，按1MB增长。

练习要点

● 创建数据库
● 设置数据库参数
● 设置日志文件参数
● 设置文件保存路径

操作步骤 >>>>

STEP|01 打开SQL Server数据库，在【企业管理器】窗口中，执行【创建数据库】命令。在弹出的【数据库属性】对话框的【常规】选项卡中，输入【名称】为bbs。

STEP|02 选择【数据文件】选项卡，设置数据库文件的路径为"E:\"。在【文件属性】栏中，设置数据库文件的【文件增长】和【最大文件大小】，并且启用【文件自动增长】复选框。其增长方式为【按百分比】方式，大小为10%，再设置【将文件增长限制为】为50MB。

STEP|03 选择【事务日志】选项卡，设置日志文件的路径为"E:\"。启用【文件自动增长】复选框，并且设置【文件增长】方式为【按兆字节】，设置大小为1MB以及设置【最大文件大小】为【文件增长不受限制】选项。

提示

SQL Server数据库具有坚固的安全系统，能够控制可以执行的活动以及可以查看和修改的信息。无论用户如何获得对数据库的访问权限，坚固的安全系统都可确保对数据的保护。

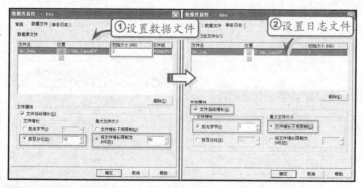

STEP|04 在【数据库属性】对话框中，单击【确定】按钮，即可完成数据库的创建工作。

提示

默认状态下，只有系统管v理员和数据库拥有者（DBO）可以创建新表，但系统管理员和数据库拥有者可以授权其他人来完成这一任务。

2.12 高手答疑

问题1：如何将Access 2010数据库文件转换为Access 2000格式？

解答： 首先，在Access 2010中打开数据库文件，选择【文件】|【保存并发布】选项，执行【文件类型】下【数据库另存为】命令，并单击最右侧的【Access 2000 数据库】选项。

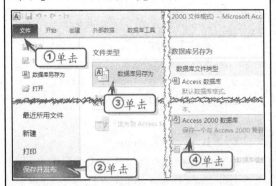

在弹出的【另存为】对话框中，单击【保存位置】下拉按钮，选择数据库文件存储的位置，单击【保存】按钮。这时【保存类型】为"Microsoft Access 数据库（2000）"。

问题2：在Access 2010中如何在【数据表】视图与【表设计】视图之间进行切换。

解答： 在数据表中，主要通过【数据表】视图与【表设计】视图两种方式，进行数据表管理操作。因此，我们需要在这两种视图之间进行多次的切换。

例如，在【数据表】视图中，选择【表格工具 字段】选项卡，单击【视图】组中的【视图】下拉按钮，执行【设计视图】命令即可切换到【设计视图】方式。

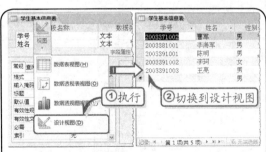

或者，在【数据表】视图中，右击数据表多文档选项卡，执行【设计视图】命令，即可切换到【设计视图】方式。

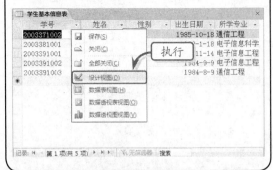

问题3：如何将已经存在的Excel表格来创建成数据库中的数据表？

解答： 创建数据表的方法有多种，可以通过表设计创建数据表，也可以直接导入Excel工作表。

例如，把"学生成绩表"Excel表格，导入到学生数据库中的数据表中。

首先打开光盘中"学生（原数据库）"文件，选择【创建】选项卡，单击【表格】命令组中的【表】按钮，这时创建了数据表【表1】。

在【导航窗格】中，右击数据表"表1"，选择【导入（M）】选项下的【Excel(X)】子选项。

弹出【获取外部数据-Excel电子表格】对

话框,单击【浏览】按钮,找到"学生成绩表"Excel表格单击【打开】按钮,再单击【确定】按钮。

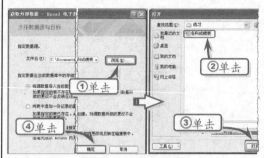

在弹出的【导入数据表向导】对话框中,单击【下一步】按钮,进入下一页面,单击【下一步】按钮,在进入的页面中,取消【不导入字段(跳过)】复选框,再单击【下一步】按钮进入下一个页面。

在该页面中,在【导入表】下的文本框中输入"学生成绩表",再单击【完成】按钮,进入【保存导入步骤】页面,单击【关闭】按钮。这时在数据库中显示出导入的学生成绩表。

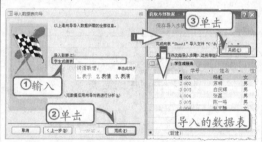

最后,右击该表选项卡,执行【保存】命令,然后关闭数据库。

问题4:什么是好的数据库设计?

解答: 一些原则可为数据库设计过程提供指导。第一个原则是,重复信息(也称为冗余数据)很糟糕,因为重复信息会浪费空间,并会增加出错和不一致的可能性。第二个原则是信息的正确性和完整性非常重要。如果数据库中包含不正确的信息,任何从数据库中提取信息的报表也将包含不正确的信息。因此,基于这些报表所做的任何决策都将提供错误信息。

因此,良好的数据库设计应该具备以下特点:

■ 将信息划分到基于主题的表中,以减少冗余数据。

■ 向Access提供根据需要联接表中信息时所需的信息。

■ 可帮助支持和确保信息的准确性和完整性。

■ 可满足数据处理和报表需求。

问题5:在创建数据库之前,我们如何设计这个数据库?

解答: 数据库设计是一个过程,所以它包含有许多步骤。具体设计过程应包括以下步骤:

■ 确定数据库的用途

这可帮助其他步骤进行准备工作。

■ 查找和组织所需的信息

收集可能希望在数据库中记录的各种信息,如产品名称和单证编号。

■ 将信息划分到表中

将信息项划分到主要的实体或主题中,如"图书情况"或者"读者信息"。每个主题构成一个表。

■ 将信息项转换为列

确定希望在每个表中存储哪些信息。每个项将成为一个字段,并作为列显示在表中。例如,"图书情况"表中可能包含"书名"和"作者"等字段。

■ 指定主键

选择每个表的主键。主键是一个用于唯一标识每个行的列。例如,主键可以为"图书编号"或者"读者编号"。

■ 建立表关系

查看每个表,并确定各个表中的数据如何彼此关联。根据需要,将字段添加到表中或创建新表,以便清楚地表达这些关系。

■ 优化设计

分析设计中是否存在错误。创建表并添加几条示例数据记录。确定是否可以从表中获得期望的结果。根据需要对设计进行调整。

■ 应用规范化规则

应用数据规范化规则，以确定表的结构是否正确。根据需要对表进行调整。

问题6：我是新手，但是在确定数据库的用途时，还不太明白，怎样去确定？

解答：最好将数据库的用途记录在纸上，包括数据库的用途、预期使用方式及使用者。例如，对于供家庭办公用户使用的小型数据库，可以记录与"客户数据库保存客户信息列表，用于生成邮件和报表"类似的简单内容。

如果数据库比较复杂或者由很多人使用（如在企业环境中），数据库的用途可以简单地分为一段或多段描述性内容，且应包含每个人将在何时及以何种方式使用数据库。这种做法的目的是为了获得一个良好的任务说明，作为整个设计过程的参考。任务说明可以帮助您在进行决策时将重点集中在目标上。

问题7：如何自定义导航窗格？

解答：每当用户想限制或自定义导航窗格中的组和对象时，就可以创建自定义类别和组。创建自定义组时，自定义组是为打开的数据库创建的，它将一直伴随该数据库。不能将自定义类别和组传输给其他数据库。

如打开"图书借阅管理系统"数据库，右击导航窗格中的菜单，执行【导航选项】命令。

在弹出的【导航选项】对话框中，选择【自定义】类型。

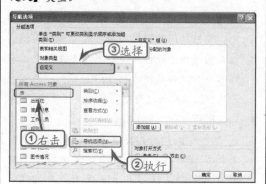

此时，单击【"自定义"组】中的【添加

组】按钮，并将其修改为"借阅管理"组名称。单击【确定】按钮。

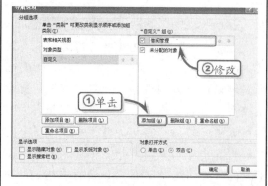

然后，单击导航窗格中的菜单，执行【自定义】命令，将显示【借阅管理】和【未分配的对象】组。最后，将【未分配的对象】组中的"读者信息"、"借阅记录"和"缴款记录"表拖至在弹出【借阅管理】组即可。

问题8：外部联接的三种类型是？

解答：外部联接可以是左向外部联接、右向外部联接或完整外部联接。

左向外部联接的结果集包括LEFT OUTER 子句中指定的左表的所有行，而不仅仅是联接列所匹配的行。如果左表的某一行在右表中没有匹配行，则在关联的结果集行中，来自右表的所有选择列列均为空值。

右向外部联接是左向外部联接的反向联接。将返回右表的所有行。如果右表的某一行在左表中没有匹配行，则将为左表返回空值。

完整外部联接将返回左表和右表中的所有行。当某一行在另一个表中没有匹配行时，另一个表的选择列列将包含空值。如果表之间有匹配行，则整个结果集行包含基表的所有字段值。

问题9：查询与查找、筛选的功能有什么不同？

解答：查找和筛选只是用手工方式完成一些比较简单的数据搜索工作，如果想要获取符合特定条件的数据集合，并对该集合做更进一步的汇总、分析和统计的话查找与筛选就力不从心了，必须使用查询功能实现。

2.13　高手训练营

版本：Dreamweaver CS6

1．在Access2010打开曾经使用过的数据库

如果一个数据库文件最近打开过，单击【文件】菜单，在【关闭数据库】选项的下面会显示最近打开的数据库，单击即可；如果不存在，可以单击【文件】下【最近使用文档】选项，然后在右边的【最近使用的数据库】列表中单击要打开的数据库文件即可。

下方的 ☑快速访问此数量的最近的数据库：复选框右边的列表框中的数值决定了在【文件】菜单下显示的数据库数量。

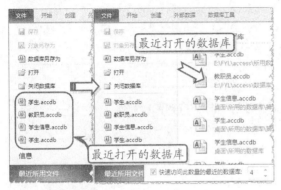

2．关系数据库

关系数据库（Relational Database，RDB）就是基于关系模型的数据库。在计算机中，关系数据库是数据和数据库对象的集合，而管理关系数据库的计算机软件称为关系数据库管理系统（Relational Database Management System，RDBMS）。

■　关系数据库的组成

关系数据库是由数据表和数据表之间的关联组成的。其中，数据表通常是一个由行和列组成的二维表，每一个数据表分别说明数据库中某一特定的方面或部分的对象及其属性。数据表中的行通常叫做记录或元组，它代表众多具有相同属性的对象中的一个；数据库表中的列通常叫做字段或属性，它代表相应数据库表中存储对象的共有属性。

图书编号	图书名称	类别编号	定价	出版社名称
N1203487	学习OpenCV	N12	56.20	清华大学出版社
A1002531	Java编程思想	A10	72.40	机械工业出版社
T1034693	Linux程序设计	T10	78.40	人民邮电出版社
W1560390	计算机网络	W15	24.00	电子工业出版社
S1352851	数据库系统理论	S13	31.50	高等教育出版社
K1426090	TCP/IP权威教程	K14	90.00	清华大学出版社

上图为某书店的图书销售列表，从这个图书销售列表中可以看到，该表中的数据都是书店销售图书的相关信息。其中，表中的每条记录代表一本图书的完整信息，每一个字段代表图书的一方面信息，这样就组成了一个相对独立于其他数据表之外的图书销售列表。用户可以对这个表进行添加、删除或修改记录等操作，而完全不会影响到数据库中其他的数据表。

■　关系数据库基本术语

关系数据库的特点在于它将每个具有相同属性的数据独立保存在一个表中。对任何一个表来说，用户可以新增、删除和修改表中的数据，而不会影响表中的其他数据。下面来了解一下关系数据库中的一些基本术语：

- 键码（Key）　它是关系模型中的一个重要概念，在关系中用来标识行的一列或多列。
- 候选关键字（Candidate Key）　它是惟一地标识表中一行而又不含多余属性的一个属性集。
- 主关键字（Primary Key）　它是被挑选出来，作为表行的惟一标识的候选关键字，一个表中只有一个主关键字，主关键字又称为主键。
- 公共关键字（Common Key）　在关系数据库中，关系之间的联系是通过相容或相同的属性或属性组来表示的。如果两个关系中具有相容或相同的属性或属性组，那么这个属性或属性组被称为这两个关系的公共关键字。
- 外关键字（Foreign Key）　如果公共关键字在一个关系中是主关键字，那么这个公共关键字被称为另一个关系的外关键字。由此可见，外关键字表示了两个关系之间的联系，外关键字又称作外键。

■ 关系数据库对象

数据库对象是一种数据库组件，是数据库的主要组成部分。在关系数据库管理系统中，常见的数据库对象包括表（Table）、索引（Index）、视图（View）、图表（Diagram）、默认值（Default）、规则（Rule）、触发器（Trigger）、存储过程（Stored Procedure）和用户（User）等。

3．使用通配符查找数据

用户在查找数据过程中，可以通过在查找内容中添加通配符，来查找要搜索的内容。每种通配符都代表不同的含义，正确地使用它们，有助于提高查找的准确率和查找速度。

下表给出了一些通配符代表的含义，并举例说明了它们的使用方法。

字符	说明	示例
*	匹配任意数量的字符	"wh*"将找到"what"、"white"和"why"
?	匹配任意单个字母字符	"B?ll"将找到"ball"、"bell"和"bill"
[]	匹配方格号内的任意单个字符	"b[ae]ll"将找到"ball"和"bell"，找不到"bill"
!	匹配方格号内字符以外的任意字符	"b[!ae]ll"将找到"bill"和"bull"，但找不到"ball"或"bell"
-	匹配一定字符范围中的任意一个字符。必须升序指定该范围A-Z，而不是从Z-A	"b[a~c]d"将找到"bad"、"bbd"和"bcd"
#	匹配任意单个数字字符	"1#3"将找到"103"、"113"和"123"

4．查询的类型

查询的类型有5种：选择查询、参数查询、交叉表查询、操作查询和SQL查询。

■ **选择查询** 根据指定的查询条件，从一个或多个表中获取数据并显示结果。

■ **参数查询** 参数查询是一种交互式查询，它利用对话框来提示用户输入查询条件，然后根据所输入的条件检索记录。

■ **交叉表查询** 使用交叉表查询可以计算并重新组织数据的结构，这样可以更加方便地分析数据。

■ **操作查询** 操作查询用于添加、更改或删除数据。操作查询共有四种类型删除、更新、追加与生成表。

■ **SQL查询** 使用SQL语句创建的查询。

5．将新表保存到其他的数据库

在【生成表】对话框中，可以选择【另一数据库】单选按钮，并单击【浏览】按钮。在弹出的【生成表】对话框中，选择数据库，单击【确定】按钮。这时打开数据库，在导航窗格中新创建了一个表。

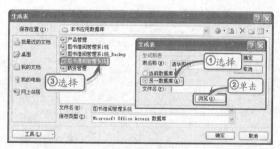

6．在表达式生成器对话框中生成表达式

例如，要生成 [读者借阅详细信息]![读者编号] =000001这个表达式，在【表达式元素】列表下，单击"图书借阅管理"数据库，再单击"读者借阅详细信息"表；再单击【表达式类别】中的"读者编号"；再单击操作符，选择"="；再输入000001即可。最后单击【确定】按钮关闭对话框。

第3章

网页图像处理——Photoshop

纯粹由文本组成的网页往往非常单调，为使网页看起来更加丰富多彩，需要在网页中插入各种图像。图像在网页中可以突显网页的内容，恰当地使用图像会使网站充满勃勃生机和说服力，也会加深浏览者对网站的印象。本章将介绍网页中的各种图像的使用特点，并介绍图像处理软件Photoshop的使用方法。

3.1 网页图像概述

版本: Photoshop CS4/CS5/CS6

图像的记录方式包括两种：一种是通过数学方法记录图像内容，即矢量图；一种是用像素点阵方法记录，即位图。

1．矢量图形

矢量图是通过计算机图形学中用点、直线或者多边形等基于数学方程的几何图元来表述的图像。矢量图的图元并非直接由像素点组成，而是通过数学公式的计算而获得的。

相对于位图而言，矢量图表述图像的方法简便得多，其每一个图元都是自成一体的实体，具有颜色、形状、轮廓、大小和屏幕位置等属性。

由于矢量图完全由各单独的图元组成，且每个图元都是由数学计算的结果描述，因此，可以任意地放大或缩小，不会影响其清晰度。

2．位图图像

位图图像在技术上称为栅格图像，它由网格上的点组成，这些点称为像素。其每个像素点都由RGB或CMYK色彩系的颜色值或者灰度值（黑白图像）组成。位图可以表现丰富的色彩变化，并产生逼真的效果。

位图的图像质量好坏是由其在单位面积中容纳像素点的多少决定的。这个指标被称为图像的分辨率。单位面积中像素点越多，即分辨率越高，图像的质量就越好，反之，图像的质量就越差。分辨率是衡量位图质量最重要的标准。

位图最大的特点就是，只有在最合适的大小下，才能清晰地显示其内容。在屏幕上以较大的倍数显示位图，或以过低的分辨率打印时，都会出现锯齿边缘。

3．图像格式

在计算机中存储和浏览的图像有很多种格式，但是可以作为网页图像的格式并不多，通常为以下几种。

文件格式	后缀名	应用说明
BMP	.bmp	BMP图像文件是一种Windows标准的点阵式图形文件格式，这种格式的特点是包含的图像信息较丰富，几乎不进行压缩，但占用磁盘空间较大
JPEG	.jpg	JPEG是目前所有格式中压缩率最高的格式，普遍用于图像显示和一些超文本文档中
GIF	.gif	GIF格式是CompuServe提供的一种图形格式，只是保存最多256色的RGB色阶数，还可以支持透明背景及动画格式
PNG	.png	PNG是一种新兴的网络图形格式，采用无损压缩的方式，与JPG格式类似，网页中有很多图片都是这种格式，压缩比高于GIF，支持图像半透明

3.2 网页色彩

在网页中，色彩是营造网页气氛、树立网站形象最重要的因素之一。合理地为网站搭配颜色，可以使网站的主题更加突出，也可以使网站的内容更加清晰明了。

1. 色彩秩序

色彩可分为无彩色和有彩色两大类，前者如黑、白、灰，后者如红、绿、蓝等。自然界的色彩虽然各不相同，但任何有彩色的色彩都具有色相、明度、纯度这三个基本属性，也称为色彩的三要素。

■ 无彩色系

无彩色系包括白色、黑色或由白色与黑色互相调和形成的各种不同浓淡层次的灰色。如果将这些白色、黑色以及各种灰色按上白下黑成渐变规律地排列起来，可形成自由白色依次过渡到浅灰色、浅中灰色、中灰色、中深灰色、深灰色直至黑色的一个秩序系列。色彩学上称此秩序系列为黑白度系列。

黑白度又可称为明暗度，或简称明度。故黑白度系列又称为明度系列。明度系列通常可有八个级差到十一个级差，也可根据需要做到十八个级差，各级差度应相等，形成等差系列。

■ 有彩色系

有彩色系又简称彩色系，它指除无彩色系以外的所有不同明暗、不同纯杂、不同色相的颜色。这样，明暗、纯杂和色相就成了有彩色系的三个最基本特征。在色彩学上，这三个基本特征又称为色彩的三要素。认识色彩的三要素对于用户学习色彩、表现色彩、运用色彩都极为重要。

色相是指色的相貌，这个相貌是依据可见波的波长来决定的。波长给人眼的感觉不同，就会有不同的色相，最基本的色相是太阳光通过三棱镜分解出来的红、橙、黄、绿、蓝、紫这六个光谱色。

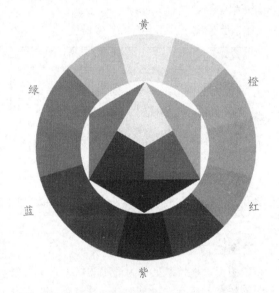

明度指颜色的明暗程度，或指颜色的深浅程度、颜色的含白含黑程度、颜色的亮暗程度等。在有彩色系中，各种颜色都有各自不同的明度，比如，将太阳光经过三棱镜分解出来的红、橙、黄、绿、蓝、紫放在一起作比较，其中黄色明度最高，橙色次之，绿色为中间明度，蓝色为较低明度，红色和紫色为最低明度。

提示

在无彩色系中，明度是主要特征，如在某色中加入一定量的白色，可提高该色的反射率，即提高明度；如在某色中加入一定量的黑色，可降低该色的反射率，即降低明度。

纯度指某色相纯色的含有程度或指光的波长单纯的程度。也有人称之为饱和度、鲜艳度、鲜度、艳度、彩度、含灰度等。纯度取决于该色中含色成分和消色成分（黑、白、灰）的比例，含色成分越大，纯度越大；消色成分越大，饱和度越小，也就是说，向任何一种色彩中加入黑、白、灰都会降低它的纯度，加的越多就降的越低。

2. 色彩心理

色彩对人的头脑和精神的影响力，是客观存在的。不同的颜色会给人们不同的心理感受，但是同一种颜色通常不只包含一个象征意义。

■ 颜色的共同性心理含义

由于人类个体的差异性，每个人对色彩的心理感受也会产生差异性，并且以人的年龄、性别、经历、民族、宗教、环境等不同而得到各种不同的感受。但还是能够找到大多数人所能接受的色彩心理感受方面的共同象征意义和表情特征，如表所示。

色彩	积极的含义	消极的含义
红色	热情、亢奋、激烈、喜庆、革命、吉利、兴隆、爱情、火热、活力	危险、痛苦、紧张、屠杀、残酷、事故、战争、爆炸、亏空

（续表）

色彩	积极的含义	消极的含义
橙色	成熟、生命、永恒、华贵、热情、富丽、活跃、辉煌、兴奋、温暖	暴躁、不安、欺诈、嫉妒
黄色	光明、兴奋、明朗、活泼、丰收、愉悦、财富	病痛、胆怯、骄傲、下流
绿色	自然、和平、生命、青春、安全、宁静、希望	生酸、失控
蓝色	久远、平静、安宁、沉着、纯洁、透明、独立	寒冷、伤感、孤漠、冷酷
紫色	高贵、久远、神秘、豪华、生命、温柔、爱情、端庄、俏丽、娇艳	悲哀、忧郁、痛苦、毒害、荒淫
黑色	庄重、深沉、高级、幽静、深刻、厚实、稳定	悲哀、肮脏、恐怖、沉重
白色	纯洁、干净、明亮、轻松、卫生、凉爽、淡雅	恐怖、冷峻、单薄、孤独
灰色	高雅、沉着、平和、平衡、连贯、联系、过渡	凄凉、空虚、抑郁、暧昧、乏味、沉闷
金银色	华丽、富裕、高级、贵重	贪婪、俗气

■ 颜色的个体性心理含义

虽然大多数人在色彩心理方面存在着共同性，对色彩有着共同的情感反应，但我们又必须看到人的色彩心理方面存在着个体差异性及对色彩的不同情感反应，甚至同一个人不同的时间、地点、环境和情绪下对同一种颜色的感受也会有一定差异和不同的情感反应。

例如，经常生活在海边的人看到蓝色时，可能会联想到天空、大海而豁然心胸开阔；而对于在冰天雪地中遇过难的人来说，可能会联想到刺骨冰雪而产生寒冷孤独的感觉。

3.3 图像的颜色选取

版本：Photoshop CS4/CS5/CS6

在Photoshop中进行图像设计时，最关键的步骤是调整图像的颜色。在Photoshop中既可以独立设置颜色，也可以在打开的图像文档中，选取任何所需的颜色。

1. 前景色和背景色

在Photoshop中可以通过多种途径设置想要的颜色，但是所有设置的颜色均会存储在工具箱中的前景色或者背景色中，因为Photoshop工具箱中的前景色/背景色就是用来存储设置的颜色的。

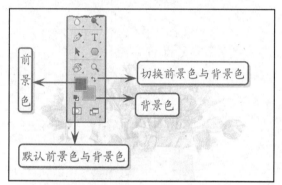

2. 拾色器对话框

在默认情况下，工具箱中的前景色与背景色为黑色和白色。要想更改默认颜色，只需要单击相应的色块，即可打开相应的【拾色器】对话框。

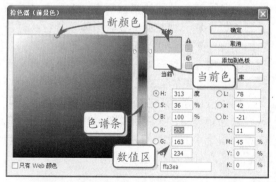

在拾色器中选取颜色非常简单，只要在色谱条中选择某个色相，然后在颜色预览区域中单击即可。

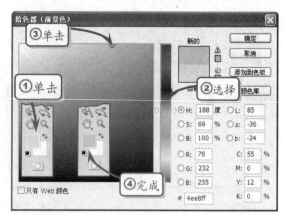

在默认情况下，【拾色器】对话框中是以HSB模式来选取颜色的，启用S选项可在色域中显示所有色相，它们的最大亮度位于色域的顶部，最小亮度位于底部；启用B选项可在色域中显示所有色相，它们的最大饱和度位于色域的顶部，最小饱和度位于底部。

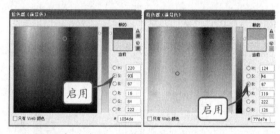

网页安全颜色是指在不同硬件环境、不同操作系统、不同浏览器中都能够正常显示的颜色集合。

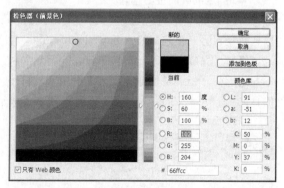

3.4 图像的变换

版本：Photoshop CS4/CS5/CS6

在Photoshop中，【变换】命令可以对图像进行变换比例、旋转、斜切、伸展或变形处理。

1. 传统变换

打开一幅图像后，执行【编辑】|【变换】命令（快捷键Ctrl+T），其中，包括的变换命令能够进行各种样式的变形。

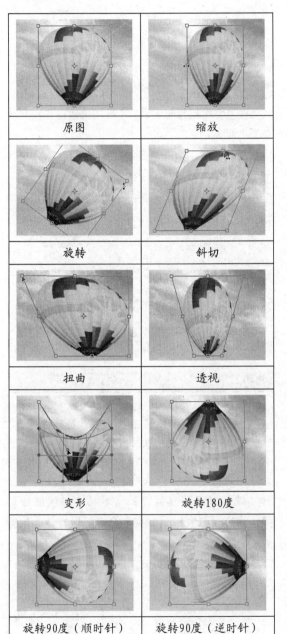

原图　缩放　旋转　斜切　扭曲　透视　变形　旋转180度　旋转90度（顺时针）　旋转90度（逆时针）

■ **缩放**　缩放操作通过沿着水平和垂直方向拉伸，或挤压图像内的一个区域来修改该区域的大小。

■ **旋转**　旋转允许改变一个图层内容或一个选择区域进行任意的方向旋转。其中菜单中还提供了【旋转180度】、【旋转90度（顺时针）】和【旋转90度（逆时针）】命令。

■ **斜切**　沿着单个轴，即水平或垂直轴，倾斜一个选择区域。斜切的角度影响最终图像将变得有多么倾斜。要想斜切一个选择区域，拖动边界框的那些节点即可。

■ **扭曲**　当扭曲一个选择区域时，可以沿着它的每个轴拉伸进行操作。和斜切不同的是，倾斜不再局限于每次一条边。拖动一个角，两条相邻边将沿着该角拉伸。

■ **透视**　透视变换是挤压或拉伸一个图层或选择区域的单条边，进而向内外倾斜两条相邻边。

■ **变形**　可以对图像任意拉伸从而产生各种变换。

2. 内容感知型变换

内容识别缩放功能可在不更改重要可视内容（如人物、建筑、动物等）的情况下调整图像大小，它可以通过对图像中的内容进行自动判断后决定如何缩放图像。

原图　内容识别缩小

3.5　图像裁剪

版本：Photoshop CS4/CS5/CS6

使用图像裁剪工具可以自由控制裁剪的大小和位置，而且还可以在裁剪的同时，对图像进行旋转、变形，以及改变图像分辨率等操作。

打开一张素材图片，选择【裁剪工具】。在素材图片上单击并且拖动鼠标，框选要保留的区域，被裁切区域呈半透明状，然后双击鼠标左键或按下回车键即可。

裁剪工具选项栏中的选项如下。

■ 不受约束　选择不受约束按钮，是指裁剪区域不受画面的限制。

■ 纵向与横向旋转裁剪框　单击该按钮，可以旋转裁剪区域。

■ 拉直　启用该按钮，通过在图像上画一条线来拉直该图像。

■ 视图　选择该按钮，可以改变裁剪区域的视图。

■ 设置其他裁剪选项　点击该按钮，可以修改裁剪区域的效果。

■ 删除裁剪的像素　启用该按钮，可以删除裁剪的像素。

在工具箱中选择【透视裁剪工具】，在裁剪图像时用户可以将透视的图像进行校正。

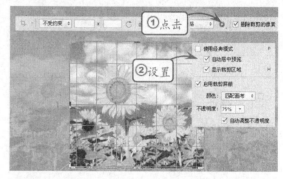

提示

运用【裁剪工具】还可以扩大画布。方法是：按快捷键Ctrl+-将图像缩小，拖动裁剪框到画面以外的区域，双击鼠标左键即可。

如果图像的背景为纯色，那么在裁剪图像时，就可以运用【裁切】命令将空白区域裁剪掉。执行【图像】|【裁切】命令，设置其中的参数裁切到白色区域。

3.6 图像的复制和删除

版本：Photoshop CS4/CS5/CS6

复制操作是图像处理过程中经常要用到的编辑方法之一，在Photoshop中复制图像也分为局部复制与整体复制。

1. 局部复制

所谓的局部复制，就是复制选取范围内的图像。在复制局部图像中，可以在不破坏源文件的情况下移动，那称为拷贝；也可以在破坏源文件的情况下移动，这叫做剪切。

■ 拷贝与粘贴

如果在不破坏源文件的情况下移动局部图像至另外一个文件内，那么首先要准备两个图像文档，并且其中一个文档中还要在要移动的图像中建立选区。

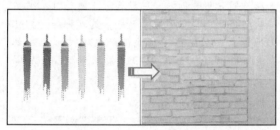

然后在目标图像中执行【编辑】│【粘贴】命令（快捷键Ctrl＋V），这时局部图像出现在该文档中。

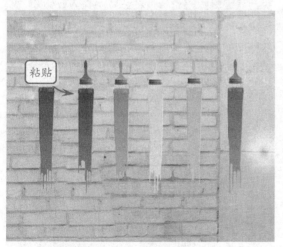

■ 剪切图像

在Photoshop中进行剪切图像同【拷贝】命令

一样简单，执行【编辑】│【剪切】命令（快捷键Ctrl＋X）即可。但是需要注意的是，剪切是将选取范围内的图像剪切掉，并放入剪贴板中。所以剪切区域内图像会消失，并填入背景色颜色。

提示

使用【合并拷贝】命令时，必须先创建一个选取范围，并且图像中要有两个或两个以上的图层，否则该命令不可以使用。该命令只对当前显示的图层有效，而对隐藏的图层无效。

2. 整体复制

所谓整体复制，就是创建一个图像文件的副本。执行【图像】│【复制】命令，打开【复制图像】对话框。在该对话框的文本框中，可以输入图像副本的名称。

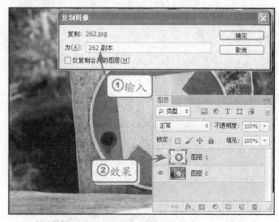

3. 合并拷贝

在【编辑】菜单中还提供了【合并拷贝】命令。这个命令也是用于复制和粘贴图像，但是不同于【拷贝】命令。

在图像文档中存在两个或两个以上图层时，按快捷键Ctrl＋A执行【全选】命令，然后执行【编辑】|【合并拷贝】命令（快捷键Ctrl+Shift+C）。

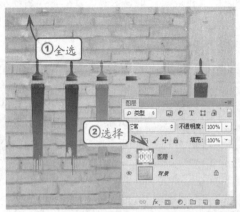

接着打开另外一个图像文档执行【粘贴】命令，就会将刚才文档中的所有图像粘贴至其中。

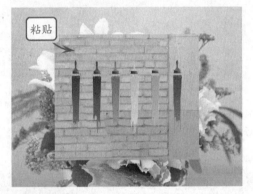

4．清除图像

【清除】命令与【剪切】命令类似，不同的是，【剪切】命令是将图像剪切后放入剪切板，而【清除】则是删除，并不放入剪切板。要清除图像，首先创建选取范围，指定清除的内容。

然后执行【编辑】|【清除】命令，即可清除选取区域，其中，【清除】命令是删除选区中的图像，所以类似于【橡皮擦工具】。

> **提示**
>
> 在不同分辨率图像中粘贴选区或图层时，粘贴的数据会保持它的像素尺寸，这可能会使粘贴的部分与新图像不成比例。在拷贝和粘贴之前，使用【图像大小】命令使源图像和目标图像的分辨率相同，然后将两个图像的缩放率都设置为相同的放大率。

5．【贴入】命令

【贴入】命令是添加蒙板的"粘贴"操作。执行【编辑】|【选择性粘贴】|【贴入】命令（快捷键Alt+Shift+Ctrl+V），可以将剪切或拷贝的选区粘贴到同一图像或不同图像的另一个选区内。源选区内容粘贴到新图层，而目标选区边框将转换为图层蒙版。

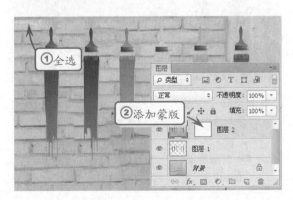

3.7　认识图层面板

版本：Photoshop CS4/CS5/CS6

【图层】面板是进行图像编辑和修改操作的基础，作品中的每个图像元素，都可以作为一个单独的图层存在，可以将该调板中的图层比作堆叠在一起的透明纸，透过透明区域可以看到下面的内容。当移动图层以调整图层上的内容时，就像移动堆叠在一起的透明纸一样。

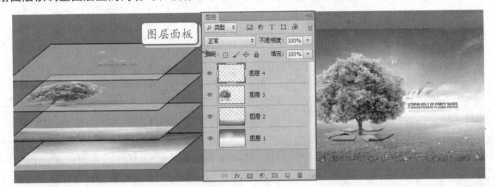

图层面板

【图层】面板是图层操作必不可少的工具，主要是用于显示当前图像的图层信息。如果要显示【图层】面板，用户可以执行【窗口】|【图层】命令（快捷键F7），打开【图层】面板。

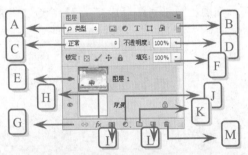

面板中按钮名称及功能介绍如下：

序号	图标	名称	功能
A	无	选取滤镜类型	根据不同的图层类型来搜索图层
B		打开或关闭图层过滤	用来锁定或打开选取的滤镜类型
C	无	图层混合模式	在该列表中可以选择不同的图层混合模式，来决定这一图像与其他图层叠合在一起的效果
D	无	图层总体不透明度	用于设置每一个图层的全部不透明度

（续表）

序号	图标	名称	功能
E	👁	指示图层可视性	单击可以显示或隐藏图层
F	无	图层内部不透明度	用于设置每一个图层的填充不透明度
G	🔗	链接图层	选择两个或两个以上的图层，激活【链接图层】图标，单击即可链接所选中的图层
H	fx.	添加图层样式	单击该按钮，在下拉菜单中选择一种图层效果以用于当前所选图层
I	▣	添加图层蒙版	单击该按钮可以创建一个图层蒙版，用来修改图层内容
J	◑.	创建新的填充或调整图层	单击该按钮，在下拉菜单中选择一个填充图层或调整图层
K	▭	创建新组	单击该按钮可以创建一个新图层组
L	▣	创建新图层	单击该按钮可以创建一个新图层
M	🗑	删除所选图层	单击该按钮可将当前所选图层删除

3.8 图层的基本操作

版本：Photoshop CS4/CS5/CS6

在Photoshop中，编辑操作都是基于图层进行的，比如创建新图层、复制图层、删除图层等。了解图层的基本操作后，才可以更加自如地编辑图像。

1. 创建与设置图层

在不同的图层中绘制图像，可以方便地更改某个图层，而不影响其他图层中的图像。方法是单击【图层】面板底部的【创建新建图层】按钮，即可创建空白的普通图层。

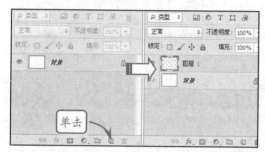

当图层过多时，还可以通过设置图层的显示颜色来区分图像。对于现有的图层，可以选择【图层】面板的关联菜单中的【图层属性】命令，来设置当前图层的显示颜色。

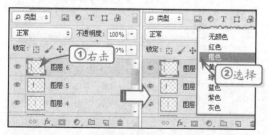

2. 选择图层与调整图层顺序

进行任何操作前，首先要选择图层，这样才能够选中图层中的图像。要选择图层非常简单，只要在【图层】面板中单击该图层即可。

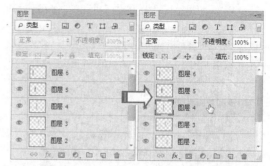

在编辑多个图层时，图层的顺序排列也很重要。上面图层的不透明区域可以覆盖下面图层的图像内容。如果要显示覆盖的内容，需要对图层顺序进行调整。调整图层顺序的方法有以下几种：

选择要调整顺序的图层，执行【图层】|【排列】|【前移一层】命令（快捷键Ctrl＋]），该图层就可以上移一层。如果要将图层下移一层，执行【图层】|【排列】|【后移一层】命令（快捷键Ctrl＋[）

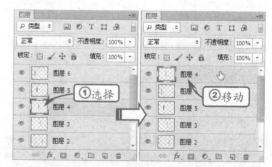

选择要调整顺序的图层，同时拖动鼠标到目标图层上方，然后释放鼠标即可调整该图层顺序。

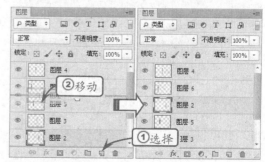

3．复制和删除图层

复制图层可以用来加强图像效果同时也可以保护源图像，复制图层的方法有以下几种：

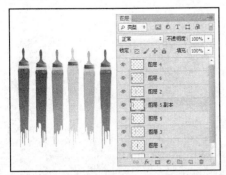

■　选择要复制的图层，然后执行【图层】|【复制图层】命令，在弹出的【复制图层】对话框中输入该图层名称。

■　选择要复制的图层，用鼠标将该图层拖动到【创建新图层】 🗔 按钮上即可复制图层。

■　按Ctrl＋J快捷键，执行【通过拷贝的图层】命令。

■　选择【移动工具】 ⊞ 同时，按下Shift键并拖动图像，即可复制图像所在的图层。

将没有用的图层删除，可以有效地减少文件的大小。选择要删除的图层，单击【删除图层】 🗑 按钮即可（或将图层拖动至该按钮上）。

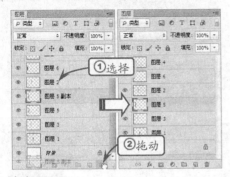

4．锁定图层

在编辑图像时，可以根据需要锁定图层的透

明区域，图像的像素和位置，使其不会因编辑操作而被修改，锁定图层的功能，在【图层】调板上面，单击按钮即可锁定相应的属性。

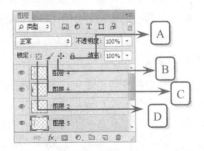

■　**锁定全部** 🔒

可以将图层的所有属性锁定，除了复制和放入图层组以外的一切编辑操作均不能应用到锁定的图像当中。

■　**锁定位置** ⊞

单击该按钮后，可防止图层被移动，对于设置了精确位置的图像，将其锁定后就不必担心被意外移动了。

■　**锁定图像像素** 🖌

启用【锁定图像像素】按钮 🖌，无法对图层中的像素进行修改，包括使用绘图工具进行绘制，以及使用色调调整命令等。

■　**锁定透明像素** ⊠

单击该按钮后，可将编辑范围限制在图层的不透明部分。

5．图层的链接

需要同时对多个图层进行变换操作，比如移动、旋转、缩放时，按下Ctrl键单击【图层】面板中需要变换的图层，将它们选择之后单击【图层】面板下方【链接图层】 ⇔ 按钮即可。

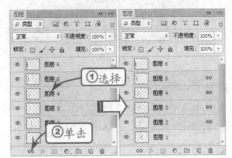

3.9 图层蒙版

版本：Photoshop CS4/CS5/CS6

图层蒙版可以精确、细腻地控制图像显示与隐藏的区域，因为图层蒙版是由图像的灰度来决定图层的不透明度。

1. 创建图层蒙版

创建图层蒙版包括多种途径。其中最简单的方法，为直接单击【图层】面板底部的【添加图层蒙版】 按钮，或者单击【蒙版】面板右上角的【添加像素蒙版】 按钮，即可为当前普通图层添加图层蒙版。

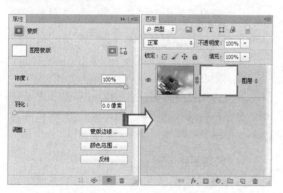

如果画布中存在选区，直接单击【添加图层蒙版】 按钮。在图层蒙版中，选区内部呈白色，选区外部呈黑色。这时黑色区域被隐藏。

2. 调整图层蒙版

无论是单独创建图层蒙版，还是通过选区创建，均能够重复调整图层蒙版中的灰色图像，从而改变图像显示效果。

■ 移动图层蒙版

图层蒙版中的灰色图像，与图层中的图像为链接关系。也就是说，无论是移动前者还是后者，均会出现相同的效果。如果单击【指示图层蒙版链接到图层】图标 ，将使图层蒙版与图层分离。

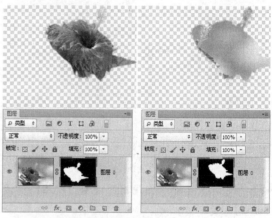

■ 停用与启用图层蒙版

通过图层蒙版编辑图像，只是隐藏图像的局部，并不是删除。所以，随时可以还原图像原来的效果。

提示

要想返回图层蒙版效果，只要右击图层蒙版缩览图，选择【启用图层蒙版】命令，或者直接单击图层蒙版缩览图即可。

■　复制图层蒙版

当图像文档中存在两幅或者两幅以上图像时，还可以将图层蒙版复制到其他图层中，以相同的蒙版显示或者隐藏当前图层内容。方法是，按住Alt键，单击并且拖动图层蒙版至其他图层。释放鼠标后，在当前图层中添加相同的图层蒙版。

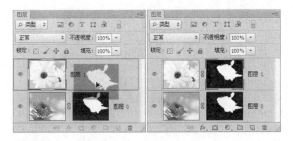

提示

如果需要对当前图层执行源蒙版的反相效果，则可以选择蒙版缩览图，按住Shift+Alt组合键拖动鼠标到需要添加蒙版的图层，这时当前图层添加的是颜色相反的蒙版。

要想查看图层蒙版中的灰色图像效果，需要按住Alt键单击图层蒙版缩览图，进行图层蒙版编辑模式，画布显示图层蒙版中的图像。

■　浓度与羽化

为了柔化图像边缘，会在图层蒙版中进行模糊，从而改变灰色图像。为了减少重复操作，可以使用【蒙版】面板中的【羽化】或者【浓度】选项。

当图层蒙版中存在灰色图像，在【蒙版】面板中向左拖动【浓度】滑块。蒙版中黑色图像逐渐转换为白色，而彩色图像被隐藏的区域

逐渐显示。

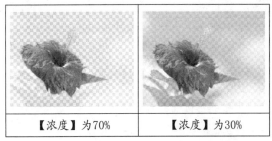

| 【浓度】为70% | 【浓度】为30% |

在【蒙版】面板中，向右拖动【羽化】滑块。灰色图像边缘被羽化，而彩色图像由外部向内部逐渐透明。

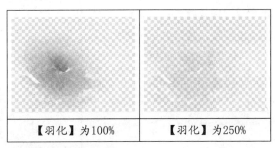

| 【羽化】为100% | 【羽化】为250% |

3．图层蒙版与滤镜

图层蒙版与滤镜具有相辅相成的关系。在图层蒙版中能够应用滤镜效果；而在智能滤镜中则可以编辑滤镜效果蒙版来改变滤镜效果。

图层蒙版中的灰色图像同样可以应用滤镜效果，只是得到的最终效果呈现在图像显示效果中，而不是直接应用在图像中。例如，在具有灰色图像的图层蒙版中，执行【滤镜】|【风格化】|【风】命令。

3.10 矢量蒙版

版本：Photoshop CS4/CS5/CS6

矢量蒙版与分辨率无关，是由钢笔工具或形状工具创建的图形。

1．创建矢量蒙版

矢量蒙版包括多种创建方法，不同的创建方法会得到相同或者不同的图像效果。

■ 创建空白矢量蒙版

选中普通图层，单击【蒙版】面板右上方的【添加矢量蒙版】按钮，在当前图层中添加显示全部的矢量蒙版；如果按住Alt键单击该按钮，即可添加隐藏全部的矢量蒙版。

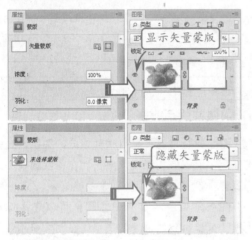

然后选择某个路径工具，在工具选项栏中启用路径功能。在画布中建立路径，图像即可显示路径区域。

■ 以现有路径创建矢量蒙版

选择路径工具，在画布中建立任意形状的

路径。然后单击【蒙版】面板中的【添加矢量蒙版】按钮，即可创建带有路径的矢量蒙版。

■ 创建形状图层

路径中的形状图层，就是结合矢量蒙版创建矢量图像的。比如选择某个路径工具后，启用工具选项栏中的形状图层功能。直接在画布中单击并且拖动鼠标，在【图层】面板中自动新建具有矢量蒙版的形状图层。

2．编辑矢量蒙版

创建矢量蒙版后，还可以在其中编辑路径，从而改变图像显示效果。矢量蒙版编辑既可以改变路径形状，也可以设置显示效果。

■ 编辑蒙版路径

要想显示路径以外的区域，可以使用【路径选择工具】选中该路径后，在工具选项栏中启用【从形状区域减去】功能即可。

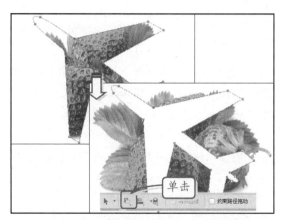

在现有的矢量蒙版中要想扩大显示区域，最基本的方法就是使用【直接选择工具】，选中其中的某个节点删除即可。

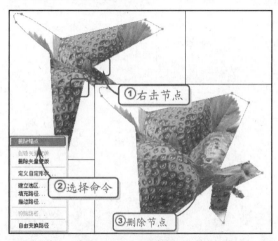

还有一种方法是在现有路径的基础上，添加其他形状路径，来扩充显示区域。方法是选择任意一个路径工具，启用工具选项栏中的【添加到路径区域】功能，在画布空白区域建立路径。

当建立矢量蒙版后，【路径】面板中会自动创建当前图层的矢量蒙版路径。如果该面板中还包括其他路径，那么可以将其合并到矢量蒙版路径中。方法是选中存储路径复制后，再选中"图层0矢量蒙版"路径粘贴即可。

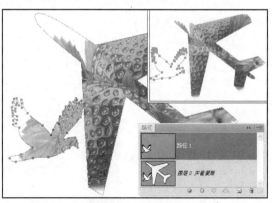

■ 改变显示效果

要想对矢量蒙版添加羽化效果，不需要再借助图层蒙版，而是直接调整【蒙版】面板中的【羽化】选项即可。

选中矢量蒙版，在【蒙版】面板中向右拖动【羽化】滑块，得到具有羽化效果的显示效果；如果向左拖动【浓度】滑块，路径外部区域的图像就会逐渐显示。

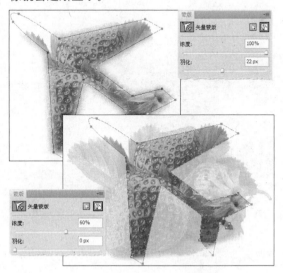

3.11　切片的使用

版本：Photoshop CS4/CS5/CS6

切片是使用HTML表或CSS图层将图像划分为若干较小的图像，这些图像可在网页上重新组合。通过划分图像，可以指定不同的URL链接以创建页面导航，或使用其自身的优化设置对图像的每个部分进行优化。切片能够按照其内容类型，以及创建方式进行分类。

1．基于图层创建切片

基于图层创建切片，是根据当前图层中的对象边缘创建切片。方法是选中某个图层后，执行【图层】|【新建基于图层的切片】命令，即可创建切片。

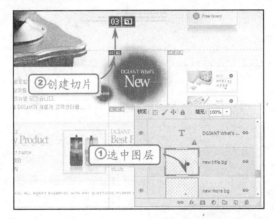

2．基于参考线创建切片

基于参考线创建切片的前提是，文档中存在参考线。选择工具箱中的【切片工具】，单击工具选项栏中的【基于参考线的切片】按钮，即可根据文档中的参考线创建切片。

后，在画布中单击并且拖动即可创建切片。其中，灰色为自动切片。

3．使用切片工具创建切片

通过【切片工具】创建切片，是裁切网页图像最常用的方法。在工具箱中选择【切片工具】

3.12 切片的基本操作

版本：Photoshop CS4/CS5/CS6

无论以何种方式创建切片，都可以对其进行编辑。只是不同类型的切片，其编辑方式有所不同。其中对用户切片可以进行各种编辑；而自动切片与基于图层的切片则有所限制，并且有其自身的编辑方法。

1. 查看与选择切片

当创建切片后发现，切片本身具有颜色、线条、编号与标记等属性。其中，具有图像的切片、无图像切片、自动切片与基于图层的切片等标记有所不同。

编辑所有切片之前，首先要选择切片。选择【切片选择工具】，在切片区域内单击，即可选中该切片。

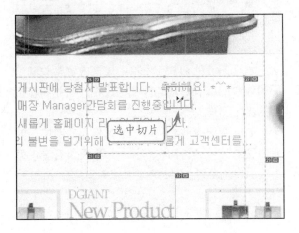

按Shift键，连续单击相应的切片，可以同时选中两个或者两个以上的切片。

> **提示**
>
> 要想隐藏或者显示所有切片，可以按Ctrl+H快捷键；要想隐藏自动切片，可以在【切片选择工具】的工具选项栏中单击【隐藏自动切片】按钮。

2. 切片选项

Photoshop中的每一个切片除了包括显示属性外，还包括Web属性，比如链接属性、文字信息属性、打开网页方式等。而这些属性均显示在【切片选项】对话框。

使用【切片选择工具】选中一个切片后，单击工具选项栏中的【为当前切片设置选项】按钮，即可打开该对话框。其中，各个选项及作用如下。

■ 切片类型 该选项是用来设置切片数据在Web浏览器中的显示方式。分为图像、无图像与表。

■ 名称 该选项用来设置切片名称。

■ URL 该选项用来为切片指定URL，可使整个切片区域成为所生成Web页中的链接。

■ 目标 该选项用来设置链接打开方式。分别为_blank、_self、_parent与_top。

- 信息文本 为选定的一个或多个切片更改浏览器状态区域中的默认消息。默认情况下，将显示切片的URL（如果有）。
- Alt标记 指定选定切片的Alt标记。Alt文本出现，取代非图形浏览器中的切片图像。Alt文本还在图像下载过程中取代图像，并在一些浏览器中作为工具提示出现。
- 尺寸该选项组用来设置切片尺寸与切片坐标。
- 切片背景类型 选择一种背景色来填充透明区域（适用于【图像】切片）或整个区域（适用于【无图像】切片）。

当设置【切片类型】选项为【无图像】选项后，【切片选项】对话框中的选项就会有所更改。在文本框中，可以输入要在所生成Web页的切片区域中显示的文本。此文本可以是纯文本，或使用标准HTML标记设置格式的文本。

3．切片基本操作

在Photoshop中，不同类型的切片可以进行不同的操作。其中用户切片除了可以设置切片Web选项外，还可以移动其位置。

方法是使用【切片选择工具】，单击并且拖动用户切片，即可移动位置。

Photoshop中的自动切片不能进行移动操作，而要想对基于图层的切片进行移动，必须使用【选择工具】移动图层中的对象。

Photoshop中的切片除了基于图层的切片不能进行划分外，其他两种切片均可以进行划分。比如选中切片后，单击工具选项栏中的【划分】按钮 划分... ，在弹出的【划分切片】对话框中，用户可以根据自身需要按水平或者垂直方向划分切片。

基于图层的切片与图层的像素内容相关联，而图像中的所有自动切片都链接在一起并共享相同的优化设置。

如果要编辑前者，除了编辑相应的图层，就是将该切片转换为用户切片；如果要为后者设置不同的优化设置，则必须将其提升为用户切片。

3.13 设计印刷网站首页

版本：Photoshop CS4/CS5/CS6 ⊙downloads/第3章/01

本案例为几何印刷设计的网站，主要是采用色块的形式来构成整个网站的背景，此网站对蓝色、紫色和黄色的使用，使整个画面很有协调感，多彩而不乱。

操作步骤 ▷▷▷▷

STEP|01 新建和填充。新建一个775×930像素文档，新建"灰色"图层，使用【矩形选框工具】 ▦ 在文档的顶部、中上方和底部各绘制矩形选区并填充。

① 新建文档　②绘制并填充

STEP|02 新建和绘制选区。新建"白色"图层，使用【矩形选框工具】在画布中间绘制一个选区并填充白色，启用【投影】样式，设置参数，然后新建"灰色第二层"图层，并使用【矩形选框工具】绘制选区并填充颜色。

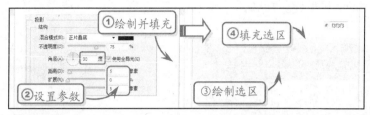

> **提示**
>
> 在新建页面中图像的时候，可以使用参考线来对图像进行精确的绘制。执行【视图】|【标尺】命令（按快捷键Ctrl+R）。

STEP|03 绘制和填充选区。新建"黑色"图层，使用【矩形选区工具】绘制选区并填充黑色，然后在顶部的黑色图层下面新建一个选区，新建"渐变颜色"图层，设置前景色和背景色，使用【渐变工具】在选区内拉出渐变。

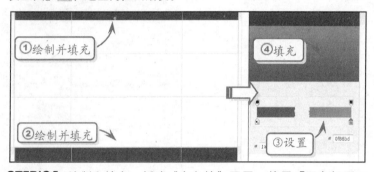

> **提示**
>
> 绘制"紫色块"图层的时候，可以选中【圆角矩形工具】然后再设置半径值为10像素，然后绘制路径并转为选区，填充颜色后使用【矩形选框工具】对多余部分进行删除。
>
>

STEP|04 绘制和填充。新建"白色块"图层，使用【圆角矩形工具】绘制矩形，变形，再绘制"紫色块"和"灰块"及"深紫色"图层。然后再绘制一个蓝色的图形和一个黄色的图形。

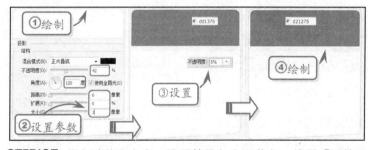

STEP|05 添加滤镜和文字。设置前景色为深蓝色，使用【画笔工具】和【云彩】滤镜命令。添加Banner背景素材，输入文字。

> **提示**
>
> 使用【画笔工具】和【云彩】滤镜命令绘制具有层次感的背景的时候，可以先用画笔工具进行涂抹，然后新建一个新的图层，设置前景色和背景色，然后执行【滤镜】|【渲染】|【云彩】命令，并设置该图层的【混合模式】为"叠加"，这样一个很有层次的背景就绘制成功了。

STEP|06 添加文字。在主题栏中添加背景素材，设置其位置和大小，然后在【字符】面板中设置标题字体。

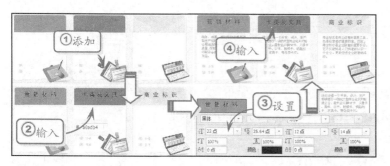

STEP|07 置入素材和添加文字，打开"人物"和"局部"素材，调整其位置和大小，分别描边，而后添加图标，设置【字符】面板里的参数并输入文字。

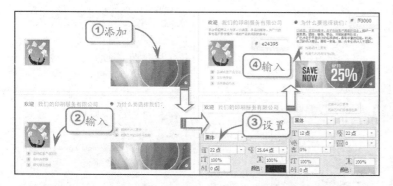

STEP|08 切片选区。放大图像的页面，显示辅助线，使用【切片工具】对网页中的图片进行创建切片，使用【切片选择工具】可以对切片的选区进行仔细的调整。

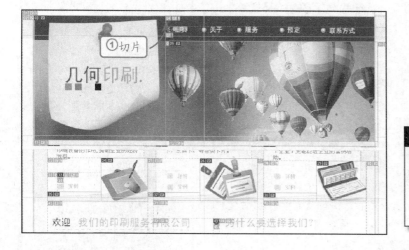

提示

在添加素材图片的时候别忘了要随时添加素材的投影效果。方法是新建一个"投影"图层，设置羽化值为5，使用【椭圆选框工具】绘制选区，然后填充灰色，最后使用【自由变换】工具对"投影"图层进行变换。

提示

在输入素材图片上的文字的时候可以使用【自由变换工具】对文字进行拉高变形，使整体具有突破感。

3.14 绘制边框

版本：Photoshop CS4/CS5/CS6 ● downloads/第3章/02

为了让照片或图片能够更漂亮、更时尚，通常会加一些边框来衬托。本案例是以添加【快速蒙版】，创建边框选区并添加【滤镜】效果的方式，绘制了漂亮的晶体边框的效果。

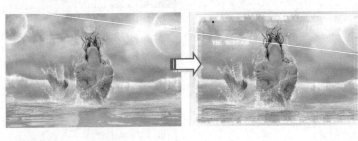

操作步骤 ▶▶▶▶

STEP|01 置入和编辑图像。置入素材，复制一层，然后使用【矩形选框工具】■绘制小于原图片的矩形选区，添加【快速蒙版】，执行【滤镜】|【像素化】|【晶格化】命令并设置参数。

提示

【图层蒙版】与【滤镜】具有相辅相成的关系。在【图层蒙版】中能够应用【滤镜】效果；而在【智能滤镜】中则可以编辑【滤镜效果蒙版】来改变滤镜效果。

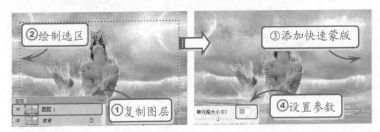

STEP|02 执行碎片和马赛克命令。执行两次【滤镜】|【像素化】|【碎片】命令。执行【滤镜】|【像素化】|【马赛克】命令并设置参数。

提示

智能滤镜中的【图层蒙版】滤镜效果的范围显示可以通过【滤镜蒙版】来改变，而【滤镜蒙版】必须在智能滤镜的基础上再添加。首先执行【滤镜】|【转换为智能滤镜】命令，将其转换为智能对象。然后在【滤镜】中执行【高斯模糊】命令。

STEP|03 执行锐化命令和退出快速蒙版。执行【滤镜】|【锐化】|【锐化】命令，并重复执行该命令七次。再次点击【以快速蒙版模式编辑】■按钮，退出快速蒙版模式。

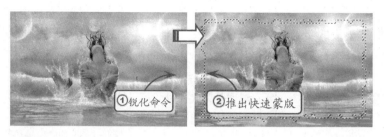

①锐化命令　②推出快速蒙版

STEP|04 反选和新建图层。按Ctrl+Shift+I快捷键执行反选命令，然后按Delete键删除。新建图层并填充白色，将该新建图层拖至"背景副本"图层下面。

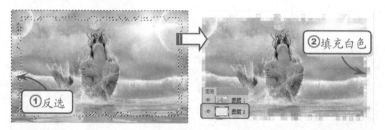

①反选　②填充白色

STEP|05 新建和填充图层。新建图层绘制一个外框选区，选择【渐变工具】，并在工具属性栏中设置参数，然后在新建图层中绘制渐变效果。

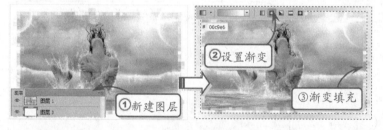

①新建图层　②设置渐变　③渐变填充

STEP|06 添加图层样式。启用【斜面和浮雕】复选框，并设置参数，使用【横版文本工具】键入文字，然后双击文本图层，启用【外发光】复选框，设置参数。

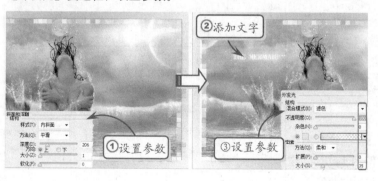

①设置参数　②添加文字　③设置参数

提示

这时用户还可以在"智能对象"下方【图层蒙版】中编辑，比如填充黑白渐变，能够控制滤镜效果的显示范围。

提示

选择矢量蒙版缩览图，执行【图层】|【矢量蒙版】|【停用】命令（按住Shift键单击矢量蒙版缩览图），蒙版缩览图中会出现一个红色"×"号，这样就可以预览建立矢量蒙版前的效果。

3.15　高手答疑

版本：Photoshop CS4/CS5/CS6

问题1：使用快速蒙版，为什么无法得到想要的选区？

解答：当进行快速蒙版编辑模式后，使用【画笔工具】 建立红色图像时，该工具的选项设置尤为重要。这里使用的是低不透明度的【画笔工具】 ，进行红色图像的绘制。

这时单击工具箱底部的【以标准模式编辑】按钮 ，返回正常模式，发现画布中没有选区显示。

　　这是因为在使用【画笔工具】 绘制图像时，该工具的【不透明度】参数值低于50%。这时建立的选区虽然不显示，但是它仍然存在。只

要在返回正常编辑模式后，按Ctrl+J快捷键进行图层复制，即可得到选区中的图像。

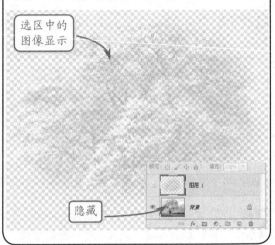

问题2：如何将两个图层中的图像进行对齐？

解答：选择【移动工具】 ，选中某个图层后，按住Shift键单击另外一个图层，同时选中两个图层。单击工具选项栏中的某个对齐功能，即可以相应方式对齐两个图层中的对象。这里单击的是【垂直居中对齐】 按钮，将两个图层中的对象水平中心对齐。

解答： 选择图像图层，执行【编辑】|【变换】|【变形】命令，然后对各控制点进行调整，实现图像任意变形。

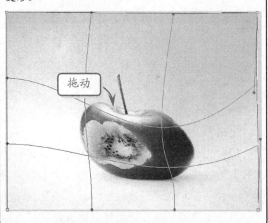

问题3：【图层】面板中的【总体不透明度】与【内部不透明度】选项有什么区别？

解答： 【总体不透明度】选项是用来控制图层中所有图像，或者图像所添加的显示效果。

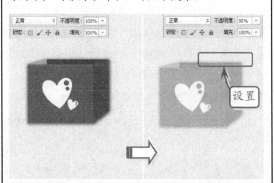

而【内部不透明度】选项只是用来设置填充像素的不透明度效果，而不影响已应用于图层的任何图层效果的不透明度。

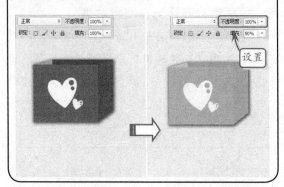

问题4： 执行【自由变换】中的【扭曲】命令虽然能将图像变形，但是一些任

问题5： 图像太小了，自由变换下无法移动中心，该如何办？

解答： 如果不想放大再选的话，可以按住Alt键去选取中心点。也可以在【参考位置点】单击控制点，来移动变换中心位置。

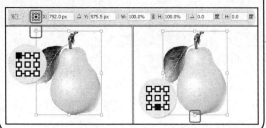

3.16 高手训练营

版本：Photoshop CS4/CS5/CS6

1．改变图像高度

通过【图像大小】命令除了可以精确缩放图像尺寸外，还可以只改变图像的宽度或者高度。操作方法是在【图像大小】的对话框中禁用【约束比例】选项，然后更改【宽度】或者【高度】参数值即可。

2．使用裁剪工具校正图像

裁剪工具除了可以移去部分图像，以突出或加强构图效果，改变图像的构图外，对于画面倾斜的图片，则可以通过旋转裁切框来校正倾斜角度。由于本练习只是校正图像中的局部区域，所以在制作过程中还需要注意校正后与其他区域图像的衔接。

3．使用【裁剪工具】调整构图

除了校正倾斜的照片，使用【裁剪工具】还可以非常直观、方便地调整画面的构图，操作方法是在画面中拉出裁切框，使用鼠标拖动裁切

框上的控制柄，控制图像的高度和宽度。

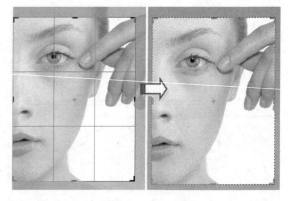

4．为图像添加边框

在制作图像过程中，有的图像不需要更改图片的大小，而只需要将边缘轮廓扩大，即可具有边框效果。在Photoshop中，执行【画布大小】命令，可以扩大图片边缘，而图像本身的大小和分辨率是没有变化的，只是将其画布扩大。

5．使用自由变换制作倒影效果

物体的倒影与阴影不同，后者是形状相似的灰色图形，只要注意光照来源即可；而前者除了要注意位置外，还需要呈现出物体的纹理的特征，所以在制作过程中，对物体的变形尤为重要。

第 4 章

网页动画设计——Flash

　　动画可以为网站的页面添加独特的动态效果，使页面内容更加丰富而具有动感。Flash作为目前最流行的网页动画形式，以其独特的魅力吸引了无数的用户。在网站的开发中，各种网站进入动画、导航条、图像轮换动画、按钮动画等都可使用Flash制作。

4.1 网页中的Flash元素

在互联网中，Flash元素是最常见的网页元素之一，具有适应范围广、占用空间小、下载时间短、支持跨平台播放以及强大的交互性等优点。正因为拥有这些优点，Flash不仅是网页动画的制作软件，更是网页多媒体的承载者。在网页中，Flash常有以下几种主要用途。

■ 进入动画

进入动画是访问者进入网站前播放的动画。进入动画设计的好坏直接影响到网站给访问者的第一印象，所以，越来越多的网站开始重视进入动画的设计。

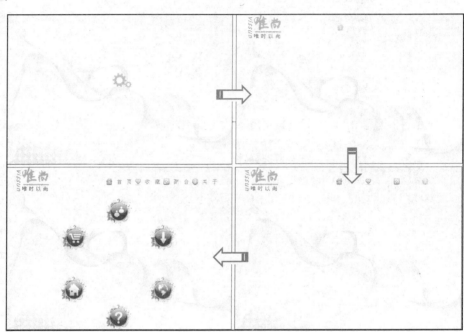

■ 导航条

很多网页都使用Flash制作动画导航条，例如，Flash动画效果的下拉菜单。它的制作方法比较简单，而且动画效果丰富。

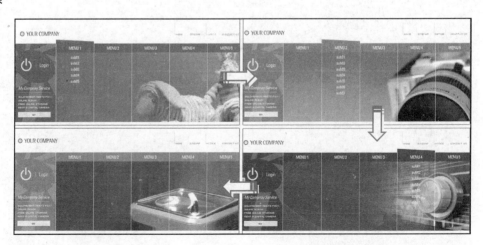

■ Logo图标

虽然大部分网站的Logo都是使用图像软件设计的静态图像，但仍有些网站喜欢用Flash动画来制作其Logo。

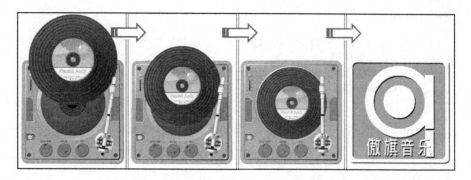

■ Banner

Banner是最常见的网络广告形式之一，而大部分网站的Banner都是使用Flash制作的，使用Flash技术制作的Banner可以将内容表现得更加流畅、绚丽、时尚。

■ Flash动态页

Flash不仅可以制作网页动画，从其内置的编程语言ActionScript 2.0开始，还支持编写动态网页。而最新的ActionScript 3.0，其功能越来越强大，不仅能实现动态效果，还支持网络通信，如Flash制作的留言板等。

■ Flash按钮

按钮是网站的重要组成部分，为链接网页和执行某些任务（如提交表单）起到了不可替代的作用。为了丰富网页的内容，使其更加吸引浏览者的注意，通常会使用Flash技术制作动画按钮。

4.2 整站Flash

随着Flash技术的进步和普及，越来越多的网站使用Flash制作整站内容。用Flash制作的网站可以使用各种华丽的特效。

■ 动画效果丰富

用Flash可以用设计动画的方式来设计网站。网站的菜单、背景、按钮完全可以由Flash元件制成，并且可以添加各种特效，使网站更具个性化。

■ 设计十分方便

使用Flash制作网站，可以直接在Flash软件中设计网页的布局，布局格式可以采用个性设计，版式较为自由，是真正的所见即所得。

■ 完美的兼容性

使用CSS+XHTML技术设计网页时，经常需要考虑多种浏览器的兼容性问题。例如，在使用CSS技术的网页中，通过Internet Explorer和火狐浏览网页时，部分CSS和XHTML代码的解析方式不同，造成浏览效果的差异。但对整站Flash或者整页Flash，其浏览效果完全一样。

Flash提供了大量功能强大、操作简便的各种矢量图形绘制工具，允许用户方便地绘制各种矢量动画元素，构成动画的角色或场景。

1. 矩形工具

单击【矩形工具】按钮，在舞台中将鼠标沿着要绘制的矩形对角线拖动，即可绘制出矩形。

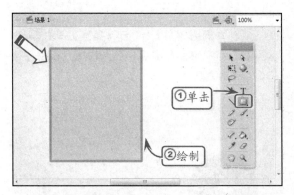

在绘制矢量矩形之前，用户还可以在属性检查器中设置【矩形工具】▢的属性，包括笔触样式、填充颜色等。

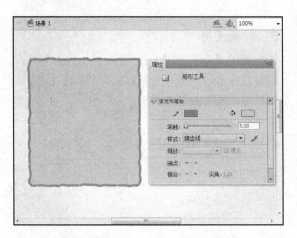

在【矩形选项】的选项卡中，还可以分别调整矩形4个角的圆滑度，以绘制出圆角矩形。

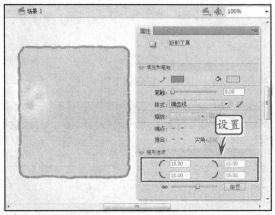

2. 基本矩形工具

与【矩形工具】▢相比，【基本矩形工具】▢绘制的矩形更易于修改。单击【基本矩形工具】按钮▢，在舞台中沿着要绘制的矩形对角线拖动，即可绘制一个矢量基本矩形。

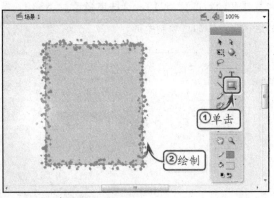

3. 椭圆工具

单击【椭圆工具】按钮，在属性检查器中设置参数，然后在舞台拖动鼠标绘制椭圆形。

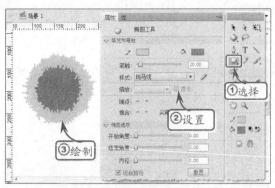

在【椭圆选项】选项卡中，用户可以将椭圆转换为扇形、圆环、扇环等复合图形。

属性名	作用
开始角度	定义扇形和扇环的起始角度
结束角度	定义扇形和扇环的结束角度
内径	定义圆环和扇环的内圆半径
闭合路径	选中该选项，则Flash将封闭图形
重置	选中该选项，则Flash将清除以上几种属性，将图形转换为普通椭圆形

例如绘制一个扇形。首先在属性检查器中设置【开始角度】为210；【结束角度】为330，然后在舞台中即可绘制扇形。

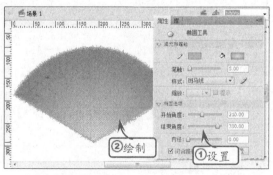

4．基本椭圆工具

【基本椭圆工具】 的功能与【基本矩形工具】 类似，都可以绘制出更富有可编辑性的矢量图形。

单击【基本椭圆工具】按钮 ，在【属性】

检查器中设置基本椭圆的各种属性，然后在舞台中拖动鼠标即可绘制基本椭圆。

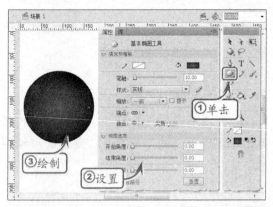

【基本椭圆工具】 与【椭圆工具】 的区别在于，在绘制椭圆后，还允许用户在属性检查器中修改其属性。

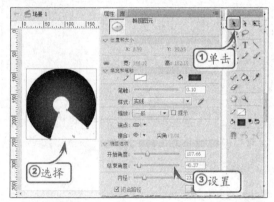

5．线条工具

使用【线条工具】 可以方便地绘制各种矢量直线笔触。在【工具】面板中单击【线条工具】按钮 ，然后在舞台中拖动鼠标，即可绘制简单直线笔触。

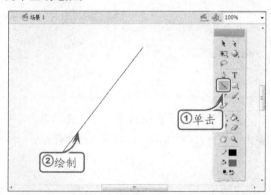

在绘制矢量笔触后，单击【选择工具】，将鼠标置于矢量直线笔触上方，当光标转换为带有弧线的箭头后，拖动鼠标，即可将绘制的直线笔触转换为曲线笔触。

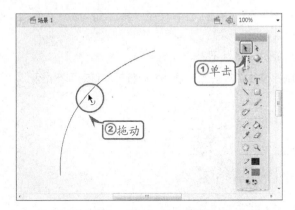

在单击【线条工具】按钮后，启用【对象绘制】按钮，以对象的方式绘制矢量直线笔触。此时，Flash会自动以组的方式绘制矢量图形。

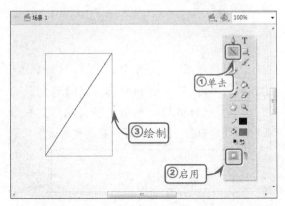

在绘制矢量直线笔触之前，用户也可启用【贴紧至对象】按钮，此时，绘制的矢量直线将自动与各种辅助线贴紧。

6．铅笔工具

【铅笔工具】用于绘制一些随鼠标运动轨迹而延伸的线条。单击【铅笔工具】按钮，在舞台中拖动鼠标，即可绘制鼠标轨迹经过的矢量笔触。

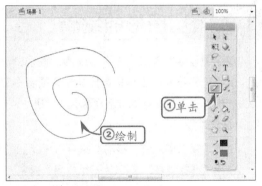

7．填充矢量图形

Flash提供了【颜料桶工具】，允许用户为绘制的图形填充颜色。

单击【工具】面板中的【颜料桶工具】按钮，在属性检查器中选择填充的颜色，然后单击舞台中的图形即可。

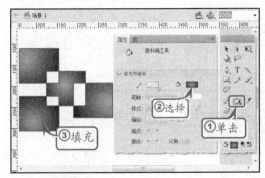

8．为填充描边

在填充构成的矢量图形上，用户可使用【墨水瓶工具】对其进行描边，添加笔触边框。

单击【墨水瓶工具】按钮，在【属性】检查器中设置笔触的样式，将鼠标光标置于填充区域边缘位置，单击鼠标即可为其添加笔触。

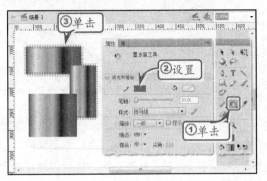

4.4 图形的编辑

版本：Flash CS4/CS5/CS6

仅仅通过绘制图形无法满足动画的需求，这时就需要对图形进行简单的编辑。对于不同的图形来说，需要使用不同的工具来选择其整体或者局部。而简单的图形编辑，如复制、移动、对齐、排列、编组等操作，则能够帮助读者了解组合图形的方法。

1. 移动对象

在创建复杂图形时，移动对象可以调整图形的位置，使其互不影响。

使用【选择工具】[图标]选择一个或多个对象，将鼠标移动到对象上，通过拖动将对象移动到新位置。

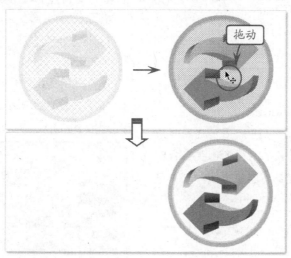

在移动对象的同时按住 Alt 键，则可以复制对象并拖动其副本。

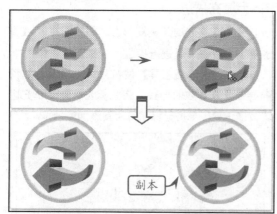

2. 复制对象

在制作Flash动画过程中，经常需要使用重复性的对象，如星星、树叶等。为了方便操作、节约时间，Flash提供了复制功能，可以创建与对象完全相同的副本。

选择需要复制的对象，执行【编辑】|【复制】命令（ Ctrl+C 组合键）或【剪切】命令（ Ctrl+X 组合键），然后执行【粘贴】命令（ Ctrl+V 组合键），可以实现对象的复制操作。

如果执行【编辑】|【粘贴到当前位置】命令（ Ctrl+Shift+V 组合键），则粘贴后的图形对象与原对象重合。此时，通过移动对象可以查看粘贴后的图形对象。

在对象处于被选择的状态下，执行【直接复

制】命令（ Ctrl+D 组合键），可以快速完成对象的
复制操作。

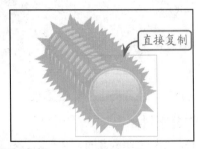

3．删除对象

删除不需要的对象时，可以将其从文件中删
除，但删除舞台上的实例并不会从【库】面板中
删除元件。

选择需要删除的一个或多个对象，执行
【编辑】|【清除】命令，或者按下 Delete 键或
←Backspace 键即可。

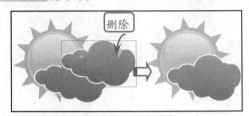

4．锁定对象

在编辑动画对象时，为了避免当前编辑的对
象影响到其他对象内容，可以先将不需要编辑的
对象暂时锁定起来。

选择要锁定的对象，执行【修改】|【排列】|
【锁定】命令（ Ctrl+Alt+L 组合键）。如果要取消锁
定的对象，执行【修改】|【排列】|【解除全部锁
定】命令（ Ctrl+Alt+Shift+L 组合键）即可。

在创建复杂的矢量图形时，为了避免图形之
间自动合并，可以对它们进行编组。如果想要将
组或文字转换为矢量图形，则可以分离对象。

5．编组对象

选择要编组的矢量图形，执行【修改】|【组
合】命令（快捷键 Ctrl+G ），即可将矢量图形转换
为组。

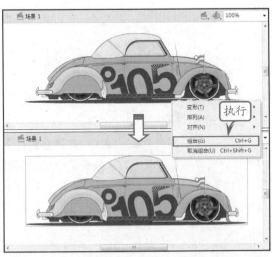

另外，多个图形对象也可以进行编组。方法
是选择多个图形对象后，按 Ctrl+G 组合键即可。

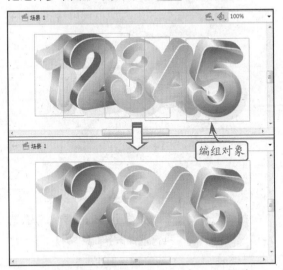

6．分离对象

选择组对象后，执行【修改】|【分离】命令
（ Ctrl+B 组合键），或【修改】|【取消组合】命令
（ Ctrl+Shift+G 组合键），均将组对象分解成形状对象。

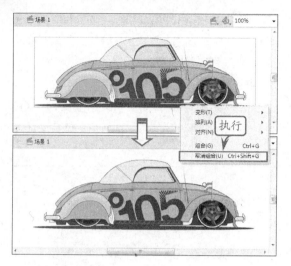

7．上下排列对象

对于舞台中的多个图形对象，如果想要将下方的图形对象放置在最上方，只要选中该图形对象，执行【修改】|【排列】|【移至顶层】命令（Ctrl+Shift+↑组合键）即可。

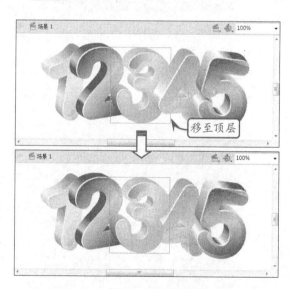

如果想要将图形对象向上移动一层，那么选中该图形对象后，执行【修改】|【排列】|【上移一层】命令（Ctrl+↑组合键）即可。

8．平均分布对象

在横向排列图形对象过程中，可以根据图形对象排列的不同方向，来进行相应的平均分布。

例如，单击【对齐】面板【水平居中分布】按钮，可将图形对象平均分布在同一个水平面上。

9．对齐对象

在【对齐】面板中，除了能够平均分布对象外，还能够对两个或者两个以上的图形对象进行各种方式的对齐。

4.5 图层

版本：Flash CS4/CS5/CS6

图层类似于一张透明的薄纸，每张纸上绘制着一些图形或文字，而一幅作品就是由许多张这样的薄纸叠合在一起形成的。图层可以帮助用户组织文档中的插图，也可以在图层上绘制和编辑对象，并且不会影响到其他图层上的对象。

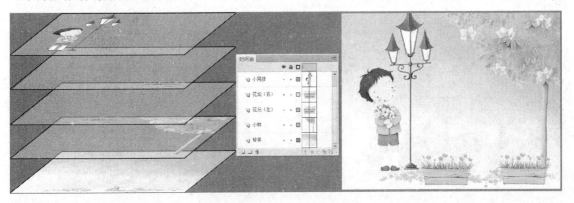

对于Flash图层来说，主要包括普通图层、遮罩层、被遮罩层、运动引导层、被引导层、静态引导层以及文件夹，其各项说明如下。

- 普通图层 🔲 普通状态的图层，该类型图层的名称前面将会出现普通图层图标。
- 遮罩层 🔳 放置遮罩物的图层，该图层是利用本图层中的遮罩物来对下面图层的内容进行遮挡。
- 运动引导层 ⁝⁙ 在引导层中可以设置运动路径，用来引导被引导层中的图形对象。如果引导图层下没有任何图层可以成为被引导层，则会出现一个静态引导层图标 ⬝⬝。
- 被引导层 🔲 该图层与其上面的引导层相辅相成，当上一个图层被设定为引导层时，这个图层会自动转变成被引导层，并且图层名称会自动进行缩排。
- 静态引导层 ⬝⬝ 该图层在绘制时能够帮助对齐对象。该引导层不会导出，因此不会显示在发布的SWF文件中。任何图层都可

以作为引导层。

- 文件夹 📁 主要用于组织和管理图层。

1. 创建图层

在Flash中创建新图层有两种方式：一种是最直接的方法，就是单击图层底部的【新建图层】按钮 🔲，创建空白新图层。

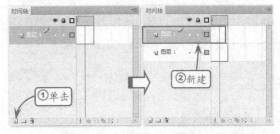

还有一种方法，右击现有图层，在弹出的菜单中执行【插入图层】命令，同样可以创建空白新图层。

2．图层的编辑

在创建图层后，通常需要对其进行编辑，如重命名和复制图层等。

■ 选择图层

选择图层的方法有很多，除了在时间轴上直接单击该图层外，还可以通过单击舞台中的对象选择图层。

要选择多个连续的图层时，需要按住 Shift 键单击它们的名称；而要选择多个不连续的图层时，则需要按住 Ctrl 键单击它们的名称。

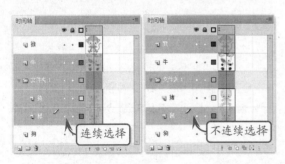

■ 重命名图层或文件夹

为了更好地反映图层中的内容，可以对图层进行重命名，并且在以后重新修改时，很容易找到对象所在的图层。

双击时间轴中图层的名称，当其文本框底色变成白色而文字呈蓝色时，输入新的名称即可。

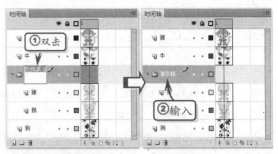

3．复制图层内容

在编辑对象时，通过复制图层中的内容创建相同元素，可以减少大量的繁锁工作，提高工作效率。

选择所需复制的图层，执行【编辑】|【时间轴】|【复制帧】命令。然后创建新的图层，选择该图层中的帧，执行【编辑】|【时间轴】|【粘贴帧】命令即可。

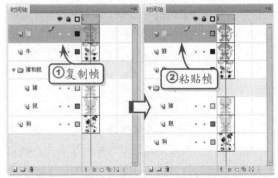

■ 删除图层

选择需要删除的图层时，需要单击【删除图层】按钮 。还可以通过右击图层或文件夹的名称，在弹出的菜单中执行【删除图层】命令，来删除所选图层或文件夹。

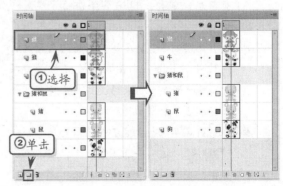

4.6 使用元件

元件是Flash中一种比较独特的、可重复使用的对象。在创建电影动画时，利用元件可以使编辑电影变得简单，使创建复杂的交互变得更加容易。如果要更改电影中的重复元素，只需对该元素所在的元件进行更改，Flash就会更新所有实例。

1．创建元件

Flash本身不存在元件，使用绘图工具绘制的是图形对象，外部导入的则是位图图像。而绝大多数的动画效果，则是通过元件创建而成。

■ 创建图形元件

创建图形元件的对象可以是导入的位图图像、矢量图像、文本对象以及用Flash工具创建的线条、色块等。

在Flash中，要创建图形元件可以通过两种方式。一种是按 Ctrl+F8 快捷键，打开【创建新元件】对话框。在【类型】下拉列表中选择【图形】选项，创建"元件1"图形元件，即可在其中绘制图形对象。

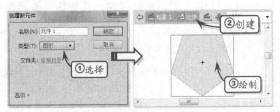

另一种是选择相关元素，执行【修改】|【转换为元件】命令（快捷键 F8 ），弹出Flash转换为元件】对话框。在【类型】下拉列表中选择【图形】选项，单击【确定】按钮，这时在场景中的元素变成了元件。

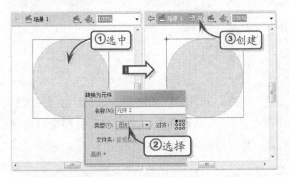

元件默认的注册点为左上角，如果在对话框中单击注册的中心点，那么元件的中心点会与图形中心点重合。

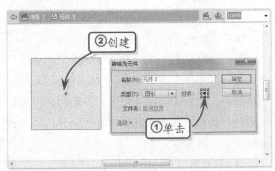

■ 创建按钮元件

在Flash中，创建按钮元件的对象可以是导入的位图图像、矢量图形、文本对象以及用Flash工具创建的任何图形。

要创建按钮元件，可以在打开的【创建新元件】或【转换为元件】对话框中，选择【类型】列表中的【按钮】选项，并单击【确定】按钮，进入按钮元件的编辑环境。

按钮元件除了拥有图形元件全部的编辑功能外，其特殊性还在于它具有4个状态帧：弹起、指针经过、按下和点击。

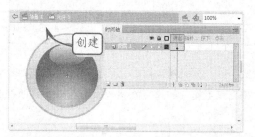

在前3个状态帧中，可以放置除了按钮元件本身外的所有Flash对象，在【点击】中的内容是一个图形，该图形决定着当鼠标指向按钮时的有效范围。它们各自功能如下所示。

- **弹起**　该帧代表指针没有经过按钮时该按钮的状态。

- **指针经过**　该帧代表当指针滑过按钮时，该按钮的外观。

- **按下**　该帧代表单击按钮时，该按钮的外观。

- **点击**　该帧用于定义响应鼠标单击的区域。此区域在SWF文件中是不可见的。

2．编辑元件

当创建完成元件后，并不是完成了元件的所有操作。对于效果不理想的元件，还可以重新进行再编辑。元件编辑其实就是对元件内部的图形对象进行编辑，如何从场景中进入元件内部，成为编辑元件的关键。

- **在当前位置编辑元件**

在舞台中双击某个元件实例，即可进入元件编辑模式。此时，其他对象以灰度方式显示，这样有利于和正在编辑的元件区别开来。同时，正在编辑的元件名称显示在舞台上方的编辑栏内，位于当前场景名称的右侧。

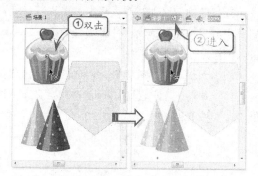

此时，用户可以根据需要编辑该元件。编辑好元件后，单击【返回】按钮，或者在空白区域双击，即可返回场景。

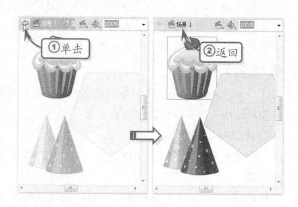

- **在新窗口中编辑元件**

在新窗口中编辑元件，是指在一个单独的窗口中编辑元件。在单独的窗口中编辑元件时，可以同时看到该元件和主时间轴。正在编辑的元件名称会显示在舞台上方的编辑栏内。

在舞台上，选择该元件的一个实例，右击选择【在新窗口中编辑】命令，进入新窗口编辑模式。

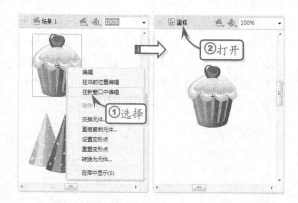

编辑好元件后，单击窗口右上角的【关闭】按钮，关闭新窗口。然后在主文档窗口内单击，返回到编辑主文档状态下。

4.7　绘制LCD显示器

版本：Flash CS4/CS5/CS6　downloads/第4章/01

使用Flash CS6，用户可以方便地绘制笔触、填充颜色，以制作各种基于矢量的图形。这些矢量图形在Flash动画的制作中作为素材，具有很重要的作用。本节将使用Flash CS6的【线条工具】、【选择工具】等工具来绘制一个LCD显示器。

操作步骤 >>>>

STEP|01 在Flash中执行【文件】|【新建】命令，打开【新建文档】对话框。在【新建文档】对话框中选择【类型】为"ActionScript 3.0"，宽为550像素，高400像素；然后即可单击【确定】按钮，建立空白Flash文档。

STEP|02 在【时间轴】面板中双击"图层 1"的图层名称，将其更改为"底座"。在【工具】面板中选择【线条工具】按钮，在【工具】面板下方单击【贴紧至对象】按钮，在舞台下方绘制LCD显示器的左侧底座部分的草图结构。然后，即可单击【选择工具】按钮，调整草图中笔触的弧度，完成草图。

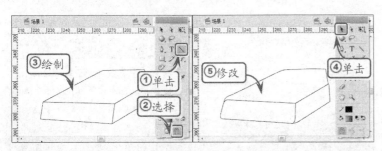

STEP|03 用同样的方式，在已绘制底座右侧再次绘制另一半底座的草图，并使用【选择工具】对其进行修改，完成底座草图的制作。

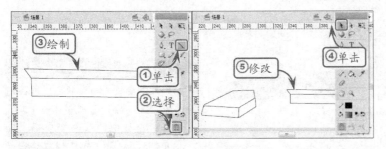

STEP|04 在【工具】面板中单击【颜料桶工具】按钮，在【颜色】面板中设置【填充颜色】为"线性渐变"，然后分别设置渐变的左侧颜色和右侧颜色，再单击底座上方的闭合图形。

练习要点

- 线条工具
- 选择工具
- 部分选取工具
- 椭圆工具
- 颜色面板
- 填充渐变颜色

提示

在使用Flash Professional CS6绘制矢量图形时，通常应先使用【线条工具】或其他矢量笔触绘制工具绘制图形的轮廓，然后，再通过【选择工具】、【部分选取工具】等工具，对矢量笔触进行修改。最后，再使用【颜料桶工具】对矢量笔触构成的闭合图形进行填充操作，再删除图形的笔触即可。

提示

【时间轴】面板是Flash中最重要的面板之一。在【时间轴】面板中，用户可以处理图层、帧中的各种Flash对象，实现复杂的矢量图形制作。同时，用户还可以双击图层名称，对其进行更改。

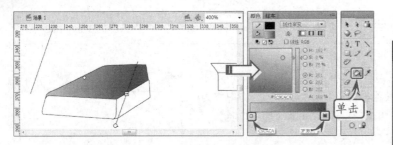

STEP|05 用同样的方法，为左侧底座的其他两个闭合图形填充渐变颜色，并调节渐变颜色的色彩流动方向。

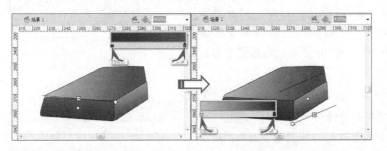

STEP|06 在完成颜色的填充之后，用户即可通过选中【选择工具】，将这3个矢量图形圈选，在属性检查器设置笔触颜色为无，删除矢量图形的笔触。

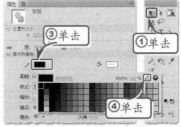

STEP|07 用同样的方式，为右侧的底座填充渐变色的填充，并使用属性检查器删除其矢量笔触，完成底座部分的制作。

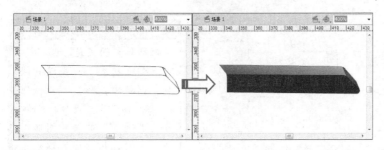

STEP|08 新建"图层 2"图层，将其命名为"支架"。然后，选择【线条工具】，设置线条工具的属性，然后绘制直线将底座连接起来。

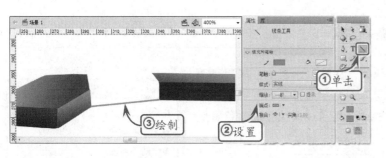

STEP|09 使用【线条工具】\ 沿两个底座绘制支架底部的图形轮廓，再使用【选择工具】\ 调整轮廓的线条，为其填充浅灰色"#EFEFEF"的颜色。

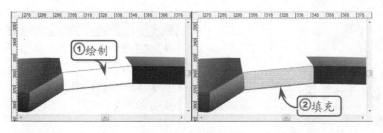

STEP|10 用同样的方式，绘制支架的其他几部分矢量图形，然后即可为其填充颜色，并将支架的轮廓线删除。

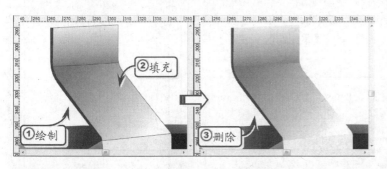

STEP|11 新建名为"面板"的图层，用同样的方式在图层中绘制LCD显示器的面板部分，然后即可为其填充渐变颜色，并删除轮廓线，完成绘制。

注意

在绘制完成矢量图形后，删除其笔触可以使矢量图形更加逼真。

提示

在右侧的底座上，下方的矢量图形填充深灰色"#231916"；右侧矢量图形填充深灰色"#001707"；上方的矢量图形填充浅灰色"#C9CACA"到深灰色"#3F3B3A"的渐变。

提示

连接两个底座的线条颜色为灰色"#827c7b"。

提示

在为支架底部的图形绘制轮廓时，采用了红色的极细线，以使其线条更加凸出，便于在完成图形绘制后将其删除。

4.8 绘制彩色森林

版本：Flash CS4/CS5/CS6　⊙ downloads/第4章/02

本实例绘制的是彩色森林效果。在绘制过程中，采用了图形的形状并结合对象合并命令运算得来。而重复图形的制作则是通过元件实例的创建，多彩的效果是通过调整实例的色彩效果属性来实现。

练习要点

● 创建元件
● 复制元件
● 创建实例
● 设置实例属性

提示

无论图形对象的大小，只要变换中心点位置不同，其旋转并复制得到的整体效果就会有所不同。

操作步骤 》》》》

STEP|01 新建空白文档，使用【椭圆工具】◎绘制正圆图形。使用【任意变形工具】⊠，单击正圆并向下移动变形中心点。在【变形】面板中设置【旋转】为60°，连续单击【重制选区和变形】按钮⊞，旋转并复制该对象。

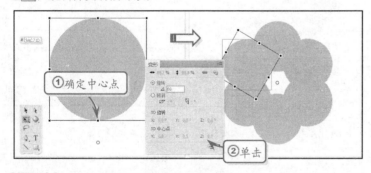

①确定中心点　②单击

STEP|02 使用【椭圆工具】◎在圆环图形中心绘制"白色"正圆图形。再选中所有对象，执行【修改】|【合并对象】|【打孔】命令，得到镂空对象并组合。

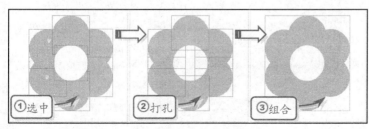

①选中　②打孔　③组合

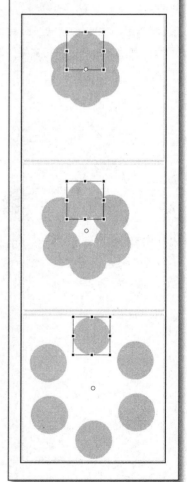

STEP|03 使用【任意变形工具】![icon]选中组合对象后，进行顺时针旋转，改变显示效果。按![F8]快捷键，将其转换为"树冠"图形元件。

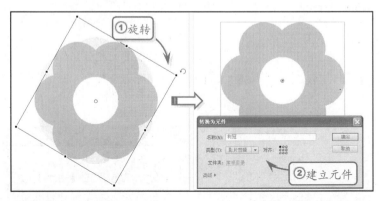

STEP|04 在【库】面板中右击"树冠"元件，执行【直接复制】命令，得到"大树"元件。双击"大树"元件预览框进行该元件编辑模式，选择【矩形工具】![icon]绘制矩形后，使用【选择工具】![icon]，调整边缘弧度，作为树干。

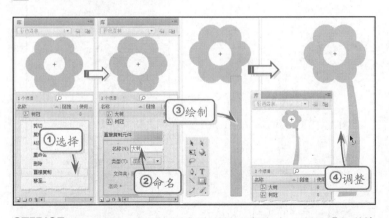

STEP|05 返回场景，将"树冠"元件拖入舞台中。设置【色彩效果】选项组中【样式】为"亮度"，【亮度】为"78%"。连续复制对象，并不同程度的缩小。

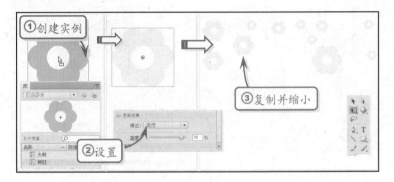

STEP|06 继续将【库】面板中的"树冠"元件拖入舞台中,将其选中后选择【样式】为"色调",设置【色调】为"100%"后,分别拖动【红色】、【绿色】和【蓝色】滑块,调整出"橘红色"。使用上述方法,依次将拖入后的实例设置颜色为"黄色"、"深绿色"、"草绿色"、"红色"等。

提示

得到相同图形对象的元件方式有多种,既可以将图形对象复制到新建元件中,也可以在【库】面板中直接复制元件。

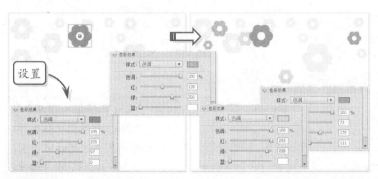

STEP|07 将【库】面板中的"大树"元件拖入舞台中4次,分别进行缩放与水平翻转操作。然后再次将该元件拖入场景,进行相同操作后,选择属性检查器中【样式】为"色调",并设置色调为"蓝色调"。

注意

当为实例设置"色调"色彩效果时,只有设置【色调】参数值越高,才能够通过设置【红】、【绿】、【蓝】选项来设置更高的色相饱和度。

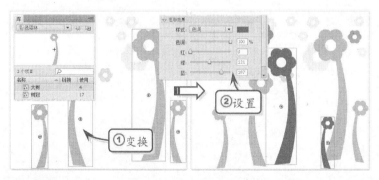

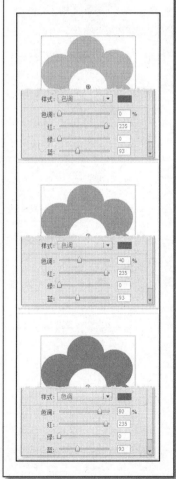

STEP|08 使用上述方法,继续创建"大树"元件的实例,并且进行缩放变换,然后设置不同的色调。最后进行上下顺序排列后,在底部绘制"草绿色"矩形,完成整体绘制。

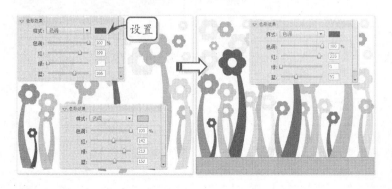

4.9 制作邮票

版本：Flash CS4/CS5/CS6 ⬤ downloads/第4章/03

本练习绘制的是邮票效果，主要通过外部位图文件与线条之间的组合而完成。其中，线条笔触样式的设置尤为重要，它决定了邮票边缘锯齿形状的形式。

练习要点

● 导入图片
● 设置笔触样式
● 分离对象
● 将线条转换为填充
● 删除对象

提示

单击舞台后，属性检查器中的选项为舞台基本选项。其中，舞台背景颜色可以是任何颜色，只要单击【舞台】色块选择颜色即可。

操作步骤 ⟫⟫⟫⟫

STEP|01 按 Ctrl+N 快捷键新建文档，单击属性检查器中的【编辑】按钮，在弹出的【文档属性】对话框中，设置尺寸为470×400像素后，单击面板中的舞台色块，设置背景颜色为"黑色"（#000000）。

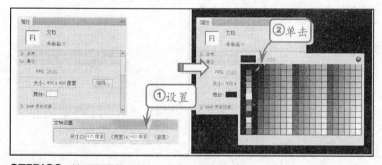

STEP|02 按 Ctrl+R 快捷键，选择素材文件cnpaint.jpg，并导入舞台中。在属性检查器中设置宽为440像素，高随比例缩小。

STEP|03 选择【工具】面板中的【矩形工具】 ⬜ ，设置填充颜色为"无"，笔触颜色为"红色"（#FF0000）。绘制矩形，其尺寸与素材图片相同。在属性检查器中，设置笔触为10。

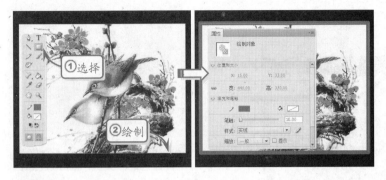

STEP|04 单击属性检查器中的【编辑笔触样式】按钮 ✏️ ，在弹出的【笔触样式】对话框中，选择类型为"点状线"，设置点距为"9点"，粗细为"24点"。

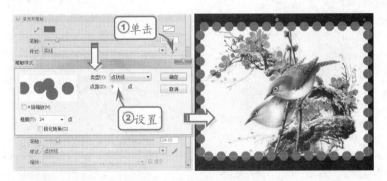

STEP|05 选中位图对象后，按 Ctrl+B 快捷键进行分离后。选中线条对象，执行【修改】|【形状】|【将线条转换为填充】命令，直接按 Delete 键删除。最后使用【文本工具】 T ，分别在图片的左下角和右上角区域输入文本，完成最后制作。

提示

笔触样式包括多种选项，只要在属性检查器中选择类型下拉列表中的选项即可。

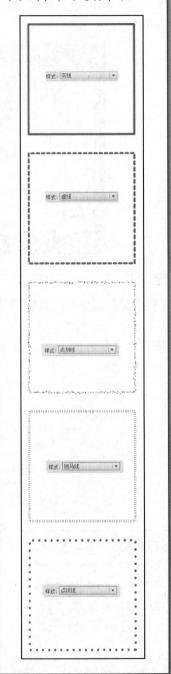

4.10 高手答疑

版本：Flash CS4/CS5/CS6

问题1：在Flash中，如何更改图层的顺序？

解答： 当需要更改图层上下顺序时，首先选择需要更改顺序的图层，按住鼠标左键不放并拖动至所需位置，然后松开鼠标，即可改变图层的上下顺序。

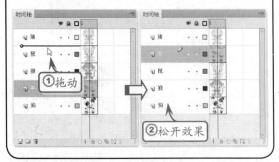

问题2：图层的上下顺序对图像有何影响？

解答： 【时间轴】面板中图层的上下顺序，影响着舞台中图像显示的前后顺序。

位于上方的图层，其图层中的内容显示在前面。当下方图层中的内容和上方图层中的内容有重合部分时，舞台中显示上方图层中的图像，下方图层的图像将被上方图层中的图像遮挡。

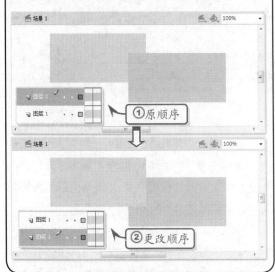

问题3：如何在两个图层之间插入新的图层？

解答： 在两个图层之间插入图层的方法有两种，一种是选择下方的图层，单击【新建图层】按钮 ，

即可在两个图层之间插入新图层；另一种是选择下方的图层，右击该图层，从弹出的菜单中执行【插入图层】命令。

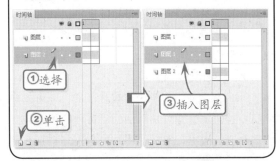

问题4：如何将现有图形对象创建在新元件中？

解答： 当舞台中存在图形对象时，要想将其放置在新建元件中，只要选中该图形对象，按 F8 快捷键，将其转换为元件即可。

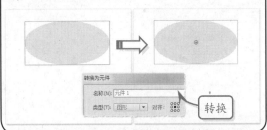

问题5：在利用元件过程中发现元件需要修改，怎样才能回到元件级别对其进行修改？

解答： 需要修改元件时，可以打开【库】面板，双击需要修改的元件，可进入元件的编辑状态。

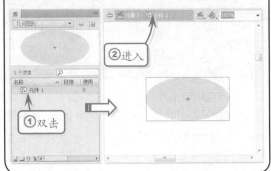

4.11　高手训练营

1．Flash应用领域

Flash动画的应用领域十分广泛，无论在普通计算机、手持数码设备还是数字家电上，都可以找到Flash动画的身影。Flash的应用领域主要包括以下几种。

■ Flash网站

Flash网站支持多种内容表现形式，还可以与网页中的脚本语言以及网站的后台程序相结合，实现动态的数据存取，使网站内容更加丰富，且便于更新网站数据。

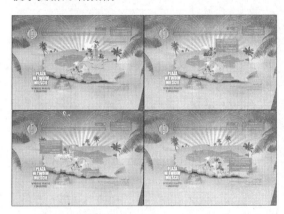

■ Flash广告

Flash技术为网络广告提供了一个很好的动画平台，可以在任意网页浏览器和操作系统下正常播放，且具有更加丰富的效果。

■ Flash动画片

使用Flash制作动画成本更低，技术也更加简单，用户无需具有专业的漫画绘制技巧，只需使用鼠标和键盘，就可以创建各种精美的动画片。

■ Flash演示程序

相比传统的板书和PowerPoint幻灯片，Flash具有更加丰富的表现手法，输出后的影片更容易在各种设备上播放，已经被广泛应用到各种教学、宣传、演示中。

■ Flash应用程序

Flash内置了ActionScript脚本语言，允许用户通过各种类、方法和属性控制Flash内部的各种对象，从而实现与用户的交互。

同时，Adobe还根据ActionScript脚本扩展开发了Adobe AIR技术，允许用户使用AIR特有的一些方法来读取和写入文档。使用集成AIR技术的Flash软件，用户可以方便地开发出基于本地或互联网的可执行程序。

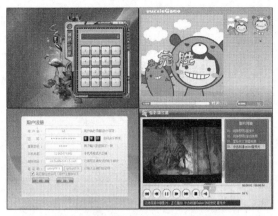

■ Flash小游戏

使用Flash开发小游戏，操作步骤简单、便捷，并且提供了大量可视化界面，为设计游戏的交互界面提供了方便。

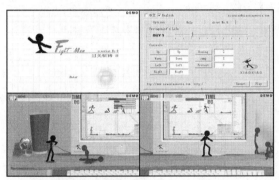

2．图层的显示或隐藏

在时间轴中，通过单击图层名称右侧的【眼睛】图标 ，可以显示或隐藏图层。

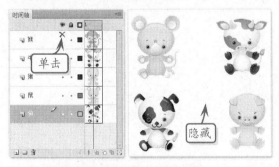

3．矢量图形填充半透明的颜色

使用Flash CS6，用户可以为矢量图形填充各种RGB颜色，还可以为其填充带有Alpha通道的半透明颜色。

在为矢量图形填充半透明颜色时，用户选中

【工具】面板中的【颜料桶工具】 ，然后在属性检查器中单击【填充颜色】的颜色拾取器，选择填充所使用的颜色，并设置颜色的Alpha值。

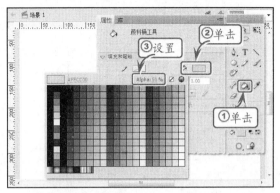

在已绘制的矢量图形上，用户可以更改填充的透明色。例如，在一个渐变色的图形中，用户可以选择渐变色的颜色节点，然后设置其"A"属性。

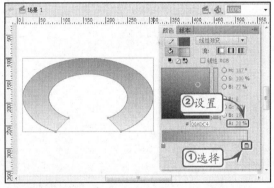

4．删除图层

删除图层有两种方法，一种是选择需要删除的图层，单击【时间轴】面板的【删除】按钮 ；另一种是右击需要删除的图层，在弹出的菜单中执行【删除图层】命令。

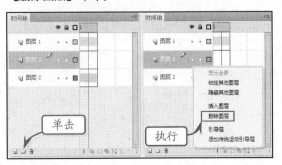

第 **5** 章

博客类网站——CSS样式

博客（blog）是继电子邮件、讨论组和论坛、即时通信软件之后的第4种网络交流方式。博客网站凭借其互动性、便捷性，不断满足不同人群在互联网上展示自己的愿望，聚集了很高的人气。

博客比传统的静态网站更加吸引人，在浏览者每次访问时，博客都会提供最新的内容，越来越多的人热衷于开创个人博客。

5.1 博客的栏目

版本：DW CS4/CS5/CS6

通常，博客应包括的栏目主要有网络日志、网络相册和音乐收藏。有些博客还提供了网址收藏以及视频浏览等功能。

■ 网络日志

网络日志类似于航海日志或者个人日记。个人博客中的网络日志用于记录个人的所见、所闻和所想等，并且希望与他人分享。网络日志包括标题、发布时间和内容等部分。

■ 网络相册

网络相册是博客的重要组成部分，用于发布博客用户收集的图片、照片等信息，这些内容也可以与他人分享。网络相册扩充了博客的功能，并且增加了博客多媒体色彩。

■ 音乐收藏

音乐收藏也是博客的扩充功能。用于收藏用户喜爱的音乐，便于用户在博客中查找和收听音乐。当然，也便于博客用户将自己喜爱的音乐与他人分享。随着提供音乐收藏的博客服务提供商越来越多，音乐收藏逐渐成为博客一个重要的组成部分。

5.2 博客与传统网站的区别

版本：DW CS4/CS5/CS6

博客是传统个人主页和个人网站的发展和延伸，是一个集成了站点新闻、留言板系统，论坛系统的简易站点。博客与传统个人主页和网站相比，有以下优点。

■ 互动性更强

博客通常支持留言板功能，并且可以对文章或者照片进行评论，博客用户与浏览者之间可以进行互动对话。博客的出现，使网上信息不再是单向的发布与接收，而转变为双向的交流。

■ 内容更自由

博客是一个展示自我的平台。因此博客没有固定的格式主题限制，同一博客中的两篇文章可能没有任何联系。博客中的文字也没有统一标准，用户可以使用一些口语化语句，很多在聊天中所使用的词汇都可以套用在博客中。

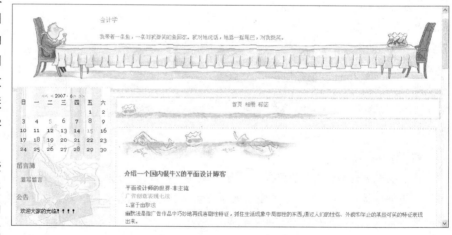

■ 发布信息简单

在博客中发布信息和在论坛中一样简单。而在发布过程中，用户可像操作Word一样直接对文本进行编辑或者排版。除此之外，用户还可以对博客中已发布的文章进行分类、修改，以及设置关键字等操作，既方便了用户对文章的管理，也使浏览者能够以最快的速度找到需要的信息。

5.3 博客的布局方式

版本： DW CS4/CS5/CS6

虽然博客在各方面没太多的限制，但大部分博客和传统网页一样有着固定的几种布局方式。详细介绍如下。

■ 上下结构布局

上下结构布局的博客通常是将网页分为导航和正文信息两大部分，最上方是网站的导航部分，之下是栏目的内容部分和一些辅助的工具，如日历、友情链接等。

上下结构布局的博客优点和缺点同样明显。其优点是结构层次分明，制作相对简单，缺点则是缺乏个性与特色。大多数博客都使用上下结构布局。

■ 左右结构布局

左右结构布局的博客事实上是将导航条放在了网页的左侧，其他与上下结构基本相同。将网页的导航移动到左侧的更改，使博客比大多数博客更加个性和张扬。也更能突出博客的设计风格。左右结构布局的博客模板比较少，因此大多数左右结构布局的博客都是独立博客。

■ 左中右结构布局

左中右结构布局在网站中使用较多，但是在博客中却是一种新兴的布局方式。不少QQ空间用户喜欢使用这种结构布局。左中右结构布局突破了一些规则，将图像和栏目内容进行巧妙的规划，制作出的博客相当独特。

5.4 CSS基本语法

版本: DW CS4/CS5/CS6

作为一种网页的标准化语言，CSS有着严格的书写规范和格式。

1. 基本组成

一条完整的CSS样式语句包括以下几个部分。

```
selector{
 property:value
}
```

在上面的代码中，各关键词的含义如下所示。

■ selector（选择器） 其作用是为网页中的标签提供一个标识，以供其调用。

■ property（属性） 其作用是定义网页标签样式的具体类型。

■ value（属性值） 属性值是属性所接受的具体参数。

在任意一条CSS代码中，通常都需要包括选择器、属性以及属性值这3个关键词（内联式CSS除外）。

2. 书写规范

虽然杂乱的代码同样可被浏览器判读，但是书写简洁、规范的CSS代码可以给修改和编辑网页带来很大的便利。在书写CSS代码时，需要注意以下几点。

■ 单位的使用

在CSS中，如果属性值是一个数字，那么用户必须为这个数字安排一个具体的单位。除非该数字是由百分比组成的比例，或者数字为0。

例如，分别定义两个层，其中第1个层为父容器，以数字属性值为宽度，而第2个层为子容器，以百分比为宽度。

```
#parentContainer{
  width:1003px
}
#childrenContainer{
```

```
  width:50%
}
```

■ 引号的使用

多数CSS的属性值都是数字值或预先定义好的关键字。然而，有一些属性值则是含有特殊意义的字符串。这时，引用这样的属性值就需要为其添加引号。典型的字符串属性值就是各种字体的名称。

```
span{
  font-family:"微软雅黑"
}
```

■ 多重属性

如果在这条CSS代码中，有多个属性并存，则每个属性之间需要以分号";"隔开。

```
.content{
  color:#999999;
  font-family:"新宋体";
  font-size:14px;
}
```

■ 大小写敏感和空格

CSS与VBScript不同，对大小写十分敏感。mainText和MainText在CSS中，是两个完全不同的选择器。

除了一些字符串式的属性值（如英文字体"MS Serf"等）以外，CSS中的属性和属性值必须小写。

为了便于判读和纠错，建议在编写CSS代码时，在每个属性值之前添加一个空格。这样，如某条CSS属性有多个属性值，则阅读代码的用户可方便地将其区分开。

3. 注释

与多数编程语言类似，用户也可以为CSS代码进行注释，但与同样用于网页的XHTML语言注释方式有所区别。

在CSS中，注释以斜杠"/"和星号"*"开头，以星号"*"和斜杠"/"结尾。

```
.text{
  font-family:"微软雅黑";
  font-size:12px;
  /*color:#ffcc00;*/
}
```

CSS的注释不仅可用于单行，也可用于多行。

4．文档的声明

在外部CSS文件中，通常需要在文件的头部创建CSS的文档声明，以定义CSS文档的一些基本属性。常用的文档声明包括6种。

声明类型	作用
@import	导入外部CSS文件
@charset	定义当前CSS文件的字符集
@font-face	定义嵌入XHTML文档的字体
@fontdef	定义嵌入的字体定义文件
@page	定义页面的版式
@media	定义设备类型

在多数CSS文档中，都会使用"@charset"声明文档所使用的字符集。除"@charset"声明以外，其他的声明多数可使用CSS样式来替代。

5．CSS绝对长度单位

绝对单位是指在设计中使用的衡量物体在实际环境中长度、面积、大小等的单位。绝对单位很少在网页中使用，其通常用于实体印刷中。但是在一些特殊的场合，使用绝对单位是非常必要的。W3C规定的在CSS样式中可使用的绝对单位如下。

英文名称	中文名称	说明
in	英寸	在设计中使用最广泛的长度单位
cm	厘米	在生活中使用最广泛的长度单位
mm	毫米	在研究领域使用较广泛的长度单位

（续表）

英文名称	中文名称	说明
pt	磅	在印刷领域使用非常广泛，也称点，其在CSS中的应用主要用于表示字体的大小
pc	皮咔	在印刷领域经常使用，1皮咔等于12磅，所以也称12点活字

如果为网页标签的各种长度使用绝对单位，则网页浏览器会根据显示器的分辨率等来设置标签的显示尺寸。

6．CSS相对长度单位

相对单位与绝对单位相比，其显示大小是不固定的。其所设置的对象受屏幕分辨率、屏幕可视区域、浏览器设置和相关元素的大小等多种因素的影响。W3C规定CSS样式表可使用以下几种相对单位。

■　em

em单位表示字体对象的行高。其能够根据字体的大小属性值来确定大小。例如，当设置字体为12px时，1个em就等于12px。如果网页中未确定字体大小值，则em的单位高度根据浏览器默认的字体大小来确定。在IE浏览器中，默认字体高度为16px。

■　ex

ex是衡量小写字母在网页中的大小的单位。其通常根据所使用的字体中小写字母x的高度作为参考，在实际使用中，浏览器将通过em的值除以2以得到ex值。

■　px

px就是像素，显示器屏幕中最小的基本单位。px是网页和平面设计中最常见的单位，其取值是根据显示器的分辨率来设计的。

■　百分比

百分比也是一个相对单位值，其必须通过另一个值来计算，通常用于衡量对象的长度或宽度。在网页中，使用百分比的对象通常取值的对象是其父对象。

5.5 CSS选择器

版本: DW CS4/CS5/CS6

选择器是CSS代码的对外接口。网页浏览器就是根据CSS代码的选择器实现和XHTML代码的匹配，然后读取CSS代码的属性、属性值，将其应用的网页文档中。

CSS的选择器名称只允许包括字母、数字以及下划线，其中，不允许将数字放在选择器的第1位，也不允许与XHTML标签重复，以免出现混乱。

在CSS的语法规则中，主要包括5种选择器，即标签选择器、类选择器、ID选择器、伪类选择器、伪对象选择器。

1. 标签选择器

在XHTML 1.0中，共包括94种基本标签。CSS提供了标签选择器，允许用户直接定义多数XHTML标签的样式。

例如，定义网页中所有无序列表的符号为空，可直接使用项目列表的标签选择器ol。

```
ol{
    list-style:none;
}
```

2. 类选择器

在使用CSS定义网页样式时，经常需要对某一些不同的标签进行定义，使之呈现相同的样式。在实现这种功能时，就需要使用类选择器。

类选择器可以把不同类型的网页标签归为一类，为其定义相同的样式，简化CSS代码。

在使用类选择器时，需要在类选择器的名称前加类符号"."。而在调用类的样式时，则需要为XHTML标签添加class属性，并将类选择器的名称作为class属性的值。

例如，网页文档中有3个不同的标签，一个是层（div），一个是段落（p），还有一个是无序列表（ul）。

如果使用标签选择器为这3个标签定义样式，使其中的文本变为红色，需要编写3条CSS

代码。

```
div{/*定义网页文档中所有层的样式*/
    color: #ff0000;
}
p{/*定义网页文档中所有段落的样式*/
    color: #ff0000;
}
ul{/*定义网页文档中所有无序列表的样式*/
    color: #ff0000;
}
```

使用类选择器，则可将以上3条CSS代码合并为一条。

```
.redText{
    color: #ff0000;
}
```

然后，即可为div、p和ul等标签添加class属性，应用类选择器的样式。

```
<div class="redText">红色文本</div>
<p class="redText">红色文本</div>
<ul class="redText">
    <li>红色文本</li>
</ul>
```

一个类选择器可以对应于文档中的多种标签或多个标签，体现了CSS代码的可重用性。其与标签选择器都有其各自的用途。

3. ID选择器

ID选择器也是一种CSS的选择器。之前介绍的标签选择器和类选择器都是一种范围性的选择器，可设定多个标签的CSS样式。而ID选择器则是只针对某一个标签的、唯一性的选择器。

在XHTML文档中，允许用户为任意一个标签设定ID，并通过该ID定义CSS样式。但是，不允许两个标签使用相同的ID。使用ID选择器，用户可更加精密的控制网页文档的样式。

在创建ID选择器时，需要为选择器名称使用ID符号"#"。在为XHTML标签调用ID选择器时，需要使用其ID属性。

例如，通过ID选择器，分别定义某个无序列表中3个列表项的样式。

```
#listLeft{
  float:left;
}
#listMiddle{
  float: inherit;
}
#listRight{
  float:right;
}
```

然后，即可使用标签的ID属性，应用3个列表项的样式。

```
<ul>
  <li id="listLeft">左侧列表</li>
  <li id="listMiddle">中部列表</li>
  <li id="listRight">右侧列表</li>
</ul>
```

技巧

在编写XHTML文档的CSS样式时，通常在布局标签所使用的样式（这些样式通常不会重复）中使用ID选择器，而在内容标签所使用的样式（这些样式通常会多次重复）中使用类选择器。

4．伪类选择器

之前介绍的3种选择器都是直接应用于网页标签的选择器。除了这些选择器外，CSS还有另一类选择器，即伪选择器。

与普通的选择器不同，伪选择器通常不能应用于某个可见的标签，只能应用于一些特殊标签的状态。其中，最常见的伪选择器就是伪类选择器。

在定义伪类选择器之前，必须首先声明定义的是哪一类网页元素，将这类网页元素的选择器写在伪类选择器之前，中间用冒号"："隔开。

```
selector:pseudo-class {property: value}
/*选择器：伪类 {属性：属性值；}*/
```

CSS2.1标准中，共包括7种伪类选择器。在IE浏览器中，可使用其中的4种。

伪类选择器	作用
:link	未被访问过的超链接
:hover	鼠标滑过超链接
:active	被激活的超链接
:visited	已被访问过的超链接

例如，要去除网页中所有超链接在默认状态下的下划线，就需要使用到伪类选择器。

```
a:link {
/*定义超链接文本的样式*/
text-decoration: none;
/*去除文本下划线*/
}
```

5．伪对象选择器

伪对象选择器也是一种伪选择器。其主要作用是为某些特定的选择器添加效果。

在CSS2.1标准中，共包括4种伪对象选择器，在IE5.0及之后的版本中，支持其中的两种。

伪对象选择器	作用
:first-letter	定义选择器所控制的文本第一个字或字母
:first-line	定义选择器所控制的文本第一行

伪对象选择器的使用方式与伪类选择器类似，都需要先声明定义的是哪一类网页元素，将这类网页元素的选择器写在伪类选择器之前，中间用冒号"："隔开。

例如，定义某一个段落文本中第1个字为2em，即可使用伪对象选择器。

```
p{
  font-size: 12px;
}
p:first-letter{
  font-size: 2em;
}
```

5.6 CSS选择方法

版本: DW CS4/CS5/CS6

选择方法即使用选择器的方法。一段CSS代码，可能不只定义一个选择器，因此需要通过选择方法来制订选择器的使用方式。通常所使用的选择方法有如下几类。

■ 普通选择

该选择方式是最普通的使用选择器的方法，该方法只可以使用一个选择器以及一个选择器加一个伪类或伪对象选择器。例如，设置网页的页面边距为0，其代码如下所示。

```
body {
margin:0
}
```

■ 通配选择

在CSS语法中，可以象在windows中一样使用通配符"*"。例如，需要设置网页中所有元素的边框宽度为0，其代码如下所示。

```
* {
/*定义所有网页元素的样式*/
border-top-width: 0px;
border-right-width: 0px;
border-bottom-width: 0px;
border-left-width: 0px;
/*定义四边的边框为0px*/
}
```

■ 分组选择

该选择方式是一种提高CSS代码书写与执行效率的方法。在普通CSS代码中，通常是一个选择器对应一个声明。事实上，自CSS2.0开始，就已支持分组选择的方式，也就是用一个规则定义多个选择器。

在定义多个选择器时，应将选择器以","隔开，以防止语法混乱。例如，定义ID为"div1"和"div2"的两个层，层内的文本字体大小为12px，其代码如下所示。

```
#div1,#div2 {
```

```
/*分组定义"div1"和"div2"两个ID*/
font-size: 12px;
/*定义字体的大小为12px*/
}
```

■ 包含选择方法

如需要定义某个网页元素中嵌套的多个网页元素的样式，可以使用包含选择的方法。例如，定义div1类中的所有段落的边距为0px，其代码如下所示。

```
.div1 p{
/*定义类div1中的所有段落。父元素和子元素之间以空格区分*/
margin:0px;
/*定义段落边距*/
}
```

在使用包含选择方法时，必须保证父元素与子元素的包含关系。如父元素没有包含子元素，则包含选择方法是无效的。包含选择方法还可以实现多层包含，例如，定义div1类中段落内的文本，设置其字体大小为14像素，其代码如下所示。

```
.div1 p span {
/*定义类div1中的段落内文本*/
font-size:14px;
/*定义文本大小为14px*/
}
```

如要实现上面CSS样式代码的控制，则网页元素的嵌套关系应如下所示。

```
<div class="div1">
<!--第1层，由类div1控制的层-->
    <p>
        <!--第2层，包含于层中的段落-->
            <span>TEXT</span>
            <!--第3层，包含于段落中的文本-->
    </p>
</div>
```

5.7 CSS滤镜

版本: DW CS4/CS5/CS6

CSS滤镜是一种基于DHTML的特殊应用。其可以为各种文本、图像添加类似Photoshop等图像处理软件才能实现的效果，包括透明度、模糊、滤色、发光等。

在使用CSS滤镜时，需要先为CSS选择器添加filter属性，然后再将滤镜的方法与参数定义为filter属性的值。CSS的基本滤镜主要包括13种，既可应用于文本中，也可应用于图像中。

■ 透明度滤镜

使用CSS滤镜，用户可以方便地定义各种网页标签的透明度，从而制作半透明的效果。在设置网页标签的透明度时，需使用CSS滤镜的alpha方法，代码如下所示。

```
filter : alpha( opacity = opacity ,
finishopacity = finishopacity , style
= style , startx = startx , starty =
starty , finishx = finishx , finishy =
finishy );
```

在上面的代码中，alpha()方法主要包括7个等式参数，各参数的含义如表所示。

参数	作用	参数	作用
opacity	定义初始透明度或全局透明度，取值范围为0到100，默认值为0，即完全透明	finishopacity	定义渐变透明时的结束透明度，取值与opacity相同
style	定义渐变透明的方式，其值包括0，1，2，3等4种	startx	定义透明渐变的初始点水平坐标
starty	定义透明渐变的初始点垂直坐标	finishx	定义透明渐变的结束点水平坐标
finishy	定义透明渐变的结束点垂直坐标		

style参数的4种值分别定义了渐变透明的4种方式，包括整体透明、线性渐变、圆形放射渐变以及矩形放射渐变。该参数的默认值为0，即整体

渐变。当设置参数为1时，表示线性渐变；而当参数被设置为2时，则表示圆形放射渐变；当参数被设置为3时，表示矩形放射渐变。在定义了网页标签为渐变方式而非整体透明时，就需要通过startx、starty、finishx和finishy 4种属性，定义渐变的起始点和结束点。

例如，定义某个网页标签整体透明，代码如下所示。

```
filter : alpha ( opacity = 50 );
```

而当定义网页标签为渐变透明时，则需要同时设置7种属性，代码如下所示。

```
filter : alpha ( opacity = 30 ,
finishopacity =80 , style = 2 ,
startx = 10 , starty = 10 , finishx =
120 , finishy = 150 ) ;
```

■ 模糊滤镜

使用CSS样式，还可以定义网页标签中内容的模糊滤镜。其需要为filter属性使用blur()方法，同时定义blur()方法的3种参数，代码如下所示。

```
filter : blur ( add = add, direction
= direction, strength = strength ) ;
```

其中，add参数包含true和false两个值，定义网页标签是否应用模糊滤镜的效果；direction参数定义网页标签中内容模糊的方向，单位为角度值，其中0为垂直向上，90为水平右侧，180为垂直向下，270为水平左侧；strength参数定义模糊的强度，单位为像素，默认值为5。

例如，定义某个网页标签的内容以垂直向下的方向模糊3像素，代码如下所示。

```
filter : blue ( add = true ,
direction = 180 , strength = 3 ) ;
```

■ 滤色滤镜

滤色滤镜的作用就是将网页标签内容中某个颜色过滤掉，使其变为透明。在应用滤色滤镜时，需要使用filter属性的chroma()方法，代码如下所示。

```
filter : chroma ( color = color ) ;
```

滤色滤镜的chroma()方法中只有一个参数

值，即需要过滤的颜色。其值为16进制RGB颜色或ARGB颜色。例如，定义过滤掉网页标签中的红色（#ff0000），代码如下所示。

```
filter : chroma ( color = #ff0000 ) ;
```

■ **发光滤镜**

发光也是常用的一种CSS滤镜。其可以在不影响网页标签本身的情况下，在网页标签的周围创建带有一定颜色的渐变光晕。为网页标签应用发光滤镜，需要使用filter属性的glow()方法，代码如下所示。

```
filter : glow ( color = color ,
strength = strength ) ;
```

glow方法有两种参数，其中，color参数定义网页标签所散发出光晕的颜色，默认值为红色（#ff0000），而strength参数则定义网页标签所散发出光晕的强度，单位为像素，默认值为5。例如，定义一个网页标签散发黄色（#00ffff）的4px光晕，代码如下所示。

```
filter : glow ( color = #00ffff
strength = 4 ) ;
```

■ **灰度滤镜**

灰度滤镜的作用是消除网页中所有色彩的色度，只显示其灰度。为网页标签应用灰度滤镜时，需要使用gray()方法，代码如下所示。

```
filter : gray() ;
```

gray()方法没有任何参数，使用也十分简单。网站在某些特定时间需要将整站定义为灰色时，就可以在所有页面的CSS规则中使用统配选择方法，应用灰度滤镜，代码如下所示。

```
* { filter : gray() ; }
```

■ **颜色反转滤镜**

颜色反转滤镜可以倒置网页标签内容的颜色值和亮度值，将所有颜色转换为其相反的颜色。例如黄色转换为紫色，蓝色转换为橙色，黑色转换为白色等。在反转颜色时，应使用invert()方法作为filter属性的值，代码如下所示。

```
filter : invert () ;
```

invert()方法的渲染方式与gray()方法类似，都会消耗较多用户浏览器的资源。因此在使用时应慎重。

■ **X光滤镜**

X光滤镜也是一种用于图像处理的滤镜。其可以将网页中的图像转换为类似胶片的效果，清除图像中的色度，然后再将图像中色彩的亮度翻转。为图像应用x光滤镜，代码如下所示。

```
filter : xray () ;
```

■ **遮罩滤镜**

遮罩滤镜的作用类似Flash中的遮罩层。当两个网页标签出现层叠时，可以为其应用遮罩滤镜，将位于上方的网页标签制作为遮罩层，遮罩下方的网页标签，只显示下方网页标签中被上方网页标签遮罩住的内容。

为网页标签应用遮罩滤镜，需要将mask()方法定义为filter属性的属性值。mast()方法的参数只有一种，即定义非遮罩部分的颜色。其值为16进制颜色值，如下所示。

```
filter : mask ( color = color ) ;
```

例如，两个网页层相互重叠，位于下方的层中包含一个图片，而位于上方的层中则是无背景色的文本。为文本应用遮罩层后，即可将图片填充到文本中，代码如下所示。

```
filter : mask ( color = #00ff00 ) ;
```

在上面的代码被应用到文本的层中以后，文本的内部将显示图片被遮罩的部分。而外部则将被填充为绿色。

■ **阴影滤镜**

阴影滤镜是一种比较常用的滤镜。其可以根据用户定义的角度，向某个方向渲染渐变的光晕。事实上，阴影滤镜就是带有方向性的发光滤镜。为网页标签应用阴影滤镜，需要为filter属性添加shadow()方法的属性值，代码如下所示。

```
filter : shadow ( color = color ,
direction = direction ) ;
```

shadow()方法包含两种参数，即color参数和direction参数。color参数用于定义投影的颜色，其值为16位RGB颜色值或16位ARGB颜色值。direction参数的作用是定义投影的角度，其值为角度值。其方向的定义方式与模糊滤镜的定义方式相同。例如，定义一个网页对象的阴影为灰色（#666666），朝向右下角，代码如下所示。

```
filter shadow ( color = #666666 ,
direction = 135 ) ;
```

5.8　制作蓝色枫叶博客首页　　　　版本: DW CS4/CS5/CS6 ● downloads/第5章

博客事实上是个人网站的一种，只是借助了博客的版块和形式。而蓝色枫叶也是由Banner、博客主题部分和导航条组成。在本实例中，将制作个人博客首页。

操作步骤 ▷▷▷▷

STEP|01 打开Dreamweaver CS6，新建空白网页"index.html"和网页的CSS文件"main.css"，并在"main.css"文件中定义网页的body和html两个标签。

STEP|02 新建一个宽度为1003像素的表格。在CSS文件中为其新建类属性并应用在表格中，制作网页的背景。

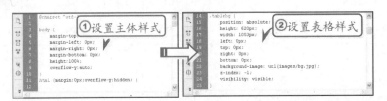

STEP|03 新建一个3行×2列的表格作为网页的布局表格。将第1行和第3行的两列表格合并。在布局表格第1行为博客插入透明Banner。

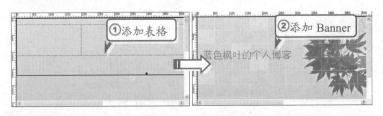

STEP|04 单击布局表格第2行第1列的单元格,在其中插入一个新的表格,制作博客的辅助栏。将表格拆分,制作博客用户的个人资料部分,并添加图片。

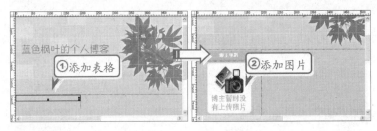

STEP|05 在博客用户个人资料下方插入单元行,在代码视窗以列表的方式输入文章收藏。使用CSS对文章列表的字体颜色、段落距离等类属性进行修饰。

STEP|06 在文章收藏列表下方插入单元格,切换至代码视窗,制作友情链接列表。单击博客布局表格的第2行第2列,插入博客主题部分表格。

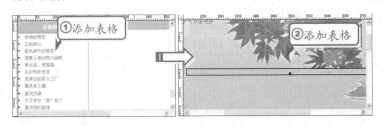

STEP|07 将主题表格按照博客的版块拆分为6行，制作3个标题行和3个内容行。在博客的主题内容单元行插入表格，制作博客首页的内容预览。

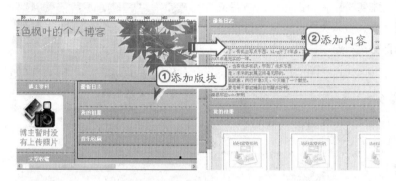

STEP|08 单击博客布局表格的第3行，输入博客的版权信息。切换至代码视窗，按Ctrl+F组合键搜索</body>标签，在</body>标签之前插入新表格，并为表格设置CSS属性，制作浮动导航条。

STEP|09 使用图像处理软件制作导航条的按钮，切换至设计视图，将导航条所在的表格拆分，将导航条的按钮依次插入到导航条表格中。

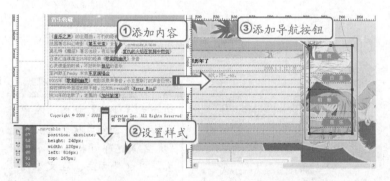

STEP|10 在【属性】面板中分别为每个导航按钮图像设置边框为"0"，为按钮插入超链接。用图像处理软件制作按钮的交换图像，打开【行为】面板分别为按钮添加交换图像的行为。

STEP|11 切换至代码视图，将<title>标签的属性修改为"蓝色枫叶的个人博客"，即可保存页面为"index.html"，完成制作。

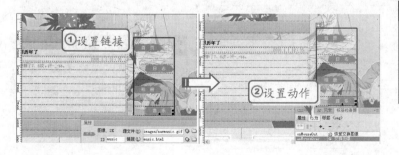

5.9　制作博客内容页

版本：DW CS4/CS5/CS6 ● downloads/第5章

在个人博客首页制作完成后，本实例中，将制作个人博客中的内容页面，包括日志页面、相册页面和音乐页面。在制作过程中，只需要对博客首页中的内容显示部分进行修改即可，左侧栏、页头和页尾不需要修改。

练习要点

● 添加图片
● 设置页面属性
● 添加div层
● 设置层属性

提示

在【设计】视图中粘贴的文本，其段与段之间会自动生成强制性换行标签\<br /\>。

操作步骤 ▶▶▶▶

STEP|01 将博客首页另存为"blog.html"，用Dreamweaver CS6打开，将博客的主题部分表格删除。在删除主题部分内容后的单元格中添加博客日志版块的内容。

提示

切换至【设计】视图，在中文输入法为全角状态下，按1次空格键即可输入一个空格。以这种方法，在文本之间输入空格。

STEP|02 对日志版块的文本样式进行修饰后，即可保存日志页，完成制作。

STEP|03 将首页"index.html"另存为"album.html"文件，用Dreamweaver CS6将其打开，将博客的主题部分删除。

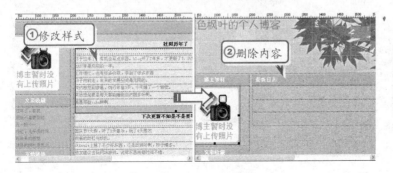

提示

在网站首页文本前不需要插入空格符 。

STEP|04 将标题栏的〝最新日志〞文本修改为〝我的相册〞。在删除主题部分内容后的单元格中添加博客相册版块的内容。

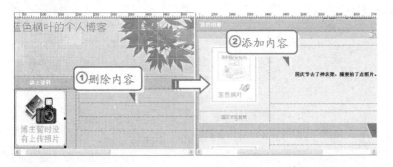

提示

在界面设计中，不能直接给表格设置背景颜色，只能给单元格设置背景颜色，所以必须通过CSS样式为表格添加背景颜色。如果表格放置在一个Div层中，就直接为Div层添加背景颜色。

STEP|05 对相册版块的文本样式进行修饰，即可保存相册页，完成制作。

STEP|06 将首页〝index.html〞另存为〝music.html〞文件，用Dreamweaver CS6将其打开，将博客的主题部分删除。

提示

在网页中，只要元素中有background-image属性的，都可以设置其背景图像。

STEP|07 将博客主题部分的标题栏〝最新日志〞修改为〝音乐收藏〞。在删除主题后的空单元行中添加博客的音乐收藏部分内容。

STEP|08 对音乐收藏版块的文本进行修饰并保存页面，完成博客网页的制作。

提示

只能在背景图像上添加元素，不能在插入的图像上添加元素，如文本、图像、多媒体等。

提示

库项目只能包含属于body部分的元素，不能包含body标签或body标签以外的元素。

5.10 高手答疑

问题1：在为网页中超链接设置鼠标滑过样式后，当链接被单击过一次以后就不再起作用了，如何解决？

解答： 原则上，CSS不允许为网页中的对象重复定义样式。但事实上在IE6.0以下的浏览器中，CSS代码会被浏览器逐行解析。当一个网页对象被重复定义时，会自动以最新也就是所在行数较大的代码为准。在IE浏览器中，当解析完成":visited"伪类选择器的代码后，会将":visited"代码看作是最新的针对超链接的定义。因此会出现超链接被单击过后无法显示鼠标滑过的效果。

解决这个问题，最简单的办法就是改变4种伪类选择器的排列顺序，将多数人习惯的":link"、":hover"、":visited"和":active"顺序更改为":link"、":visited"、":hover"和":active"。

```
a:link{
    color:#fc0;
    text-decoration:none;
}a:visited{
    color:#faa;
    text-decoration:none;
}a:hover{
    color:#f96;
    text-decoration:underline;
}a:active{
    color:#fc0;
    text-decoration:underline;
}
```

问题2：如何定义所有的拉丁字母以小型的大写字母方式显示？

解答： 使用CSS样式表，用户可以方便地将拉丁字母转换为小型的大写字母，转换过程中需要使用到CSS的font-variant属性。

font-variant属性的属性值只有两种，即normal和small-caps。其中，normal属性为默认值，即拉丁字母以普通的模式显示；而small-caps属性则可

将所有的拉丁字母以小型的大写字母方式显示。

例如，设置某个段落中所有的拉丁字母以小型大写的方式显示，代码如下所示。

```
p { font-variant : small-caps ; }
```

问题3：如何转换文本对象中拉丁字母的大小写？

解答： 使用CSS的text-transform属性，可以方便地转换文本对象中拉丁字母的大小写。

text-transform属性的属性值主要包括以下几种。

属性值	作用
none	默认值，不对拉丁字母进行转换
capitalize	将每个单词的第一个字母转换为大写
uppercase	将所有字母转换为大写
lowercase	将所有字母转换为小写

例如，在处理各种英文标题时，可以设置每一个单词的首字母大写，代码如下。

```
h2 { text-transform : capitalize ; }
```

如果需要对标题的文本进行特别强调，则可以将所有的字母转换为大写，代码如下。

```
h1 { text-transform : uppercase ; }
```

问题4：如何缩写文字样式的CSS代码？

解答： 在对文字样式进行复杂的设置时，往往需要书写多行的CSS代码，使用大量的CSS属性。CSS允许用户通过一个简单的font属性，同时设置多种文字的样式。

font属性是一种多属性值的属性，其属性值可以包括以下几种CSS属性。

属性值	作用
font-style	设置文本的倾斜
font-variant	设置文本以小型大写字母显示
font-weight	设置文本的加粗
font-size	设置文本的尺寸
font-family	设置文本的字体

例如，设置一段文本以斜体、加粗和小型大写字母的方式显示，字体为"Arial"，文本尺寸为11px，如果使用之前介绍的各种CSS属性，其代码如下所示。

```
p { font-family : "Arial" ;
  font-size : 11px ;
  font-style : italic ;
  font-variant : small-caps ;
  font-weight : bold ; }
```

如果使用font属性，则可将以上5种属性归纳为font属性的复合属性值，代码如下。

```
p { font : "Arial" 11px italic
small-caps bold ; }
```

问题5：如何定义背景图像的关联性？

解答： 当网页文档中某些标签元素出现滚动条后，在默认情况下，这些标签元素的背景图像会跟随标签进行滚动。使用CSS样式，可以定义背景图像停止跟随滚动，这需要使用CSS的background-attachment属性，其支持3种关键字属性值。

属性值	作用
scroll	默认值，定义背景图像随滚动条一起滚动
fixed	定义背景图像相对网页静止，不滚动
inherit	继承父网页标签的背景图像关联设置

例如，定义某一个网页元素标签中的背景图像不随滚动条滚动，其代码如下所示。

```
background-attachment : fixed ;
```

在使用background-attachment属性时，需要将其与background-image属性一同使用，同时保持其属性值不为none。

问题6：如何优化CSS背景的代码，用更短的代码实现更多的功能？

解答： 在定义网页标签的背景样式时，还可以使用简略的写法，通过一个标签的多种属性，同时定义多种背景的样式。此时，需要使用到background属性。

从另一种意义上讲，之前介绍的几种CSS属性，都是background属性的复合属性。

background属性的属性值可以是颜色值、URL地址、关键字background-color、background-image、background-position、background-repeat以及background-attachment的属性的值。在定义background属性时，可将以上CSS属性的属性值以空格的方式隔开。

例如，定义某个网页标签的背景颜色为红色（#ff0000），背景图像为当前目录下的bgimage.png图像文件，背景图像的定位方式为水平、垂直两个方向居中定位，且不重复，不随滚动条滚动，代码如下所示。

```
background : #ff0000 url(bgimage.
png) center center no-repeat fixed ;
```

问题7：怎样导入外部CSS文件？

解答： 在CSS样式表中，允许用户再导入外部的CSS样式表，实现样式表之间的嵌套操作，从而在某些特殊的场合，提高CSS代码的可重用性。此时，需要使用到CSS的@import规则，方法如下所示。

```
@import(url);
```

在上面的代码中，url关键字表示外部CSS样式文件所在的路径，以及相关的文件名。在使用@import规则加载CSS样式时，其实现的结果与通过link标签加载样式是类似的。都可以方便地将外部的CSS样式应用于当前页面中。例如，使用link标签和@import规则分别加载名为a.css和b.css的样式，这两个样式文件分别存放在站点根目录的style目录中，如下所示。

```
<link href="style/a.css"
media="screen" rel="stylesheet"
rev="stylesheet" type="text/css" />
<style type="text/css"
media="screen">
<!--@import(style/b.css);-->
</style>
```

在使用@import规则导入外部CSS文件时，需要注意@import规则导入的CSS文件，其优先级要比使用link标签或内部、内联等方式添加的CSS规则低一些。因此，如果存在样式的冲突，则浏览器将优先显示link标签导入的CSS文件，或内部、内联的CSS文件。

5.11 高手训练营

版本: DW CS4/CS5/CS6

1. 设置边框宽度

网页标签的边框宽度主要包括4种相关的属性设置，即网页标签的顶部、底部、左侧和右侧的标签设置。因此，在设置网页标签的宽度时，可使用4种border属性的复合属性。

属性名	作用
border-top-width	设置网页标签顶部的边框宽度
border-bottom-width	设置网页标签底部的边框宽度
border-right-width	设置网页标签右侧的边框宽度
border-left-width	设置网页标签左侧的边框宽度

网页标签的边框宽度值既可以是关键字，也可以是长度值。其关键字主要分为3种，即thin、medium和thick。在不同的网页浏览器中，这3种关键字的基准数值是不同的。以Internet Explorer浏览器为例，thin的宽度为2px，mediu的宽度为4px，thick的宽度为6px。

例如，设置网页中表格的顶部边框线为thin，右侧边框线为medium，底部边框线为thick，左侧边框线为0.5em，代码如下所示。

```
border-top-width : thin ;
border-right-width : medium ;
border-bottom-width : thick ;
border-left-width : 0.5em ;
```

2. 设置边框线样式

设置网页标签的边框线样式与设置边框宽度的方式类似，都需要使用4种复合属性，如下所示。

属性名	作用
border-top-style	定义网页标签顶部的边框样式
border-bottom-style	定义网页标签底部的边框样式
border-right-style	定义网页标签右侧的边框样式
border-left-style	定义网页标签左侧的边框样式

边框线样式的4种复合属性，可使用9种基于关键字的属性值，如下所示。

属性值	说明
none	默认值，无边框。当设置表格边框线为该属性值时，所有对表格边框线的宽度和颜色的设置都讲无效
dotted	点划线。设置该属性值时，表格边框的宽度不能小于2px
dashed	普通虚线边框
solid	普通实线边框
double	双线边框。其两条单线和其间隔的和等于指定的边框宽度（border-width）。设置该属性值时，表格边框的宽度不能小于3px
groove	根据黑色和表格边框的颜色（Border-color）的线条组成的3D凹槽，设置该属性值时，表格边框的宽度（border-width）不能小于4px
ridge	根据黑色和表格边框的颜色（Border-color）的线条组成的3D凸槽，设置该属性值时，表格边框的宽度（border-width）不能小于4px
inset	根据黑色和表格边框的颜色（Border-color）的线条组成的3D凹边，设置该属性值时，表格边框的宽度（border-width）不能小于4px
outset	根据黑色和表格边框的颜色（Border-color）的线条组成的3D凹边，设置该属性值时，表格边框的宽度（border-width）不能小于4px

例如，要设置网页对象顶部和底部边框线为实线，左侧和右侧无边框线，代码如下所示。

```
#borderdiv {
  border-top-style:solid;
  border-right-style:none;
  border-bottom-style:solid;
  border-left-style:none;
}
```

3. 设置边框线颜色

颜色也是边框线的一种重要属性。使用CSS样式表，用户可以方便地设置边框线的颜色属性。常用的边框颜色属性主要包括4种。

属性	作用
border-top-color	定义网页标签顶部的边框颜色
border-bottom-color	定义网页标签底部的边框颜色
border-left-color	定义网页标签左侧的边框颜色
border-right-color	定义网页标签右侧的边框颜色

以上4种边框线颜色的CSS属性与背景颜色类似，用户可以使用16进制的数字颜色属性，也可以使用十进制数字、百分比或颜色的名称作为属性值。

4．设置文字样式

在CSS中，用户可以方便地设置文本的字体、尺寸、前景色、粗体、斜体和修饰等。

■ 字体

设置文字的字体，需要使用到CSS样式表的font-family属性。在默认情况下，font-family属性的值为""Times New Roman""，用户可以为font-family使用各种各样的中文或其他语言的字体，如"微软雅黑"、"宋体"等。每一种字体的名称都应以英文双引号""括住。例如，设置ID为mainText的内联文本的字体为"微软雅黑"，如下。

```
#mainText { font-family : "微软雅黑"; }
```

如需要为文字设置备用的字体，可在已添加的字体后添加一个逗号"，"，将多个字体隔开，如下所示。

```
#mainText { font-family : "微软雅黑"
, "宋体" ; }
```

■ 尺寸

尺寸是字体的大小。使用CSS，用户可以通过font-size属性定义文本字体的尺寸，单位可以是相对单位，也可以是绝对单位。例如，设置网页中所有正文的文本尺寸为12px，如下所示。

```
body { font-size : 12px ; }
```

■ 前景色

前景色是文字本身的颜色。设置文字的前景色，可使用CSS的color属性，其属性值可以是6位16进制色彩值，也可以是rgb()函数的值或颜色的英文名称。

例如，设置文本的颜色为红色，可使用以下几种方法。

```
color : #ff0000 ;
color : rgb(255,0,0) ;
color : red ;
```

■ 粗体

加粗是一种重要的文本凸显方式。使用CSS设置文字的粗体，可使用font-weight属性。font-weight的属性值可以是关键字或数字，如下所示。

属性值	属性值	说明
normal	400	标准字体
bold	700	加粗
bolder	800-900	更粗
lighter	100-300	较细

例如，设置类为boldText的文本加粗，代码如下。

```
.boldText { font-weight : bold ; }
```

■ 斜体

倾斜是各种字母文字的一种特殊凸显方式。使用CSS设置文字的斜体，可使用font-style属性。font-style的属性值主要包括3种，如下所示。

属性值	作用
normal	标准的非倾斜文本
italic	带有斜体变量的字体所使用的倾斜
oblique	无斜体变量的字体所使用的倾斜

■ 修饰

修饰是指为文字添加各种外围的辅助线条，使文本更凸出，便于用户识别的方式。使用CSS设置文本的修饰，可使用font-decoration属性，其属性值包括以下几种。

属性值	作用
none	默认值，无修饰
blink	闪烁
underline	下划线
line-through	贯穿线
overline	上划线

修饰的样式通常应用在网页的超链接中。例如，删除网页中所有超链接的下划线，可以直接设置font-decoration的属性，如下所示。

```
a { font-decoration : none ; }
```

第 6 章

健康类网站——表格

　　随着人们物质生活水平的不断提高，身体健康引起了更大的重视，并且健康意识也在不断提高。因此，在Internet中的健康平台犹如雨后春笋般地出现，对宣传和推动健康生活起到了很大的积极作用。在设计健康类的网站时，由于其内容相对比较灵活，所以没有固定的版式，而在色彩搭配上则应该采用健康向上的颜色。

6.1 健康类网站类型

版本：DW CS4/CS5/CS6

健康类网站的出现，可以使用户更加方便、全面地了解与掌握健康知识，为提高人们的健康意识和生活质量起到了推动的作用。根据内容的侧重点，健康类网站可以分为以下几种类型。

1．以健康知识为主

以健康知识为主的网站通常为综合型的健康门户网站，其所涉及的健康信息较为广泛。例如，39健康网，该网站内容主要分为大众健康、疾病健康和时尚健康三大类，并通过健康知识、网上健康社区、健康数据库和医药健康行业搜索工具，为用户提供健康信息服务。

2．以求医问药为主

以求医问药为主的网站通过结合医疗健康服务与信息技术手段，致力于人性化、科学化和信息化的互联网导医和医疗健康知识的传播及咨询服务。例如，放心医苑网，该网站中的有问必答、健康社区、医生诊室、求医问药、放心贴吧等版块，为患者的求医问药起到了很好的帮助作用。

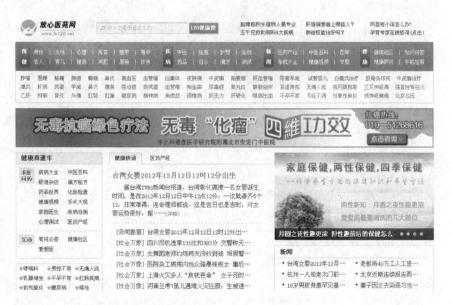

3．以单一专业知识为主

以单一专业知识为主的网站通常为专业型的医疗健康网站，以提供专业的健康信息为主要内容。例如，365心血管网，该网站中为医疗工作者和用户提供了大量的心血管信息和课件，并通过"导医问药"、"患者之家"、"专家在线"等版块为用户提供了交流互动的平台。

4．以健康产品为主

该类型的网站以宣传和推销健康产品为主要目的，但是通常也会在网站中建立有关健康的版块，以便于用户在了解产品的同时，掌握基本的健康知识，如东阿阿胶网。

5．以健康服务为主

以健康服务为主的网站通常是以宣传和推广健康服务为主要目的。例如，印瑜珈网，该网站中提供了大量的教学资料供用户学习，同时建立了用于交流互动的论坛，以便讨论与研究相关的内容。

6．以综合专业知识为主

以综合专业知识为主的网站，通常是专业性强、学术性强的大型医学、医疗、健康综合性网站。它为广大临床医生、医学科研人员、医务管理员等提供各类国内外最新的医学动态信息、内容丰富的医学资料文献，以及各类专题学术会议等全方位的医学信息服务，如37度医学网。

6.2 健康类网站常见形式

版本：DW CS4/CS5/CS6

在网络中，健康类网站是最常见的网站类型之一，根据网站的性质其表现的形式也是多种多样的。下面就向大家介绍几种常见的网站的形式。

1. 健康资讯网站

健康资讯网站向用户宣传健康知识、提倡健康的生活方式和生活态度。这类网站所覆盖的用户群体较广，为能够服务各个方面的用户，需要在网页中提供大量的信息。这类网站的版面设计通常比较紧凑，所包含的内容也较为全面，涉及各个方面的健康知识。

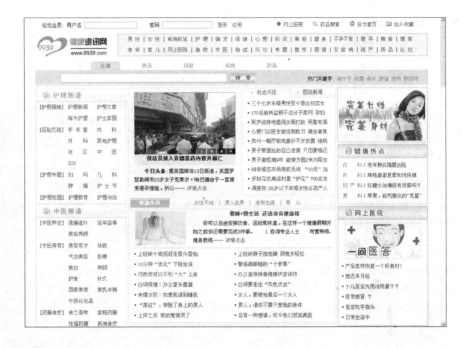

2. 保健品网站

通常保健品网站是以宣传与推销保健品为主要目的。因此，这类网站在版面设计中，以展示产品为重点，通常把产品图片放在网页中较显要的位置，以加深用户对产品的印象。

3．美体瘦身网站

美体瘦身网站主要是为用户提供美体瘦身的信息和服务，所面向的对象通常为女性，所以在网页的色彩搭配上，通常以柔美的颜色为主色调。在版面设计上主张简单明了，只要突出主题即可。

4．健康疗养网站

健康疗养网站以为用户提供健康疗养信息和服务为主要目的。在色彩搭配上讲究简单、纯净，在布局结构上也不要过于复杂，应给用户一种宁静、安详、舒适的感觉，与网站的主题相呼应。

5．健康护理网站

健康护理网站可以为用户提供健康护理知识、健康护理技术等内容，所面向的对象以护理人员为主。该类型的网站以文字信息居多，所以在版面设计中要考虑文字之间的距离，避免过于拥挤。

6．医疗机构网站

医疗机构网站是医疗机构自己建立的网站，通常用来宣传和介绍医疗机构的医疗设备、专家队伍、医学专业等信息，同时，网站中也会建立有关健康医疗方面的知识版块。

6.3　插入表格

版本：DW CS4/CS5/CS6

表格用于在HTML页面上显示表格式数据，是对文本和图像进行布局的强有力的工具。通过表格可以将网页元素放置在指定的位置。

1．插入表格

在插入表格之前，首先将鼠标光标置于要插入表格的位置。在新建的空白网页中，默认在文档的左上角。

在【插入】面板中，单击【常用】选项卡中的【表格】按钮，或者单击【布局】选项卡中的【表格】按钮，在弹出的【表格】对话框中设置相应的参数，即可在文档中插入一个表格。

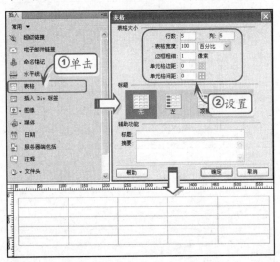

选择		作用
行数		指定表格行的数目
列数		指定表格列的数目
表格宽度		以像素或百分比为单位指定表格的宽度
边框粗细		以像素为单位指定表格边框的宽度
单元格边距		指定单元格边框与单元格内容之间的像素值
单元格间距		指定相邻单元格之间的像素值
标题	无	对表格不启用行或列标题
	左	可以将表格的第一列作为标题列，以便可为表格中的每一行输入一个标题
	顶部	可以将表格的第一行作为标题行，以便可为表格中的每一列输入一个标题
	两者	可以在表格中输入列标题和行标题
标题		提供一个显示在表格外的表格标题
摘要		用于输入表格的说明

2．插入嵌套表格

嵌套表格是在另一个表格单元格中插入的表格，其设置属性的方法与其他任何表格相同。

将光标置于表格中的任意一个单元格，单击【插入】面板中的【表格】按钮，在弹出的【表格】对话框中设置相应的参数，即可在该表格中插入一个嵌套表格。

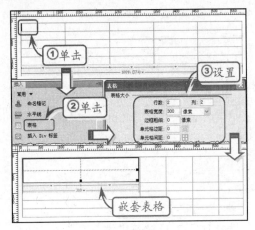

在【表格】对话框中，各个选项的作用详细介绍如下。

6.4 设置表格

版本: DW CS4/CS5/CS6

对于文档中已创建的表格，用户可以通过设置【属性】面板，来更改表格的结构、大小和样式等。

单击表格的任意一个边框，可以选择该表格。此时，【属性】面板中将显示该表格的基本属性。

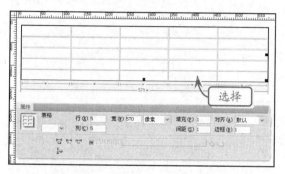

表格【属性】面板中的各个选项及作用介绍如下。

■ 行和列

行和列用来设置表格的行数和列数。选择文档中的表格，即可在【属性】面板中重新设置该表格的行数和列数。

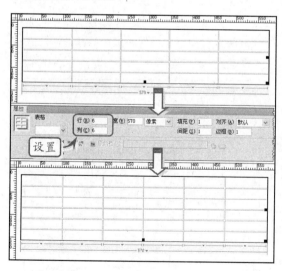

■ 表格ID

表格ID用来设置表格的标识名称。选择表格，在【ID】文本框中直接输入即可设置。

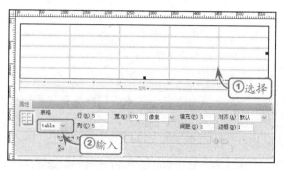

■ 间距

间距用于设置表格中相邻单元格之间的距离，以像素为单位。

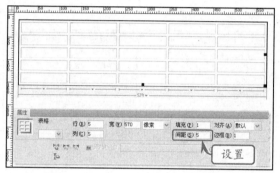

■ 边框

边框用来设置表格四周边框的宽度，以像素为单位。

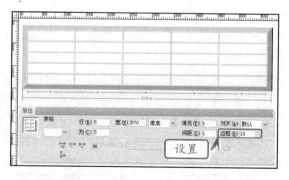

■ 对齐

对齐用于指定表格相对于同一段落中的其他元素（如文本或图像）的显示位置。在【对齐】下拉列表中可以设置表格为左对齐、右对齐和居中对齐。

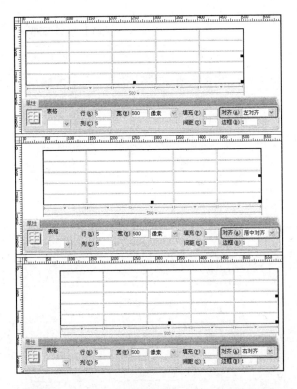

当将【对齐】方式设置为"默认"时，其他的内容不显示在表格的旁边。如果想要让其他内容显示在表格的旁边，可以使用"左对齐"或"右对齐"。

另外，在【属性】面板中还有直接设置表格的4个按钮，这些按钮可以清除列宽和行高，还可以转换表格宽度的单位。

图标	名称	功能
	清除列宽	清除表格中已设置的列宽
	清除行高	清除表格中已设置的行高
	将表格宽度转换为像素	将表格的宽度转换为以像素为单位
	将表格宽度转换为百分比	将表格的宽度转换为以表格占文档窗口的百分比为单位

■ 宽

宽用来设置表格的宽度，以像素为单位，或者按照所占浏览器窗口宽度的百分比进行计算。

在通常情况下，表格的宽度是以像素为单位，这样可以防止网页中的元素随着浏览器窗口的变化而发生错位或变形。

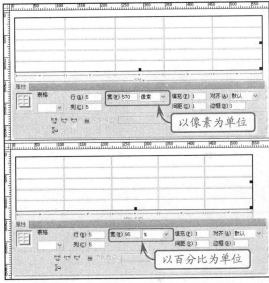

■ 填充

填充用来设置表格中单元格内容与单元格边框之间的距离，以像素为单位。

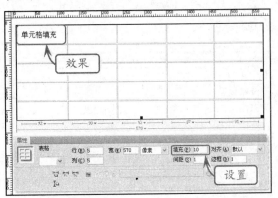

6.5 编辑表格

版本: DW CS4/CS5/CS6

如果创建的表格不符合网页的设计要求,那么就需要对该表格进行编辑。

在编辑整个表格、行、列或单元格时,首先需要选择指定的对象。可以一次选择整个表格、行或列,也可以选择一个或多个单独的单元格。

1. 选择整个表格

将鼠标移动到表格的左上角、上边框或者下边框的任意位置,或者行和列的边框,当光标变成表格网格图标 时(行和列的边框除外),单击即可选择整个表格。

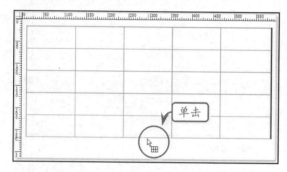

将光标置于表格中的任意一个单元格中,单击状态栏中标签选择器上的<table>标签,也可以选择整个表格。

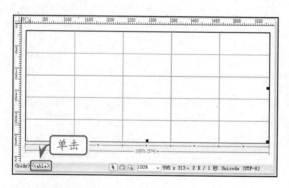

2. 选择行或列

选择表格中的行或列,就是选择行中所有连续单元格或者列中所有连续单元格。将鼠标移动到行的最左端或者列的最上端,当鼠标光标变成选择箭头 → 或 ↓ 时,单击即可选择单个行或列。

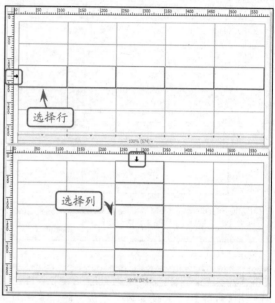

3. 选择单元格

将鼠标光标置于表格中的某个单元格,单击即可选择该单元格。如果想要选择多个连续的单元格,将光标置于单元格中,沿任意方向拖动鼠标即可选择。

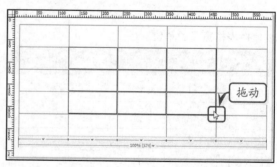

将鼠标光标置于任意单元格中,按住 Ctrl 键并同时单击其他单元格,即可以选择多个不连续的单元格。

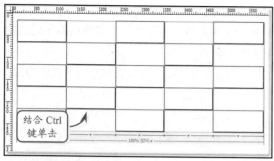

结合 Ctrl
键单击

4．调整表格的大小

当选择整个表格后，在表格的右边框、下边框和右下角会出现3个控制点。通过鼠标拖动这3个控制点，可以使表格横向、纵向或者整体放大或者缩小。

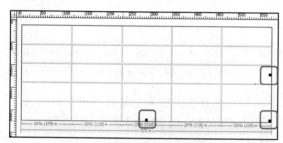

除了可以在【属性】面板中调整行或列的大小外，还可以通过拖动方式来调整其大小。

将鼠标移动到单元格的边框上，当光标变成左右箭头 ←‖→ 或者上下箭头 ↔ 时，单击并横向或纵向拖动鼠标即可改变行或列的大小。

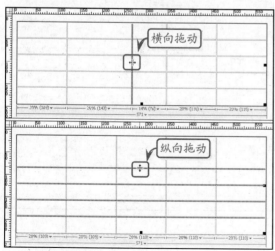

横向拖动

纵向拖动

5．添加表格行与列

想要在某行的上面或者下面添加一行，首先

将光标置于该行的某个单元格中，单击【插入】面板【布局】选项卡中的【在上面插入行】按钮 在上面插入行 或【在下面插入行】按钮 在下面插入行 ，即可在该行的上面或下面插入一行。

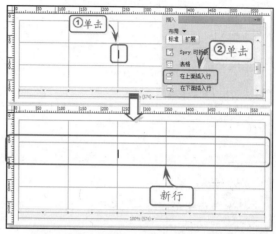

①单击

②单击

新行

想要在某列的左侧或右侧添加一列，首先将光标置于该列的某个单元格中，单击【布局】选项卡中的【在左边插入列】按钮 在左边插入列 或【在右边插入列】按钮 在右边插入列 ，即可在该列的左侧或右侧插入一列。

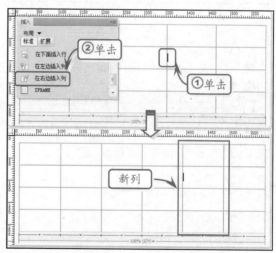

②单击

①单击

新列

6．合并单元格

合并单元格可以将同行或同列中的多个连续单元格合并为一个单元格。

选择两个或两个以上连续的单元格，单击【属性】面板中的【合并所选单元格】按钮 □ ，即可将所选的多个单元格合并为一个单元格。

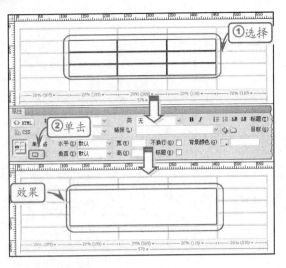

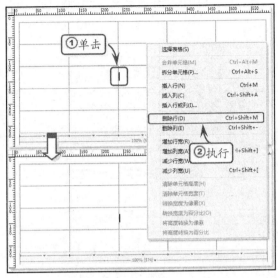

他行中的单元格，可以将光标置于该行的某个单元格中，然后执行【修改】|【表格】|【删除行】命令即可。

7. 拆分单元格

拆分单元格可以将一个单元格以行或列的形式拆分为多个单元格。

将光标置于要拆分的单元格中，单击【属性】面板中【拆分单元格为行或列】按钮北，在弹出的对话框中启用【行】或【列】选项，并设置行数或列数。

将光标置于列的某个单元格中，执行【修改】|【表格】|【删除列】命令可以删除光标所在的列。

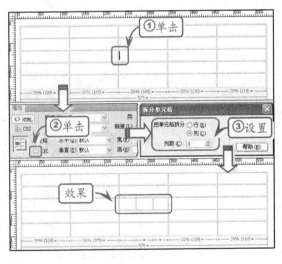

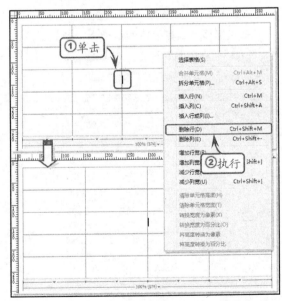

8. 删除表格行与列

如果想要删除表格中的某行，而不影响其

6.6 设计健康网站首页

版本: DW CS4/CS5/CS6 ⬤ downloads/第6章

　　本例中的华康健康网，是一个以宣传健康知识为主要目的的网站。该网站中建立了健康资讯、饮食健康、心理健康、健康保健等多个与健康密切相关的版块。在网站色彩搭配上，以蓝色为主色调，给人一种健康、积极向上的感觉；在结构设计上，整个版面简单明了。

练习要点

● 添加表格
● 设置表格属性
● 插入图片
● 添加文本
● 设置文本样式

提示

在【插入】面板中默认显示为【常用】选项卡。如果想要切换到其他选项卡，可以单击【插入】面板左上角的选项按钮，在弹出的菜单执行相应的命令，即切换至指定的选项卡。

操作步骤 ▶▶▶▶

STEP|01 在文档中，单击【属性】面板中的【页面属性】按钮，在弹出的对话框中设置左边距和上边距均为"0px"。

STEP|02 在文档中插入一个1行×3列的表格，并在第1列单元格中插入LOGO图像。

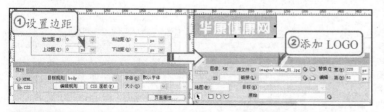

STEP|03 设置第2列单元格的宽为672，然后在该单元格中插入导航条图像。

STEP|04 根据页面设计，在第3列单元格中插入素材图像。

提示

当表格宽度的单位为百分比时，表格宽度会随着浏览器窗口的改变而变化；当表格宽度的单位设置为像素时，表格宽度是固定的，不会随着浏览器窗口的改变而变化。

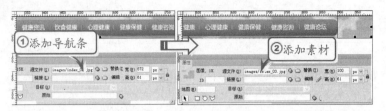

STEP|05 在该表格的下面，插入一个1行×1列的表格，并在该表格中插入素材图像。

STEP|06 在表格下面再插入一个1行×3列的表格，并设置第1列单元格的宽为306。

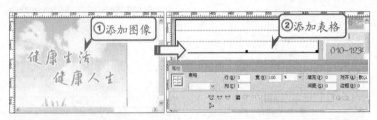

STEP|07 在该单元格中，插入一个3行×1列的嵌套表格，并在该嵌套表格的各个单元格中插入素材图像。

STEP|08 在表格的第2列单元格中，插入一个2行×3列的嵌套表格。该嵌套表格的第1行第1列单元格中为内容版块。在嵌套表格中，根据内容版块的栏目数，插入一个宽度为100%的3行×1列的表格。

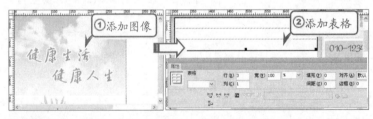

STEP|09 设置第1行单元格的高为186。然后，插入一个2行×1列的嵌套表格。

STEP|10 将光标置于第1行，单击【常用】选项卡中的【图像】按钮圖·，选择要插入的素材图像。

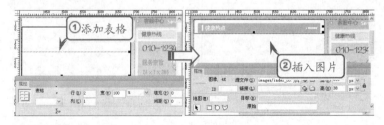

STEP|11 设置嵌套表格第2行单元格的高为148。然后，插入一个宽

提示

父表格的宽度通常使用像素值。为了使嵌套表格的宽度不与父表格发生冲突，嵌套表格通常使用百分比设置宽度。

提示

如果将鼠标光标定位到表格边框上，然后按住 Ctrl 键，则将高亮显示该表格的整个表格结构（即表格中的所有单元格）。

提示

选择单个行或列后，如果按住鼠标不放并拖动，则可以选择多个连续的行或列。

提示

如果想要在不改变其他单元格宽度的情况下，改变光标所在单元格的宽度，那么可以按住 Shift 键单击并拖动鼠标来实现。

度为100%的3行×3列表格。合并第1行所有单元格，并设置该单元格的高为9px。

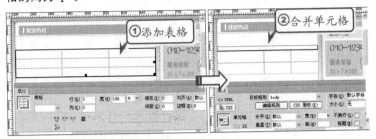

STEP|12 分别合并第1列和第3列的第2、3行单元格，并设置第2行第2列单元格的宽为365；高为126。

STEP|13 在第2行第2列单元格中，插入一个宽度为100%的6行×3列表格，并设置其垂直方式为"顶端对齐"。

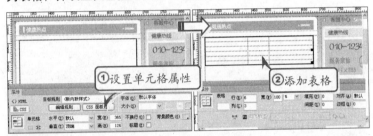

STEP|14 选择第1行所有单元格，设置其高为20，并分别设置3列单元格的宽为"5%"、"63%"和"32%"。

STEP|15 在第1行第1列单元格中插入素材图像，然后在后2列单元格中输入标题和时间文字。

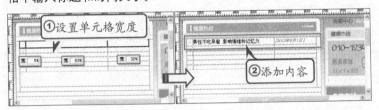

STEP|16 选择标题文字，设置大小为"12px"；文本颜色为"#666666"。将同样的文本属性应用到时间文字上，并单击【斜体】按钮 *I*。

STEP|17 在该表格的其他行单元格中，插入素材图像及文字。

STEP|18 根据上述的方法，在表格的第2行单元格中使用表格和嵌套表格创建"健康常识"栏目。

STEP|19 在表格的第3行单元格中，插入一个宽度为100%的2行×1列表格。设置第1行单元格的高为32，并在该单元格中插入素材图像。

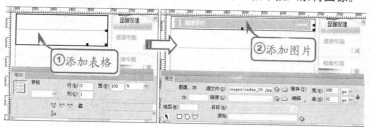

STEP|20 在第2行单元格中，插入一个宽度为100%的3行×3列表格，然后合并第1行和第3行所有单元格。

STEP|21 根据版块布局，在相应的单元格中插入素材图像。然后设置第2行第2列单元格的宽为233，高为93。

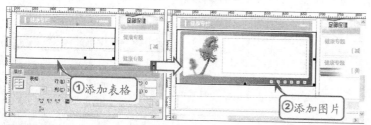

STEP|22 在第2行第2列单元格中，插入一个3行×3列的表格。然后，在各个单元格中输入文字。

STEP|23 选择所有文字，设置大小为"12px"；文本颜色为"#666666"。

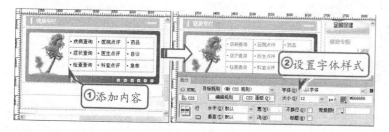

STEP|24 在嵌套表格的第1行第2列单元格中,插入素材图像,使其与右侧的栏目产生间距。

STEP|25 在嵌套表格的第1行第3列单元格中,插入一个宽度为100%的7行×1列表格。

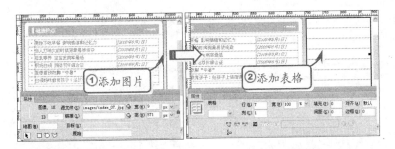

①添加图片 ②添加表格

STEP|26 根据版面设计,在该表格的各个单元格中插入相应的栏目图像。合并第2行所有单元格,并插入素材图像,使其与版尾产生间距。

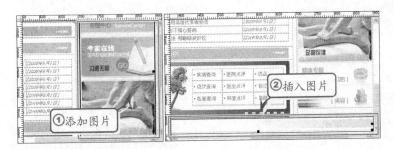

①添加图片 ②插入图片

STEP|27 在表格的第3列单元格中,插入素材图像,以拼合成完整的蓝天白云景象。

STEP|28 在文档的最底部,插入一个1行×1列的表格,并设置其高为97。在该表格中插入背景图像,并输入版权信息。

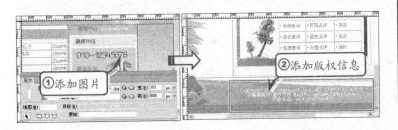

①添加图片 ②添加版权信息

6.7 设计饮食健康子页

版本: DW CS4/CS5/CS6 ◯ downloads/第6章

本例中的饮食健康子页，与主页的设计风格相搭配，都是以蓝天白云景象为背景，以向日葵花为衬托。无论从图像还是色彩上来说，都会给浏览者留下一种舒适、健康的感觉。在版面设计上，依然采用了主页的简单布局结构。

练习要点

- 添加图片
- 设置页面属性
- 添加表格
- 设置表格属性
- 添加文本
- 设置文本样式

提示

在【设计】视图中粘贴的文本，其段与段之间会自动生成强制性换行标签
。

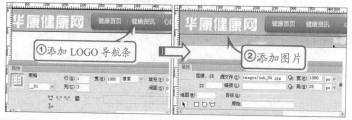

操作步骤 ▶▶▶▶

STEP|01 在文档中，插入一个1行×3列的表格，然后在各个单元格中插入LOGO、导航条等图像。在表格的下面插入一个1行×1列的表格，并在该表格中插入素材图像。

提示

单个单元格的内容放置在最终的合并单元格中。所选的第一个单元格的属性将应用于合并的单元格。

STEP|02 在表格下面再插入一个1行×3列的表格，并设置第1列单元格的宽为230，然后插入一个6行×1列的嵌套表格。

STEP|03 在第1行单元格中插入素材图像。然后，将第2行的单元

格拆分为2行2列单元格，该单元格为子导航条。

STEP|04 在表格的其他行单元格中，插入其他栏目的素材图像。

STEP|05 设置表格第2列单元格的宽为670，然后插入一个宽度为100%的6行×1列嵌套表格。

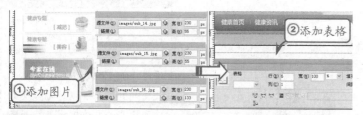

STEP|06 在表格的前3行插入素材图像，并在第3行单元格中输入标题文字等。

STEP|07 在第3行单元格中，插入一个宽度为100%的2行×1列嵌套表格。

STEP|08 在第1行单元格中，插入一个1行×3列的嵌套表格，并根据页面布局拆分和合并单元格。该表格为"饮食健康"栏目。

STEP|09 在第2行单元格中，插入一个2行×3列的嵌套表格。该表格中为"菜肴来历"和"食品溯源"两个栏目。

STEP|10 在表格的最后两个单元格中，插入素材图像，以修饰整个页面。

STEP|11 在中间部分的最右侧单元格中，插入素材图像，该图像与页面整体风格相搭配。

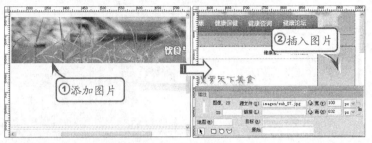

STEP|12 在文档的最底部插入一个1行×1列的表格，并在该表格中插入背景图像及版权信息。

STEP|13 保存文档后，按F12键预览效果。

6.8 高手答疑

版本: DW CS4/CS5/CS6

问题1：如何为文本添加工具提示？

解答：在网页中，可以为一些特定的文本添加工具提示，这样，当鼠标滑过这些文本时，会显示黄色的工具提示信息。

在Dreamweaver的设计视图中，选中要添加工具提示的文本，执行【插入】|【HTML】|【文本对象】|【缩写】命令，即可打开【缩写】对话框。

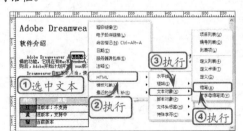

在弹出的【缩写】对话框中，即可设置文本的工具提示信息。在设置完成工具提示信息后，还可以设置提示的文本所属语言，如英文是en，法文是fr等。

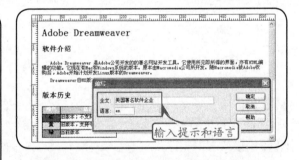

问题2：页面的上边总是留出一段空白？

解答：body默认有个上边距，通过修改topmargin的属性值，可以修改页面与上边距的距离。

设置topmargin="0px"可以去掉上边距，相关的属性有：leftmargin、rightmargin、bottommargin。

问题3：所设的属性值不起作用？

解答：这个问题很另类，当代码书写成这样时："width= height=120px"，此时，无论怎么更改height的值就是不起作用，因为浏览器将

"width="后面的内容都做为width的属性值，所以不能正确识别height=120的含义。

出现这样的问题时，大部分都是用户在书写代码时马虎所致，类似的错误还有很多，这样的错误一但出现了，很不容易查找，所以要求用户在书写代码时要尽量规范认真。

问题4：在Dreamweaver中如何设置段落格式？

解答：在Dreamweaver中，允许用户使用【属性】面板设置段落的格式。

在Dreamweaver中，缩进和凸出某个段落时，整个段落都会相应的缩进或凸出，而并非只有段落的首行缩进和凸出。设置段落的缩进和凸出可

通过CSS样式表或手动输入全角空格来实现。

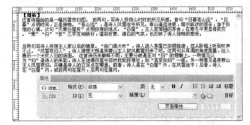

在【属性】面板中，用户可在【格式】的下拉列表中将段落转换为普通文本、预先格式化的文本（不换行的普通文本）以及6种标题文本。

单击【文本凸出】按钮，可将整个段落向左平移一个制表位。而单击【文本缩进】按钮，可将整个段落向右平移一个制表位。

6.9 高手训练营

版本：DW CS4/CS5/CS6

1. 使用表格拼接图像

在设计以图像为主的网页时，为了配合页面布局，通常需要在图像处理软件中将一张大图像分割为多张小图像，然后在Dreamweaver中，再通过使用表格将其拼接为一张完整图像。在拼接图像过程中，一定要注意表格的间距、填充和边框等均为0，否则拼接的图像之间会产生空隙或边框线。如下图所示，就是使用表格拼接的图像网页。

2. 立体表格

在网页中使用立体表格，可以更加突显表格中的内容，并且增添网页独特的效果，同时也起到很好的修饰作用。在Dreamweaver中，切换到【代码】视图模式，为<table>标签添加"bordercolorlight"和"bordercolordark"参数，设置表格边框的亮边颜色和暗边颜色，从而产生立体表格效果。

3. 常用表格版块

网页表格是产品设计师们经常碰到的一个需要设计的元素，比如登录版块、注册版块、评论版块等。

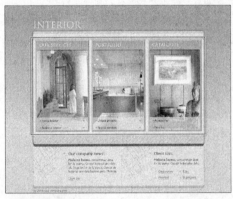

第 **7** 章

服饰类网站——文本样式

随着网络的不断发展，服饰商家或品牌公司纷纷在网络中建设网站，以在这一传播媒体中充分地展示及推广自己的产品。

服饰类网站是一个以服饰展示、销售为主题的网站平台，网站中通常包含有大量的图像用来展示服饰。而在整体设计风格上，该类型的网站具有时尚、鲜艳、前卫等特点，在视觉上有着一定的冲击效果。

7.1 服饰类网站类型

版本: DW CS4/CS5/CS6

服饰类网站，主要目的就是展示和销售服装服饰等商品，一般会通过图像及文字说明，使用户了解它们的款式、颜色、搭配等相关信息。就网站的功能而言，可以分为以下两类。

1. 服饰销售类网站

服饰销售类网站是以销售服饰为目的的网站。该类型的网站也会在网页中插入大量的服饰图像，以较全面的服饰款式和搭配样式来吸引用户的目光。另外，还有以服饰销售为商业目的的网站，在该类型的网站中，会出现多种品牌和多种类型的服饰，通常是以当前流行的服饰为主导，如右图为某服饰销售网站。

2. 服饰展示类网站

服饰展示类网站，是以向用户展示服饰为目的的网站，通常会在网页中插入大幅的图像来对服饰进行展示。该类型的网站通常是一些品牌服饰的官方网站，以展示品牌服饰和推广新款服饰为主，如右图的某服饰展示网站。

7.2 服饰类网站设计风格

版本：DW CS4/CS5/CS6

　　网站的设计风格是抽象的，是指网站的整体形象给浏览者的综合感受。这个"整体形象"包括网站的CI（标志、色彩、字体、标语）、版面布局、浏览方式、交互性等诸多因素，就其版面样式可以分为如下几类。

■ 简单型服饰网站

　　简单型服饰网站只是一个实现服饰销售功能的网站。在版面设计上较为简单，色彩的使用也较为单一，只要将产品的信息传达给用户即可。

■ 卡通型服饰网站

　　卡通型服饰网站在版面设计上采用了卡通人风格，可以使整个网站更加可爱、具有活力，在色彩搭配上也更加绚丽多彩。

■ 绚丽型服饰网站

绚丽型服饰网站，在整体设计上是以时尚元素为主题，一般采用绚丽的色彩、张扬或夸张的个性来表现网页的视觉效果，使它突出"前沿、时尚、流行"等特点。

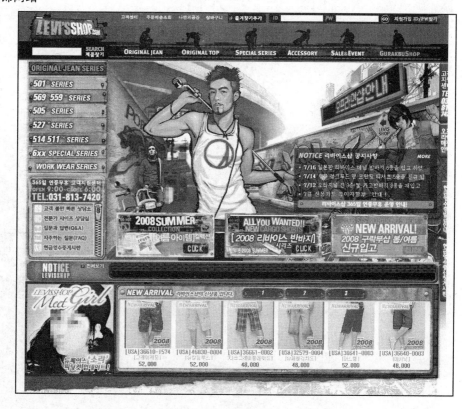

■ 时尚型服饰网站

时尚型服饰网站，同样也是以时尚元素为主的网站，但在使用图像和色彩方面较为简单，只要突出时尚主题即可。

7.3 服饰网站色调分析

设计者在设计网页时，除了要考虑网站本身的特点外，还要遵循一定的艺术规律，从而设计出色彩鲜明、风格独特的网站。下面将对服饰网站常用的几种色调进行分析。

1．潇洒色调服饰网站

潇洒色调是以暗的冷色为主再加上少量对比色构成，具有安定厚重的感觉，是富有格调的男性情调，而且该色调可以和任何一种色彩相搭配，不会让人觉得突兀，所以以男性服饰为主的网站通常采用该色调。

2．华丽色调服饰网站

华丽色调是由强色调和深色调为主的配色，形成浓重、充实的感觉，是艳丽、豪华的色调，一些具有贵族气息服饰的网站通常采用该色调。

3．优雅色调服饰网站

优雅色调是以浊色为中心的稳重色调。配色细腻，对比度差形成女性化的优雅气氛。

4．清爽色调服饰网站

清爽色调是以白色和清色等冷色为主构成的，清澈爽朗，使服饰具有单纯而干净的感觉。

5. 自然色调服饰网站

自然色调是以黄、绿色相为主构成的配色，有时候再加上少量深颜色，稳重而柔和，是朴素的自然情调，体现了服饰的休闲、自然风格。

6. 动感色调服饰网站

动感色调由鲜、强色调的暖色色彩为主配成，是典型的色相配色，形成生动、鲜明、强烈的色彩感觉，通常适合一些年轻男女服饰的网站。

7. 娇美色调服饰网站

娇美色调是由浅色和粉色组成的，以暖色系为主，可以表现服饰的天真可爱、甜美而有活力。

7.4　网页文本

版本：DW CS4/CS5/CS6

文本是网页中最常见的元素之一。在Dreamweaver中，允许用户为网页插入各种文本、水平线以及特殊符号等。

1. 插入文本

在Dreamweaver中，支持以3种方式为网页文档插入文本。

■ 直接输入

直接输入是最常用的插入文本的方式。在Dreamweaver中创建一个网页文档，即可直接在【设计视图】中输入英文字母，或切换到中文输入法，输入中文字符。

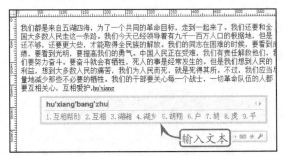

■ 粘贴文本

除直接输入外，用户还可以从其他软件或文档中将文本复制到剪贴板中，然后在切换至Dreamweaver，右击执行【粘贴】命令或按Ctrl+V组合键，将文本粘贴到网页文档中。

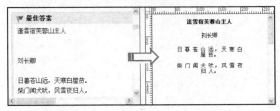

■ 导入文本

第3种方式是导入已有的Word文档或Excel文档。

在Dreamweaver中，将光标定位到导入文本的位置，然后执行【文件】|【导入】|【Word文档】命令（或【文件】|【导入】|【Excel文档】命令），选择要导入的Word文档或Excel文档，即可将文档中的内容导入到网页文档中。

2. 插入特殊符号

Dreamweaver除了允许用户插入文本外，还允许用户为网页输入各种特殊符号。

在Dreamweaver中，执行【插入】|【特殊字符】命令，即可在弹出的菜单中选择各种特殊符号。或者在【插入】面板中，在列表菜单中选择【文本】，然后单击面板最下方的按钮右侧箭头，亦可在弹出的菜单中选择各种特殊符号。

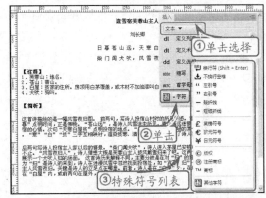

Dreamweaver允许为网页文档插入12种基本的特殊符号，如表所示。

图标	显示
▼字符：换行符 (Shift + Enter)	两段间距较小的空格
▼字符：不换行空格	非间断性的空格
" ▼字符：左引号	左引号 "
" ▼字符：右引号	右引号 "
— ▼字符：破折线	破折线——
– ▼字符：短破折线	短破折线—
£ ▼字符：英镑符号	英镑符号£
€ ▼字符：欧元符号	欧元符号€
¥ ▼字符：日元符号	日元符号¥
© ▼字符：版权	版权符号©
® ▼字符：注册商标	注册商标符号®
TM ▼字符：商标	商标符号TM

除了以上12种符号以外，用户还可选择【其他字符】 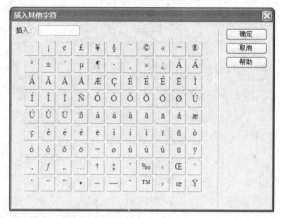 ，在弹出的【插入其他字符】对话框中选择更多的字符。

3．插入水平线

很多网页都使用水平线将不同类的内容隔开。在Dreamweaver中，用户也可方便地插入水平线。

执行【插入】|【HTML】|【水平线】命令，Dreamweaver就会在光标所在的位置插入水平线。

在【属性】面板中，可以设置水平线的各种属性，如表所示。

属性名	作用
水平线	设置水平线的ID
宽和高	设置水平线的宽度和高度，单位可以是像素或百分比
对齐	指定水平线的对齐方式，包括默认、左对齐、居中对齐和右对齐
阴影	可为水平线添加投影

提示

设置水平线的宽度为1，然后设置其高度为较大的值，可得到垂直线。

4．插入时间日期

Dreamweaver还支持为网页插入本地计算机当前的时间和日期。

执行【插入】|【日期】命令，或在【插入】面板中，在列表菜单中选择【常用】，然后单击【日期】，即可打开【插入日期】对话框。

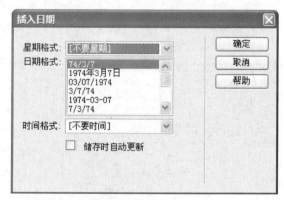

在【插入日期】对话框中，允许用户设置各种格式，如表所示。

选项名称	作用
星期格式	在选项的下拉列表中可选择中文或英文的星期格式，也可选择不要星期
日期格式	在选项框中可选择要插入的日期格式
时间格式	在该项的下拉列表中可选择时间格式或者不要时间
储存时自动更新	如选中该复选框，则每次保存网页文档时都会自动更新插入的日期时间

7.5 文本样式

版本: DW CS4/CS5/CS6

在制作网页时，文本是必不可少的组成部分。但是，默认文本格式无法满足网页设计的需求，这就需要设置文本的属性，如字体、字号、颜色、样式等。

1. 标题样式

在Dreamweaver中，设置格式可以更改网页中所选文本的标题样式。例如，将诗歌的标题设置为"标题1"样式。

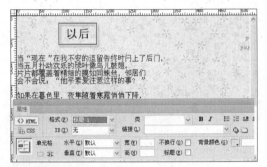

2. 字体样式

通过为文本设置字体，可以从外观上改变字体的样式，从而产生不同的视觉效果。例如，选择诗歌内容文字，打开【属性】面板，在【字体】下拉列表中选择"方正毡笔黑简体"字体。

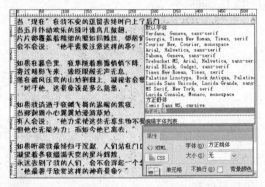

3. 文本大小

为了突出网页中的某些内容，可以改变文本的大小。例如，选择诗歌内容文字，在【大小】下拉列表中选择18，即将文字的大小更改为18px。

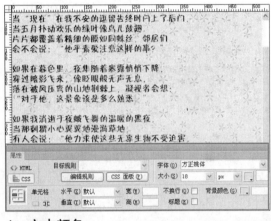

4. 文本颜色

在默认情况下，在网页中输入的文本是黑色的，但是为了搭配网页的设计风格或突出某些内容，用户可以根据需求更改为其他颜色。

例如，选择诗歌的某段文字，单击【文本颜色】按钮，在弹出的【拾色器】对话框中选择蓝色（#00F），即将所选文字更改为蓝色。

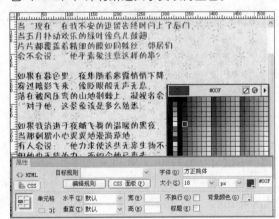

7.6 制作服饰类网站首页

版本：DW CS4/CS5/CS6 downloads/第7章

服装类网站是一个展示性平台，使用了大量的图片来展示最新的品牌服装、服装信息等。在网站的版面设计上，Banner与导航栏的设计需要仔细商榷。通过Banner和与Banner相同色调的色块把整个版面划分为横式或纵式结构，然后再配合图标和文字的留白，使网页显得内容丰富而不杂乱。在颜色搭配上，应该突出网站清新时尚、富有活力的特点。

提示

为了消除网页与浏览器上方的白色间距，要为整个网页设置上下边距。

操作步骤 ▶▶▶▶

STEP|01 新建一个空白网页，并在【文档】栏的【标题】文本框中输入"服装时尚"文字。然后，单击【属性】面板中的【页面属性】按钮 页面属性... ，并在【页面属性】对话框中设置文档的上下边距均为0。

STEP|02 单击【常用】选项卡的【表格】按钮 ，在网页中插入一个2行1列、宽度为950像素的表格，并设置第1行背景色为黑色。设置第2行高度为24像素，并将该行拆分为7列，以放置快速链接文字。

提示

为了方便用户的使用，在首页最上方设计了一个快速链接栏。为了使该栏与整个网页的主题和风格相符，将其颜色设置为了黑色，并且将该部分放在一个单独的表格，置于网页的最上方。

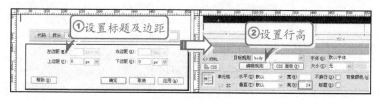

STEP|03 在第2行第1个单元格和第2个单元格中插入配套光盘相应目录中的图片，并设置本行其余单元格背景色为黑色。

STEP|04 在第3列单元格中添加"·网站首页"文字链接。在【插入】面板中单击【超级链接】按钮，然后在【超级链接】对话框中设置各项参数。

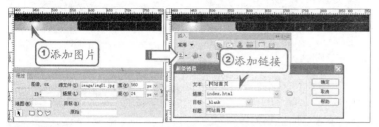

STEP|05 在网页中直接使用默认的链接效果往往不能满足实际的需要，因此，在此处为本网页中的链接添加了链接样式并添加链接样式内容。

STEP|06 在快速链接栏的下方为网站的Banner，在切割时也是将其切割为单独的一部分，然后使用一个表格将其插入到网页中。

> **提示**
>
> 为单元格设置背景图片或背景色时，最好为其设置宽度和高度值，否则很容易出现错位现象。

> **提示**
>
> 一般要为链接设置a:link、a:hover、a:visited三个CSS样式。这里设置的三个链接样式内容是一样的。

STEP|07 在表格中输入Banner文字部分，要为其加上CSS样式，以便控制其显示格式。

STEP|08 在网页中插入一个1行3列、宽度为950像素的表格（暂称为表格1），并在两侧的单元格中插入配套光盘相应目录中的图片。

STEP|09 在中间单元格中插入一个宽度为890像素、1行2列的嵌套表格（暂称为表格2），并设置该表格为居中对齐显示。

> **提示**
>
> 包含有文字的表格是嵌套表格，并且在单元格中是以居中对齐的形式显示的，并且该单元格中的图片是以背景图片的形式插入的。

STEP|10 设置表格2左侧的单元格为水平方向上为居中对齐，垂直方向上为顶部对齐方式。

STEP|11 并插入2个表格：第1个表格中插入了配套光盘相应目录中的图片；第2个表格拆分为5行，并在其中插入了5个鼠标经过图像。

STEP|12 依据上述步骤将其余鼠标经过图像插入。然后，在该单元格中插入第3个表格，并在该表格中插入配套光盘相应目录中的图片，及设置图片链接。

STEP|13 正文部分是由一个单独的表格来实现的。在表格2的右侧单元格中插入一个表格，并设置其水平和垂直方向上均为居中对齐显示。

STEP|14 将该表格拆分为4个单元格，并在每个单元格中插入一个宽度为329像素、5行1列表格，用来放置4个内容不同的版块。

STEP|15 在每个版块所在的表格中，其第一行单元格用来放置版块标题。第二行则放置最能够表达本版块中心的内容，一般分为两列，第一列放置图片，第二列放置内容。剩下3列则放置一些相关内容。

STEP|16 依据上述步骤可插入其他版块，并输入相关内容。

STEP|17 版尾部分放置在一个宽度为950像素、3行1列的表格中。在第1行与第3行中分别配套光盘相应目录中的图片，而第2行则拆分为3列，左右两侧插入配套光盘相应目录中的图片。

STEP|18 中间列则先设置背景色，然后在其中插入一个嵌套表格，并输入相关版尾信息。至此，首页部分制作完成，将文档保存，并按F12键打开IE进行预览。

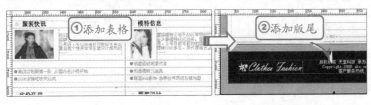

7.7 制作网站子页

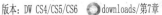版本：DW CS4/CS5/CS6 downloads/第7章

为了保持整个网站中所有页面版式的统一，子页的制作采用了与主页相同的版式，不同之处在于子页中导航栏右侧的部分显示的是与子页中心相关的内容。

操作步骤 ▶▶▶▶

STEP|01 将主页另存为5个网页，并分别命名为FZCL.html、FZZX.html、FZDP.html、FZPP.html、FZZS.html。

STEP|02 打开FZCL.html文档。在该文档中，将原主页中正文部分所在的表格删除，并插入一个同样宽度的表格。

STEP|03 将插入的表格拆分为3行，并在每行中分别输入相应的文字内容。然后分别为各行文字添加CSS样式，以增加视觉效果。

提示

在为网页的文字或背景设置颜色的时候，一定要注意各种颜色在一起的视觉效果是否协调。

STEP|04 在第3行的文字之后插入配套光盘相应目录中的图片，以更好地表达文字内容。

STEP|05 依据制作"服装潮流"的操作步骤制作"服装咨询"、"服装搭配"子页。

提示

在"服装品牌"与"服装展示"子页中插入表格后，再将其拆分为多个单元格。此种情况下，则需要先知道插入图片的尺寸，然后再依据尺寸及插入图片的数量对表格进行拆分。

STEP|06 在"服装品牌"子页中，首先插入一个宽度为660像素的表格，然后再将其拆分为4列，并设置每个单元格的高度为100像素，恰好可以容纳插入的图片，并可空出适当的间隙，视觉效果较好。

STEP|07 在"服装展示"子页中，首先插入了一个宽度为660像素、3行3列的表格，并将最下方3个单元格合并。

STEP|08 在第1、2行单元格中插入配套光盘相应目录中的图片，在第3行中则输入与本页中心相关的文字，并使用CSS样式来控制其格式。制作好的"服装展示"子页效果如下。

版本: DW　CS4/CS5/CS6

7.8　高手答疑

问题1：如何在代码视图中定义编号列表的项目符号？

解答： 在Dreamweaver CS6中，使用type属性，同样可以设置编号列表的项目符号。

在编号列表中，type属性有5种属性值，可以方便地设置项目符号的类型，如下所示。

属性名	作用
a	小写拉丁字母
A	大写拉丁字母
i	小写罗马数字
I	大写罗马数字
1	阿拉伯数字

例如，设置编号列表的符号为大写罗马数字，代码如下。

```
<ol type="I">
  <li>苹果</li>
  <li>香蕉</li>
  <li>柠檬</li>
  <li>桔子</li>
</ol>
```

在设计视图中可以方便地查看编号列表的效果，如下。

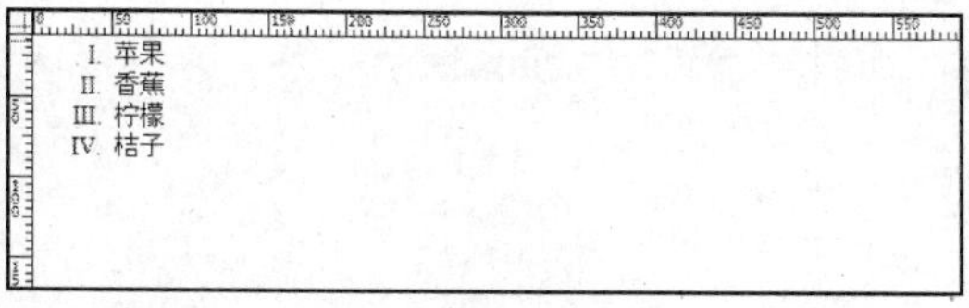

相比项目列表，编号列表还允许用户使用start属性设置编号的起始点，其属性值为数字。例如，设置编号的起始点为10，如下所示。

```
<ol type="I" start="10">
  <li>苹果</li>
  <li>香蕉</li>
  <li>柠檬</li>
  <li>桔子</li>
</ol>
```

在设计视图中可以方便地查看该编号列表的效果，如下所示。

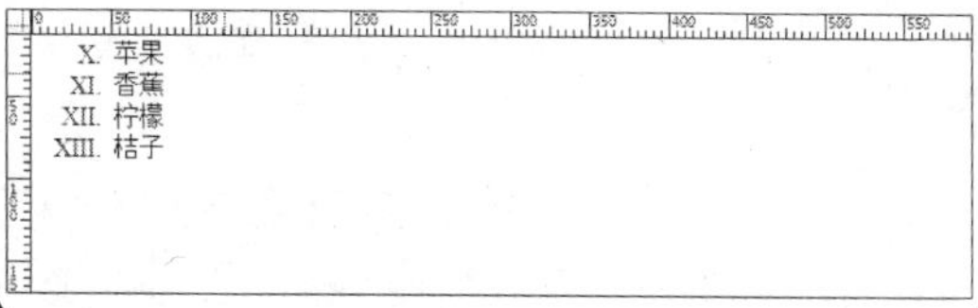

问题2：段落的对齐方式有哪几种？

解答： 在页面中输入文字后，可以为文字设置对齐方式，如左对齐、居中对齐、右对齐和两端对齐。

例如，将光标置于页面中，单击【属性】面板上的【左对齐】按钮，即可使文本段落左对齐；单击【居中对齐】按钮，即可使文本段落居中对齐；单击【右对齐】按钮，即可使文本段落右对齐；单击【两端对齐】按钮，即可使文本段落两端对齐。

问题3：为什么我输入的文本在显示时不会自动换行？

解答： 在XHTML中，普通的文本是无法自动换行的。如需要文本自动换行，需要将文本添加到段落中。

问题4：如何在网页文档中输入空格？为什么输入了多个空格却只显示1个？

解答： 在XHTML中，两个字符之间只会显示1个半角的空格（英文输入法下的普通空格）。

如需要显示多个空格，可以输入全角空格（以中文输入法中设置为全角，然后再输入空格）。

另外，还可以按Ctrl+Shift+Space组合键，直接插入特殊符号中的空格。

7.9　高手训练营

1．文本粗体

设置文本粗体可以将网页中所选的文本加粗，通常是针对网页中的标题，可以使其更加醒目。

例如，选择诗歌中的某段文字，在【属性】面板中单击【粗体】按钮 **B**，即将所选文字加粗。

2．文本斜体

设置文本斜体可以将网页中所选的文本倾斜，通常为段落中需要引起浏览者注意的某些文字。

例如，选择诗歌中的某段文字，在【属性】面板中单击【粗体】按钮 *I*，即将所选文字倾斜。

3．段落格式化

段落是多个文本语句的集合。对于较多的文本内容，使用段落可以清晰地体现出文本的逻辑关系，使文本更加美观，也更易于阅读。

段落是指一段格式统一的文本。在网页文档的设计视图中，每输入一段文本，按Enter键 Enter 后，Dreamweaver会自动为文本插入段落。

在Dreamweaver中，允许用户使用【属性】面板设置段落的格式。

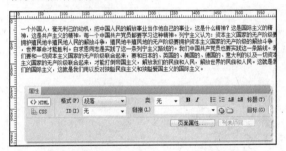

4．创建项目列表

在Dreamweaver CS6中，用户可以通过可视化的操作插入项目列表。执行【插入】|【HTML】|【文本对象】|【项目列表】命令，即可插入一个空的项目列表。

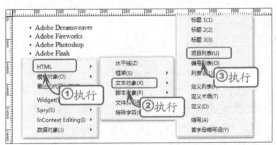

在默认情况下，项目列表的每个列表项目之前都会带有一个圆点"·"作为项目符号。在输入第一个列表项目后，用户可直接按回车键 Enter ，创建下一个列表项目，并依次输入列表项目的内容。

第8章

企业类网站——XHTML+CSS

网站是企业向用户和网民提供信息的一种方式，是企业开展电子商务的基础设施和信息平台。企业的网址被称为"网络商标"，也是企业无形资产的组成部分，而网站则是展示企业形象和宣传企业文化的重要窗口。

8.1 企业类网站概述

版本: DW　CS4/CS5/CS6

　　企业在网络中建立网站是有目的性的，有些企业是想借助网站宣传自己的品牌和形象，有些是想展示自身的产品，还有一些企业就是想通过网站来销售商品，有的则兼而有之。通过这些信息可以确定企业对网站的要求是侧重设计方面还是功能方面。根据不同的建站目的，企业网站的设计风格也会有所不同。

1．明确创建网站的目的和用户需求

　　Web站点的设计是展示企业形象、介绍产品和服务，体现企业发展战略的重要途径，因此必须明确设计站点的目的和用户需求，从而做出切实可行的设计计划。要根据消费者的需求、市场的状况、企业自身的情况等进行综合分析，牢记以"消费者"为中心，而不是以"美术"为中心进行设计规划。

　　在设计规划之初，同样要考虑建站的目的是什么，为谁提供服务，企业能提供什么样的产品和服务，消费者和受众的特点的是什么，企业产品和服务适合什么样的表现方式等。

2．总体设计方案主题鲜明

　　在目标明确的基础上，完成网站的构思创意即总体设计方案，对网站的整体风格和特色做出定位，规划网站的组织结构。Web站点应该针对不同的服务对象而具有不同的形式，有些网站只提供简洁的文本信息；有些则采用了多媒体表现手法，提供华丽的图像、闪烁的灯光、复杂的页面布置，甚至可以下载声音和录像片段。

优秀的网站会把图形表现手法和网站主题有效地组织起来，做到主题鲜明突出、要点明确。首先以简单明确的语言和画面体现站点的主题，然后调动一切手段充分表现网站的个性和情趣，体现出网站的特点。

3．网站的版式设计

网页设计作为一种视觉语言应讲究编排和布局。虽然主页的设计不等同于平面设计，但是它们有许多相近之处，应充分加以利用和借鉴。版式设计通过文字图形的空间组合，表达出和谐与美观。一个优秀的网页设计者也应该知道文字图形落于何处，才能使整个网页生辉。

多页面站点的编排设计要求页面之间的有机联系，特别要处理好页面之间和页面内秩序与内容的关系。为了达到最佳的视觉表现效果，还需要讲究整体布局的合理性，使浏览者有一种流畅的视觉体验。

4. 色彩在网页设计中的应用

色彩是艺术表现的要素之一。在网页设计中，根据和谐、均衡和重点突出的原则，将不同的色彩进行组合、搭配来构成美观多彩的页面。网页的颜色应用并没有数量的限制，但是不能毫无节制地运用多种颜色，一般情况下应首先根据总体风格的要求定出一至两种主色调，如果有CIS（企业形象识别系统）的，更应该按照其中的VI进行色彩运用。

5. 多媒体功能的利用

网络资源的优势之一是多媒体功能。要吸引浏览者的注意力，页面的内容可以用三维动画、Flash等来表现，如图所示。但是要注意，由于网络带宽的限制，在使用多媒体的形式表现网页的内容时，应该考虑客户端的传输速度。

6．内容更新与沟通

创建企业网站后，还需要不断更新其内容。站点信息的不断更新，可以让浏览者了解企业的发展动态，同时也会帮助企业建立良好的形象。在企业的Web站点中，要认真回复用户的电子邮件和传统的联系方式，如信件、电话垂询和传真等，做到有问必答，最好将用户的用意进行分类，如售前产品概况的了解、售后服务等，将其交由相关部门处理。如果要求访问者自愿提供个人信息，应公布并认真履行个人隐私保证承诺。

7．网站风格的统一性

企业的网站设计应有统一的风格，例如，整站的页面布局、用图用色，页面元素与网站内容中使用的名词都应统一，否则会给用户带来杂乱无章的感觉。

8.2 XHTML基本语法

版本：DW CS4CS5CS6

相比传统的 HTML4.0 语言，XHTML 语言的语法更加严谨和规范，更易于各种程序解析和判读。

1．XHTML文档结构

作为一种有序的结构性文档，XHTML 文档需要遵循指定的文档结构。一个 XHTML 文档应包含两个部分，即文档类型声明和 XHTML 根元素部分。

在根元素"<html>"中，还应包含XHTML的头部元素"<head>"与主体元素"<body>"。

在XHTML文档中，内容主要分为3级，即标签、属性和属性值。

■ 标签

标签是XHTML文档中的元素，其作用是为文档添加指定的各种内容。例如，输入一个文本段落，可使用段落标签"<p>"等。XHTML文档的

根元素"<html>"、头部元素"<head>"和主体元素"<body>"等都是特殊的标签。

■ 属性

属性是标签的定义，其可以为标签添加某个功能。几乎所有的标签都可添加各种属性。例如，为某个标签添加CSS样式，可为标签添加style属性。

■ 属性值

属性值是属性的表述，用于为标签的定义设置具体的数值或内容程度。例如，为图像标签"<img>"设置图像的URL地址，就可以将URL地址作为属性值，添加到src属性中。

2．XHTML文档类型声明

文档类型声明是XHTML语言的基本声明，其作用是说明当前文档的类型以及文档标签、属性

等的使用范本。

文档类型声明的代码应放置在XHTML文档的最前端，XHTML语言的文档类型声明主要包括3种，即过渡型、严格型和框架型。

■ 过渡型声明

过渡型的XHTML文档在语法规则上最为宽松，允许用户使用部分描述性的标签和属性。其声明的代码如下。

```
<!DOCTYPE html PUBLIC "-//W3C//DTD
XHTML 1.0 Transitional//EN" "http://
www.w3.org/TR/xhtml1/DTD/xhtml1-
transitional.dtd">
```

■ 严格型声明

严格型的XHTML文档在语法规则上最为严格，其不允许用户使用任何描述性的标签和属性。其声明的代码如下。

```
<!DOCTYPE html PUBLIC "-//W3C//DTD
XHTML 1.0 Strict//EN" "http://www.
w3.org/TR/xhtml1/DTD/xhtml1-strict.
dtd">
```

■ 框架型声明

框架的功能是将多个XHTML文档嵌入到一个XHTML文档中，并根据超链接确定文档打开的框架位置。框架型的XHTML文档具有独特的文档类型声明，如下所示。

```
<!DOCTYPE html PUBLIC "-//W3C//DTD
XHTML 1.0 Frameset//EN" "http://
www.w3.org/TR/xhtml1/DTD/xhtml1-
frameset.dtd">
```

3. XHTML语法规范

XHTML是根据XML语法简化而成的，因此它遵循XML的文档规范。虽然某些浏览器（如Internet Explorer浏览器）可以正常解析一些错误的代码，但仍然推荐使用规范的语法编写XHTML文档。因此，在编写XHTML文档时应该遵循以下几点。

■ 声明命名空间

在XHTML文档的根元素"<html>"中应该定义命名空间，即设置其xmlns属性，将XHTML各种标签的规范文档URL地址作为xmlns属性的值。

■ 闭合所有标签

在HTML中，通常习惯使用一些独立的标签，如"<p>"、"<li>"等，而不会使用相对应的"</p>"和"</li>"标签对其进行闭合。在XHTML文档中，这样做是不符合语法规范的。

如果是不成对的标签，应该在标签的最后加一个"/"对其进行闭合，如"
"、"<img />"。

■ 所有元素和属性必须小写

与HTML不同，XHTML对大小写十分敏感，所有的元素和属性必须是小写的英文字母。例如，"<html>"和"<HTML>"表示不同的标签。

■ 所有属性必须用引号括起来

在HTML中，不需要为属性值加引号，但是在XHTML中则必须加引号，例如"<table width = "120"></table>"。

■ 合理嵌套标签

XHTML具有严谨的文档结构，因此所有的标签都应该按顺序嵌套。也就是说，元素是严格按照对称原则一层一层地嵌套在一起的。

错误嵌套：

```
<div><span></div></span>
```

正确嵌套：

```
<div><span></span></div>
```

在XHTML的语法规范中，还有一些严格的嵌套要求。例如，某些标签中严禁嵌套一些类型的标签，如下所示。

标签名	禁止嵌套的标签
a	a
pre	object、big、img、small、sub、sup
button	input、textarea、label、select、button、form、iframe、fieldset、isindex
label	label
form	form

■ 所有属性都必须被赋值

在HTML中，允许没有属性值的属性存在，如"<td nowrop>"。但在XHTML中，这种情况是不允许的。如果属性没有值，则需要使用自身来赋值。

```
<td nowrop = "nowrop">
```

4．XHTML标准属性

标准属性是绝大多数XHTML标签可使用的属性。在XHTML的语法规范中，有3类标准属性，即核心属性、语言属性和键盘属性。

■ **核心属性**

核心属性的作用是为XHTML标签提供样式或提示信息，主要包括以下4种。

属性名	作用
class	为XHTML标签添加类，供脚本或CSS样式引用
id	为XHTML标签添加编号名，供脚本或CSS样式引用
style	为XHTML标签编写内联的CSS样式表代码
title	为XHTML标签提供工具提示信息文本

在上面的4种属性中，class属性的值为字母、下划线与数字的集合，要求以字母和下划线

开头；id属性的值与class属性类似，但其在同一XHTML文档中是唯一的，不允许重复；style属性的值为CSS代码。

■ **语言属性**

XHTML语言的语言属性主要包括两种，即dir属性和lang属性。

dir属性的作用是设置标签中文本的方向，其属性值主要包括ltr（自左至右）和rtl（自右至左）两种。

lang 属性的作用是设置标签所使用的自然语言，其属性值包括"en-us"（美国英语）、"zh-cn"（标准中文）和"zh-tw"（繁体中文）等多种。

■ **键盘属性**

XHTML语言的键盘属性主要用于为XHTML标签定义响应键盘按键的各种参数。其同样包括两种，即accesskey和tabindex。

其中，accesskey属性的作用是设置访问XHTML标签所使用的快捷键，tabindex属性则是用户在访问XHTML文档时使用Tab键 Tab 的顺序。

8.3 常用的块状元素

版本：DW CS4 CS5 CS6

块状元素作为其他元素的容器，通常用来对网页进行布局。

■ **div**

div作为通用块状元素，在标准网页布局中是最常用的结构化元素。

div元素表示文档结构块，它可以把文档划分为多个有意义的区域或模块。因此，使用div可以实现网页的总体布局，并且是网页总体布局的首选元素。

例如，用3个div元素划分了三大块区域，这些区域分别属于版头、主体和版尾。然后，在版头和主体区域分别又用了多个div元素再次细分更小的单元区域，这样便可以把一个网页划分为多个功能模块。

```
<div><!--[版头区域]-->
```

```
<div><!--[Logo]--></div>
    <div><!--[导航]--></div>
    ...
</div>
<div><!--[主体区域]-->
<div><!--[模块1]--></div>
    <div><!--[模块2]--></div>
    ...
</div>
<div>
<!--[版尾区域]-->
</div>
```

■ **ul、ol和li**

ul、ol和li元素用来实现普通的项目列表，它们分别表示无顺序列表、有顺序列表和列表中的项目。但在通常情况下，结合使用ul和li定义无序

列表；结合使用ol和li定义有序列表。

列表元素全是块状元素，其中的li元素显示为列表项，即display:list-item，这种显示样式也是块状元素的一种特殊形式。

列表元素能够实现网页结构化列表，对于常常需要排列显示的导航菜单、新闻信息、标题列表等，使用它们具有较为明显的优势。

无序列表：

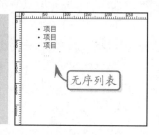

有序列表：

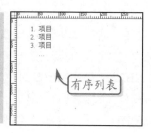

■ dl、dt和dd

dl、dt和dd元素用来实现定义项目列表。定义项目列表原本是为了呈现术语解释而专门定义的一组元素，术语顶格显示，术语的解释缩进显示，这样多个术语排列时，显得规整有序，但后来被扩展应用到网页的结构布局中。

dl表示定义列表；dt表示定义术语，即定义列表的标题；dd表示对术语的解释，即定义列表中的项目。

■ 定义列表：

■ p

p元素是块状元素，用来设置段落。在默认情况下，每个文本段都定义了上下边界，具体大小在不同的浏览器中会有区别。

<p>关于"香港"地名的由来，有两种流传较广的说法。</p>

<p>说法一：香港的得名与香料有关。从明朝开始，香港岛南部的一个小港湾，为转运南粤香料的集散港，因转运产在广东东莞的香料而出名，被人们称为"香港"。</p>

<p>说法二：香港是一个天然的港湾，附近有溪水甘香可口，海上往来的水手经常到这里来取水饮用，久而久之，甘香的溪水出了名，这条小溪也就被称为"香江"，而香江入海冲积成的小港湾，也就开始被称为"香港"。</p>

效果图如下：

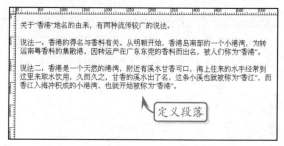

■ table、tr和td

table、tr和td元素被用来实现表格化数据显示，它们都是块状元素。

table表示表格，它主要用来定义数据表格的包含框。如果要定义数据表整体样式应该选择该元素来实现，而数据表中数据的显示样式则应通过td元素来实现。

tr表示表格中的一行，由于它的内部还需要包含单元格，所以在定义数据表格样式上，该元素的作用并不太明显。

td表示表格中的一个方格。该元素作为表格中最小的容器元素，可以放置任何数据和元素。但在标准布局中不再建议用td来实现嵌套布局，而仅作为数据最小单元格来使用。

```
<table width="580" border="1"
cellpadding="0" cellspacing="0">
  <tr>
    <td> </td>
    <td align="center"><strong>一班</
strong></td>
    <td align="center"><strong>二班</
strong></td>
    <td align="center"><strong>三班</
strong></td>
    <td align="center"><strong>四班</
strong></td>
    <td align="center"><strong>五班</
strong></td>
  </tr>
  <tr>
    <td align="center"><strong>评分</
strong></td>
    <td align="center">A</td>
    <td align="center">C</td>
<td align="center">B</td>
    <td align="center">E</td>
    <td align="center">D</td>
  </tr>
</table>
```

效果图如下：

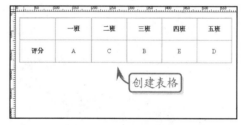

创建表格

■ h1、h2、h3、h3、h5和h6

h1、h2、h3、h4、h5和h6六个元素的第1个字母h为header（标题）的首字母缩写，后面的数字表示标题的级别。

使用h1~h6元素可以定义网页标题，其中h1表示一级标题，字号最大；h2表示二级标题，字号较小，其他元素依此类推。

标题元素是块状元素，CSS和浏览器都预定义了h1~h6元素的样式，h1元素定义的标题字号最大，h6元素定义的标题字号最小。

```
<div align="center">
<h2>静夜思 </h2>
<p>床 前 明 月 光,
疑 是 地 上 霜。</p>
<p> 举 头 望 明 月,
低 头 思 故 乡。</p>
</div>
```

8.4 常见的内联元素

版本: DW CS4CS5CS6

内联元素由于无固定形状，因此不可以使用CSS定义大小、边框和层叠顺序等。常见的内联元素主要有以下几种。

■ a

a元素用于表示超链接。在网页中，a元素主要有两种使用方法：一种是通过href属性创建从本网页到另一个网页的链接；另一种是通过name或id属性，创建一个网页内部的链接。

外部链接：

```
<a href="http://www.baidu.com">百度一
下</a>
```

内部链接：

```
<a href="#link">内部链接</a>
br
```

■ br

br元素用于表示换行。在HTML中，br元素可以单独使用。但在XHTML中，br元素必须在结尾处关闭。

```
<br />
img
```

■ img

img元素用于表示在网页中的图像元素。与br元素相同，在HTML中，img元素可以单独使用。但在XHTML中，img元素必须在结尾处关闭。

```
<img alt="图像元素" src="image.jpg" />
```
效果图如下：

另外，在XHTML中，所有的img元素必须添加alt属性，也就是图像元素的提示信息文本。

■ span

span用于表示范围，是一个通用内联元素。该元素可以作为文本或内联元素的容器，通常为文本或者内联元素定义特殊的样式、辅助并完善排版、修饰特定内容或局部区域等。

```
<div>
<span><!--设置字体大小-->
<span title="标题">带标题的文本</span>
<span><strong>加粗显示</strong></span>
<span><em>斜体显示</em></span>
```

```
</span>
</div>
```
效果图如下：

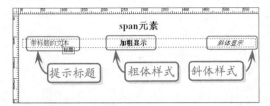

■ button

在网页中，button元素主要用于定义按钮。该元素可以作为容器，允许在其中放置文本或图像。

文本按钮：

```
<button name="btn" type="submit">提交</button>
```
图像按钮：

```
<button name="btn" type="submit"><img src="image.jpg" /></button>
```
效果图如下：

8.5 层的样式

版本: DW CS4/CS5/CS6

在标准化的XHTML中，所有网页元素的样式都是通过CSS定义的。层也是一种网页元素，因此该规则对层同样适用。

1. 网页元素的位置和层叠顺序

CSS在XHTML的布局中最重要的属性就是定位与层叠属性。其通过定位与层叠属性，可以控制层或其他网页元素的位置以及显示于网页中的优先级。

设置层的位置，首先要为其设置position属性。position属性用于设置网页布局元素的定位方式，属性值如表所示。

属性值	说明
static	默认值，无特殊定位规则，遵循普通HTML方式
absolute	绝对值定位，通过设置网页元素与父元素的距离来确定其位置。如无父元素，则以body为父元素
fixed	对象使用绝对值定位，但遵循一些规范（IE6之前版本不支持）
relative	对象遵循绝对值定位，但不可层叠
inherit	继承父对象的定位方式

当设置position属性为absolute或fixed、relative后，即可使用left、right、top和bottom四个属性为网页元素定位。

其中，left代表网页元素最左侧与父元素边框的距离；right代表网页元素最右侧与父元素边框的距离；top代表网页元素最顶端与父元素边框的距离；bottom代表网页元素最底部与父元素边框的距离。这4个网页元素的单位都是px（像素）。

例如，定位一个层的位置为距离网页顶部20px，距离网页左侧30px，代码如下所示。

```
#apdiv1 {
/*定义ID为apdiv1的网页元素CSS样式*/
position:absolute;
/*设置其定位方式为绝对定位*/
top:20px; left:30px;
/*设置其距离顶部距离为20px，距离左侧距离为
30px。*/
}
```

通常对于普通的网页元素只需要设置top和left两个属性即可。

相对于表格，层还可以设置层叠顺序，即相同位置的层在网页中显示的优先级。这就需要设置z-index属性。

z-index翻译成中文就是z轴。其值为整数值。数值越大，则网页元素显示的优先级越高。例如，z-index值为10的网页元素，将覆盖在z-index值为9的网页元素上方。代码如下所示。

```
#apdiv1z9 {
position:absolute;
/*定位方式为绝对*/
z-index:9;
/*z轴值为9*/
}
#apdiv2z10 {
position:absolute;
/*定位方式为绝对*/
z-index:10;
/*z轴值为10*/
}
```

2．网页元素的边框

在网页中，所有的网页布局元素都可设置其边框。边框的属性主要有边框线的类型、宽度以及颜色三种。

■ 边框线的类型

在CSS2中，共支持8种边框线类型。设置这8种边框线类型需要使用border-style类属性。属性值如表所示。

属性值	说明
none	默认值，无边框线
Dotted	点划线，即由菱形点组成的线
Dashed	虚线，即由短线段组成的线
Solid	实线，默认设置边框的线型
Double	双线，由细两条实线组成
Groove	3D凹槽，由黑色和Border-color值颜色的线条组成
Ridge	3D凸槽，由黑色和Border-color值颜色的线条组成
Inset	3D凹边，由Border-color值颜色的线条和其颜色加深值的线条组成
Outset	3D凸边，由Border-color值颜色的线条和其颜色加深值的线条组成

例如，设置网页元素的边框线为凸出线，其代码如下所示。

```
#table01 {
/*ID为table01的网页元素的样式*/
    border-style: outset;
/*边框线的样式为突出线*/
}
```

如需设置网页元素4条边框线的线类型各不相同，可以为border-style设置多个属性值。

当 border-style 仅有一个值时，这个值将控制4条边框线的样式。当 border-style 有两个值时，第一个值将控制顶部与底部边框线的样式，第二个值将控制左侧和右侧边框线的样式，代码如下所示。

```
#borderdiv {
border-style:solid dashed;
/*网页元素的顶部和底部边框线为实线，左侧和
右侧边框线为虚线*/
}
```

当border-style有3个值时，第一个值将控制顶部边框线的样式，第二个值将控制左侧和右侧

边框线的样式，第三个值将控制底部边框线的样式，代码如下所示。

```
#borderdiv {
border-style:solid dashed dotted;
/*网页元素顶部边框线为实线，左侧和右侧边框
线为虚线，底部边框线为点划线*/
}
```

当border-style有4个值时，则这4个值分别为顶部、右侧、底部、左侧4条边框的样式，代码如下所示。

```
#borderdiv {
border-style:solid dashed dotted
solid;
/*网页元素顶部边框线为实线，右侧边框线为虚
线，底部边框线为点划线，左侧边框线为实线*/
}
```

设置网页元素的4条边框，还可以使用border-style的4个复合属性。这4个复合属性的说明如表所示。

复合属性	说明
border-top-style	定义顶部边框线的类型
border-right-style	定义右侧边框线的类型
border-bottom-style	定义左侧边框线的类型
border-right-style	定义底部边框线的类型

例如，要设置网页元素顶部和底部边框线为实线，左侧和右侧无边框线，代码如下所示。

```
#borderdiv {
border-top-style:solid;
/*顶部边框线为实线*/
border-right-style:none;
/*右侧无边框线*/
border-bottom-style:solid;
/*底部边框线为实线*/
border-left-style:none;
/*左侧无边框线*/
}
```

■ 边框的宽度

在设置边框宽度时，需要使用border-width属性。border-width属性的值分两种，即相对宽度值和绝对数值，如表所示。

属性值	说明
thin	相对宽度值，窄于默认值
medium	默认值，相对宽度值，中等宽度
thick	相对宽度值，宽于默认值
数值	单位为px的浮点数，不可为负数

例如，需要设置网页元素的宽度为中等，代码如下所示。

```
#newdiv {
/*设置ID为newdiv的网页元素样式*/
border-width:medium;
/*边框宽度为中等宽度*/
}
```

border-style属性也可以设置多个属性值，使用方法和border-width相同。

如需将网页元素的4条边框设置为各不相同的宽度，还可以使用border-style属性的5种复合属性，如表所示。

属性名称	说明
border-width	设置边框的宽度
border-top-width	设置顶部边框的宽度
border-right-width	设置右侧边框的宽度
border-bottom-width	设置底部边框的宽度
border-left-width	设置左侧边框的宽度

例如，设置网页的顶部边框宽度为2px，底部边框宽度为4px，代码如下所示。

```
#borderdiv {
border-style:solid;
/*定义边框线为实线*/
border-top-width:2px;
/*定义顶部边框线宽度为2px*/
border-right-width:0px;
/*定义右侧边框线宽度为0px*/
border-bottom-width:4px;
/*定义底部边框线宽度为4px*/
```

```
border-left-width:0px;
/*定义左侧边框线宽度为0px*/

}
```

■ 边框的颜色

默认情况下，边框线的颜色与网页元素中的文本颜色一致。如需自定义边框的颜色，可使用border-color属性。使用方法和border-width、border-style相同。

3．网页元素的大小

在遵循CSS2的网页编辑器和浏览器中，所有的网页布局元素都被视为一个矩形。设置这个矩形的大小，就是设置其宽度和高度。

设置网页元素的宽度和高度的CSS属性共6个，如表所示。

属性	说明
height	设置网页元素的高度
width	设置网页元素的宽度
max-height	设置网页元素高度的最大值
max-width	设置网页元素宽度的最大值
min-height	设置网页元素高度的最小值
min-width	设置网页元素宽度的最小值

这6种属性的属性值类型完全相同，主要包括3种，如表所示。

属性值	说明
auto	默认值，无特殊规定，根据HTML规则分配
数值	由浮点数及其单位组成的值，不可为负数
百分比	基于父对象相应属性的百分比，不可为负数

例如，需要设置网页元素的宽度为父元素宽度的100%，高度为40px，代码如下所示。

```
#maintable {
width:100%;
/*定义网页元素的宽度为父元素宽度的100%*/
height:40px;
/*网页 高度为40px*/

}
```

如需要使网页元素根据其内容自动适应高度和宽度，但又需要给其添加一个限制，则可使用相对值，代码如下所示。

```
#maintable {
min-width:90%;
max-width:95%;
/*网页元素根据其内容自动伸缩宽度，最小宽度为父元素宽度的90%，最大宽度为父元素宽度的95%*/

}
```

8.6 设计软件公司网页界 版本：PS CS4/CS5/CS6 downloads/第8章

企业网页的特点就是包含多种栏目内容显示，如公司动态、公司简介等。同时，企业网页中各栏目的内容应保持一致的风格。在设计企业网页的界面时，可先设计网页的logo、导航条等板块，然后再设计统一的栏目界面，并通过复制组和内容实现栏目风格以统一。

在设计本例的过程中，对文字的处理使用到了【文字】工具、【字符】面板以及【段落】面板。对按钮、界面等图像的处理使用了【样式】面板和图层蒙版等技术。除此之外，本例还使用了各种导入的图像。

练习要点

- 设置背景
- 插入文字
- 使用图案填充
- 色彩饱和度
- 画笔工具

提示

运用【裁剪工具】还可以扩大画布。方法是：按快捷键Ctrl+-将图像缩小，拖动裁剪框到画面以外的区域，双击鼠标即可。

提示

反相就是将图像的颜色色相进行反转，比如黑变白，蓝变黄等。

操作步骤 ▶▶▶▶

1. 设计网页背景

STEP|01 打开Photoshop，执行【文件】|【新建】命令，打开【新建】对话框，并设置文档的宽度和高度分别为1003px和1153px，然后设置分辨率为72像素/英寸，颜色模式为RGB颜色。然后，单击【确定】创建文档。

STEP|02 单击【图层】面板【创建新图层】按钮，单击工具栏【矩形工具】按钮，在"图层1"中绘制一个矩形，并用【油漆桶工具】填充颜色为"蓝色"（#2e597b）。

提示

应提前设置前景颜色为"蓝色"（#2e597b）然后再选择"图层1"，进行下一步操作。

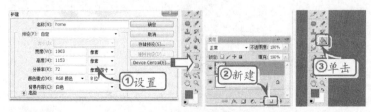

STEP|03 单击【创建新图层】按钮，新建"图层2"，然后单击

【矩形工具】按钮，绘制一个矩形。

STEP|04 单击【渐变工具】按钮，然后单击渐变色块，在弹出的【渐变编辑器】中，设置3个色标。

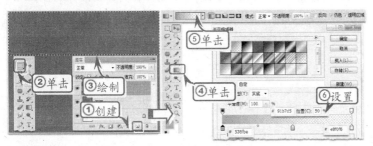

提示

选择【套索工具】后，在工具栏设置【羽化】为"50px"；填充完成后，在【图层】面板设置"叠加"。

STEP|05 在"图层2"中间，按 shift 快捷键，从上到下拖动鼠标。然后，新建"图层3"，单击【套索工具】按钮，在"图层3"中，绘制不规则图形，并填充"白色"（#fffff）。

STEP|06 新建"图层4"，用【矩形工具】绘制一个矩形，并填充为"白色"（#ffffff），然后，按 Ctrl+T 组合键，调整"图层3"的大小。

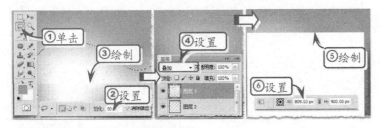

2．设计网站LOGO和导航条

STEP|01 新建名为logo的组，然后单击【横排文字工具】按钮，在组中创建两个文本图层，输入文本。打开【字符】面板，设置相应的参数。

STEP|02 双击"SD."文本图层，弹出【图层样式】对话框，添加【投影】和【渐变叠加】样式，并设置参数。

提示

在调整图像大小时，应先填充颜色，在按 Ctrl+T 组合键调整，否则将弹出提示"无法变换所选像素，因为所选区域是空的"。

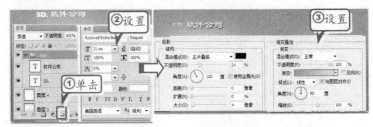

STEP|03 在工具栏中选择【横排文字】工具，输入文本，并在【字符】面板中设置文字属性。然后将图像"bird.jpg"拖入图层。

STEP|04 新建名为nav的组，在组中新建navBG图层。并在图层中绘制一个809px×44px的矩形选区，右击执行【填充】命令，为导

航条填充背景。

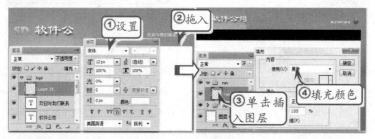

STEP|05 在工具栏,单击【横排文字工具】按钮 T ,输入导航文本,并打开【字符】面板,设置文字属性。

3. 设计网站banner

STEP|01 新建名为banner的组,在组中新建bannerBG图层。并在图层中绘制一个809px×260px的矩形选区,右击执行【填充】命令,填充样色为"蓝色"(#dcecf7)。

STEP|02 单击【横排文字工具】按钮,添加文本,并打开【字符】面板,设置文本属性。

STEP|03 新建名为btnBG的图层,并单击【矩形工具】按钮,绘制一个110px×44px的矩形,并添加【渐变叠加】、【描边】图层样式。

STEP|04 在工具栏中,单击【横排文字工具】按钮,输入文本"更多信息",并打开【字符】面板,设置文本参数。然后将图像"banner.jpg"拖入banner组中。

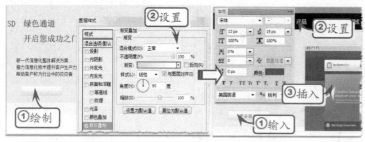

4. 设计栏目版块

STEP|01 新建名为home1的组,在组中新建home1BG图层。并在

图层中绘制一个809px×176px的矩形选区，右击执行【填充】命令，为home1填充颜色为"淡黄色"（#f2f3eb）。

STEP|02 将图像拖入home1组中，然后单击【横排文字工具】按钮，输入文本，并打开【字符】面板设置文本参数。

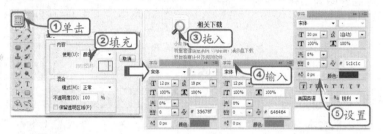

STEP|03 按照相同的方法，在home1组中创建 "产品与服务"、"联系方式"两个栏目版块并进行设置，然后依次将各个板块的内容放入组中。

STEP|04 新建名为home2的组，在组中新建line图层。并在图层中绘制一个250px×2px的细线，填充颜色为灰色（#eaeaea）。然后，按 Alt 快捷键并单击【移动工具】选择细线，复制2条相同的细线。

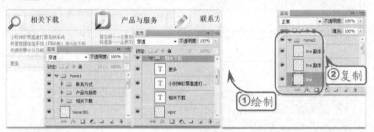

STEP|05 单击【横排文字工具】按钮，输入文本，并打开【字符】面板，设置文本参数。然后再创建名为"新闻动态"的组，将该板块的内容放入组中。

STEP|06 按照相同的方法，新建名为"公司简介"的组。在组中新建line图层。并在图层中绘制一个450px×2px的细线，填充颜色为灰色（#eaeaea）。然后，按 Alt 快捷键并单击【移动工具】选择细线，复制1条相同的细线。

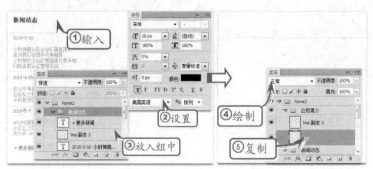

STEP|07 单击【横排文字工具】按钮，输入文本，并打开【字符】面板，设置文本参数。

STEP|08 将图像"jh.gif"拖入名为"公司简介"的组中，并复制一次，移动到相应位置，然后在对应的图像后输入文本，并打开【字符】面板设置文本参数。

5．设计网页版尾

STEP|01 新建footer组，然后在组中新建footerLine图层。在该图层绘制一个809px×4px的线段，并填充为黑色。

STEP|02 打开Logo所在的组，分别选择文本"SD."和"软件公司"，右击复制图层，放入到名为footer的组中，然后将其移动到文档的底部。

STEP|03 单击【横排文字工具】按钮，输入文本，在工具栏设置文本字体为"微软雅黑"；大小为"12px"；消除锯齿为"锐利"；对齐字体方式为"右对齐"；颜色为"蓝色"（#d6e8f5），并打开【字符】面板设置间距为"24px"。

STEP|04 使用【切片工具】为文档制作切片，然后即可隐藏所有文本部分，将PSD文档导出为网页。

STEP|05 在制作完成切片之后，即可执行【文件】|【存储为Web和设备所用格式】命令，在弹出的【存储为Web和设备所用格式】对话框中设置切片输出的图像格式等属性，将PSD文档输出为网页。

提示

其中，在"新闻动态"内容板块中的文本除标题设置与home1中的标题有区别之外，其他文本设置与home1组中的板块文本设置相同。

提示

其中标题"公司简介"文本与"新闻动态"文本设置相同。"公司简介"栏目版块中的文本字体为"宋体"；大小为"12px"；间距为"18px"；颜色为"灰色"（#8d8d8d）；消除锯齿为"无"。

提示

在绘制网页切片时，可先根据文档中各图层的内容绘制参考线，然后再选择【切片工具】，单击【工具选项栏】中的【基于参考线的切片】按钮，根据参考线生成自动切片。最后，根据网页内容，将自动生成的切片合并，即可完成切片制作。

8.7 制作企业网站页面

版本：DW CS4/CS5/CS6 ◎downloads/第8章/

在企业网站页面设计完成以后，下面将使用DreamWeaver CS6软件将设计好的页面制作成网页。在本实例中，将主要使用DIV+CSS样式对页面进行布局。

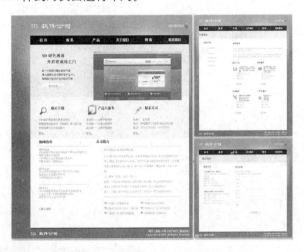

练习要点

● 设置标题
● 使用DIV层
● 设置宽度和高度
● 设置背景
● 设置图片大小

提示

页面中，图像文件保存在images图片文件夹中，CSS样式保存在main.css文件中。

操作步骤 ▶▶▶▶

STEP|01 在站点根目录下创建pages、images、styles等目录，将切片网页中的图像保存至images子目录下。用Dreamweaver创建网页文档，并将网页文档保存至pages子目录下。然后再创建"main.css"文档，将其保存至styles子目录下。

STEP|02 修改网页head标签中title标签里的内容，然后在title标签之后添加link标签，为网页导入外部的CSS文件。

提示

页面中的LOGO图片，可以在images文件夹中，使用图像编辑软件进行修改，修改完成后直接替换即可。

```
<title>SD软件公司</title>
<link href="../styles/main.css" rel="stylesheet"
type="text/css" />
```

STEP|03 在"main.css"文档中，定义网页的body标签以及各种容器类标签的样式属性。

```
body,td,th {
  font-size: 12px;}
body {

  margin-left: 0px;          url(../images/hbg.jpg);
margin-top: 0px;               background-repeat:
  margin-right: 0px;        no-repeat;
margin-bottom: 0px;            background-color:
  width:1003px;            #2e597b;
  background-image:        }
```

STEP|04 在body标签中使用div标签创建网页的基本结构，并为各板块添加id。

```
<div id="logo"></div>
<div id="nav"></div>
<div id="banner"></
div>
```

```
<!--网页的内容板块-->
<div id="home1"></div>
<div id="home2"></div>
<div id="footer"></div>
```

STEP|05 在id为logo的div容器中，插入一个id为contactUs的div容器，并在"main.css"文档中定义这个容器的样式，制作网页的Logo版块。

```
#logo {
    height: 100px;
width: 809px;
    margin:0 96px;
        background-
image:url(images/
home_02.gif);
}
```

```
#logo #contactUS {
    float: right;
    height: 30px; width:
150px;
    margin-top: 40px;
    color:#FFF;
}
```

STEP|06 在ID为logo的div容器中，插入两个P标签，在第1个P标签中插入图像"twitter.gif"；在第2个P标签中输入文本。

```
<div id="contactUS">
    <p><img src="../
images/twitter.
gif"width="23"
```

```
height="29" /></p>
    <P>欢迎与我们联系</P>
</div>
```

STEP|07 在"main.css"文档中为两个P标签添加高度、浮动、边距等CSS样式代码。

```
#logo #contactUS p {
    height: 30px;
    display:inline;
    line-height:30px;
```

```
margin:0; padding:0;
    float:right;
}
```

STEP|08 在ID为nav的div的容器中，嵌套1个列表，并在列表中将导航条的内容作为列表项输入。

```
<ul>
        <li><a href="javascript:void(null);"tit
le="首页">首 页</a></li>
        <li><a href="javascript:void(null);"
title="服务">服 务</a></li>
        <li><a href="javascript:void(null);"
title="产品">产 品</a></li>
        <li><a href="javascript:void(null);"
```

提示

代码"<div id="logo"></div>"用于存放网页的Logo栏板块。
"<div id="nav"></div>"用于存放网页的导航栏板块
"<div id="banner"></div>"用于存放网页的banner板块
"<div id="footer"></div>"用于存放网页的版尾板块。

提示

设置图片twitter.gif的宽度为23像素，高度为29像素。

提示

在导航条中，主要包括首页、服务、产品、关于我们、博客和联系我们等内容。

```
title="关于我们">关于我们</a></li>
  <li><a href="javascript:void(null);"  title="博
客">博 客</a></li>
  <li><a href="javascript:void(null);"  title="联
系我们">联系我们</a></li>
</ul>
```

STEP|09　在"main.css"文档中定义项目列表及链接文本和鼠标经过时文本变化的样式属性。

```
#nav {
    width:809px;
height:45px;
    background-
color:#000;
  margin:0 96px;
}
#nav ul {
    width:  809px;
height:45px;
  margin:0; padding:0;
  list-style:none;
}
#nav ul li {
    width:134px;
height:45px;
```

```
    float:left;  text-
align:center;
    margin:0; padding:0;
}
#nav ul li a:link, #nav
ul li a:visited {
    line-height:45px;
    color:#fff;  font-
size:16px;
    font-weight:bold;
    font-family:"微软雅黑
", "新宋体";
    text-decoration:none;
}
#nav ul li a:hover {
    color:#0CF;}
```

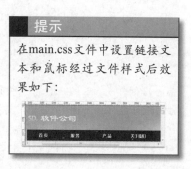

STEP|10　在ID为banner的div容器中，分别插入ID为bannerLeft、bannerRight的div容器。并在"main.css"文档中定义容器的样式属性。

```
#banner {
    width:809px;
height:291px;
  margin:0 96px;
background-
image:url(../images/
hbg_banner_05.gif);
}
#banner #bannerLeft {
    width:220px;
height:250px;
  float:left;
  margin-top:20px;
```

```
  padding-left:60px;
  line-height:20px;
}
#banner #bannerRight {
    width:451px;
height:246px;
background-
image:url(../images/
simple_text_img_3.png);
  float:left;
  margin-left:40px;
margin-top:30px;
}
```

STEP|11 在ID为bannerLeft的div层中，插入3个P标签，并在标签中添加相应内容。然后为P标签添加sp1类。

```
<p class="sp1">SD    绿色通道<br />
     开启您成功之门</p>
<p> <span>新一代信息化整体解决方案<br />接力信息化技术
提升客户生产力<br />帮助客户称为行业中的佼佼者</span></
p><p><a href="#">
<img src="../images/more_information.png"
width="112" height="26" border="0" /></a></p>
```

STEP|12 在"main.css"文档中定义P标签所添加的类名称为sp1的样式属性。

```
#banner #bannerLeft .sp1 {
font-size:20px;  font-weight:bold;
line-height:30px;
}
```

STEP|13 在ID为home1的div容器中，嵌套一个定义列表。在列表项<dt>中嵌套两个div容器，在<dd>标签中嵌套一个列表。然后为<dl>标签添加rows类。

```
<dl class="rows">
<dt><div class="iconTitle">
<img src="images/h2_what.png" width="56"
height="60"  title="相关下载" /></div>
<div class="textTitle">相关下载</div></dt>
  <dd> <ul>
     <li><a href="javascript:void(null);" title="
小财神彩票高速打票系统系统">小财神彩票高速打票系统系统 </
a></li>
     <li><a href="javascript:void(null);" title="质
量管理信息系统（网络版）演示盘下载">质量管理信息系统（网络
版）演示盘下载 </a></li>
<li><a href="javascript:void(null);" title="桥牌竞
赛计分及规则软件">桥牌竞赛计分及规则软件 </a></li>
</ul>
  <div><a href="javascript:void(null);" title="更
多">更多...</a></div>
  </dd>
</dl>
```

STEP|14 在"main.css"文档中分别定义类rows、iconTitle、textTitle及列表的样式属性。

提示

在#banner样式中，设置宽度为809像素，高度为291像素。

提示

相关下载的图片链接为images文件夹下的h2_what.png。

提示

ul li a:visited样式中，设置颜色为#646464；设置行间的距离为20像素。

```
#home1 {
    width:721px;
height:175px;
  display:block;
    background-
color:#f2f3eb;
   margin:0 96px;
padding:0 44px;
}
#home1 .rows {
  display:block;
    width:240px;
height:175px;
   margin-top:0px;
margin-bottom:0px;
    padding:0px;
float:left;
}
#home1 .rows dt {
  width:240px;}
#home1 .rows dt
.iconTitle {
  display:block;
    width:60px;
height:60px;
  float:left;
}
#home1 .rows dt
.textTitle {
    display:block;
float:right;
   width:180px;
height:60px;
  font-size:16px;
```

```
font-weight:bold;
  line-height:50px;
}
#home1 .rows dd {
  float: left;
  height: 80px; width:
240px;
   margin-left: 0px;
margin-top:10px;
}
#home1 .rows dd ul {
   list-style-type:
none;
  margin:0; padding:0;
}
#home1 .rows dd ul li
a:link, #home1 .rows dd
ul li a:visited {
    text-decoration:
none;
   line-height:20px;
color:#646464;
}
#home1 .rows dd div {
  float: left;
  width: 200px;
   padding-left: 0px;
margin-top: 10px;
}
#home1 .rows dd div
a:link, #home1 .rows dd
div a:visited {
  color:#35678f;
}
```

STEP|15 按照相同的方法，创建"产品与服务"、"联系方式"栏目。

```
<dl class="rows">
<dt>
      <div class=
"iconTitle"><img
src="../images/
```

```
h2_suport.
png" width="56"
height="60" /></div>
                < d i v
class="textTitle">产品与
```

提示

home1 .rows dd div样式中，设置为左侧浮动，宽度为200像素，元素左内边距为0像素，元素的上外边距为10像素。

```
服务</div></dt><dd>
    <ul>
        <li><a
href="javascript
:void(null);" title="普
及版——主要功能模块">普
及版——主要功能模块 </a></
li>
        <li><a
href="javascript
:void(null);" title="
标准版——主要功能模块">
标准版——主要功能模块 </
a></li>
        <li><a
href="javascript
:void(null);" title="企
业版——主要功能模块">企业
版——主要功能模块 </a></
li>
    </ul>
        <div><a
href="javascript
:void(null);" title="更
多">更多...</a></div>
</dd></dl>
<dl class="rows">
        <dt><div
class="iconTitle"><img
src="../images/h2_
```

```
work.png" width="56"
height="60" /></div>
        <div
class="textTitle">联系方
式</div></dt><dd>
    <ul>
        <li><a
href="javascript
:void(null);" title="
联系人：王经理">联系人：王
经理 </a></li>
        <li><a
href="javascript
:void(null);" title="地
址：深圳国家经济技术开发区
软件园 ">地址：深圳国家经
济技术开发区软件园 </a></
li>
        <li><a
href="javascript
:void(null);" title="
电话：0371-657811XX、
657827XX">电话：0371-
657811XX、657827XX </
a></li></ul>
        <div><a
href="javascript
:void(null);" title="
更多">更多...</a></
div></dd></dl>
```

提示

添加相关下载、产品与服务
和联系我们代码及CSS样式
完成后，效果如下：

STEP|16 在ID为home2的div容器中，嵌套ID为home2Left、home2Right的Div容器。并在"main.css"文档中分别定义这些容器的样式属性。

```css
#home2{
    background-color:#FFF;
    height:440px;  width:721px;
    margin:0 96px;  padding:0 44px;
}
#home2 #home2left {
    width:250px;  height:440px;
    float:left;
}
```

提示

home2样式中，设置背景颜
色为#FFF;，高度为440像
素，宽度为721像素，所有外
边距为0.96像素，填充为0.44
像素。

```
#home2 #home2right {
  width:430px;  float:right;
}
```

STEP|17 在 ID 为 home2Left 的 div 容器中，嵌套定义列表，在列表中插入水平线标签和项目列表，并输入文本，创建"新闻动态"栏目。

```
<dl>
          <dt class="textTitle">新闻动态</dt>
    <dd><dl><dt><hr /></dt>
    <dd> 2010-2-10
     <ul>
          <li><a href="javascript:void(null);" title="小财神竟彩投注站彩票高速打票系统网络版为竟彩店提供完美服务">小财神竟彩投注站彩票高速打票系统网络版为竟彩店提供完美服务</a></li>
          <li><a href="javascript:void(null);" title="小财神投注站彩票高速打票系统">小财神投注站彩票高速打票系统</a></li>
          <li><a href="javascript:void(null);" title="网吧备案认证管理系统">网吧备案认证管理系统</a></li></ul>
    </dd>
    <dt>
      <hr />
    </dt>
    <dd> 2010-4-20
     <ul>
          <li><a href="javascript:void(null);" title="我公司承担的国防科工委工控软件项目">我公司承担的国防科工委工控软件项目</a></li>
          <li><a href="javascript:void(null);" title="招投标文档管理系统软件">招投标文档管理系统软件</a></li>
          <li><a href="javascript:void(null);" title="手机短信防伪系统软件">手机短信防伪系统软件</a></li></ul>
    </dd>
    <dt>
      <hr />
    </dt>
    <dd> 2010-5-7
     <ul>
          <li><a href="javascript:void(null);" title="2010中国管理模式杰出奖遴选理事会打造">2010中国管理模式杰出奖遴选理事会打造</a></li>
          <li><a href="javascript:void(null);" title="小企业之家--友商网新战略发布会">小企业之家--友商网新战略发布会</a></li>
```

```
        <li><a
href="javascript
:void(null);" title="
成长版 中小企业升级之旅">
成长版 中小企业升级之旅</
a></li>
        </ul>
    </dd>
```

```
    </dl>
    </dd>
</dl>
<div id="more"><a
href="javascript
:void(null);" title="
更多新闻">+ 更多新闻</
a></div>
```

STEP|18 在"main.css"文档中分别给类名称为textTitle、<hr/>标签、定义列表、项目列表定义样式属性。

```
#home2 #home2Left dl{
    height:320px;
margin:0px;
}
#home2 .textTitle {
    display:block;
    width:120px; line-
height:30px;
    font-size:16px;
font-weight:bold;
}
#home2 #home2Left dl dd
{
    width: 240px;
height:290px;
    margin: 0px;
}
#home2 #home2Left dl dd
dl dd{
    height:80px;
}
#home2 #home2Left dl dd
dl dd ul {
```

```
    margin: 0px;
padding: 0px;
    list-style-type:
none;
}
#home2 #home2Left dl dd
dl dd ul li a {
    color: #8d8d8d;
    text-decoration:
none;
}
#home2 #home2Left dl dd
dl dt hr {
    color:#eaeaea;
    width:250px;
height:1px; }
#home2 #home2Left #more
{
    margin-top:10px;
margin-bottom:55px;
    height:30px; line-
height:30px;
}
```

STEP|19 按照相同的方法，通过在ID为home2Right的div容器中，插入定义列表、水平线标签、项目列表、插入图像及输入文本，创建"公司简介"栏目。

```
<dl>
        <dt
class="textTitle">公司
简介</dt>
```

```
<dd>
  <dl>
    <dt>
      <hr />
```

```
        </dt>
        <dd>SD 计算机软件开
发有限公司
                <p>SD计算机软件开
发有限公司，从事计算机软件
开发、电子出版物设计制作、
国际互联网网站设计开发、信
息发布等计算机软件技术服
务。高质量和高效率是我们公
司的特点。我们的工作精神
是：精益求精、合作、发展。
<br />
                企业精神：信誉、信任、
信心。<br />
                信誉：公司对客户有信
誉；公司对员工有信誉；员工对
公司有信誉；<br />
                信任：公司对客户信任；
公司对员工信任；员工对公司信
任；<br />
                信心：公司对客户有信
心；公司对员工有信心；员工对
公司有信心；</p>
        </dd>
        <dt>
        <hr />
        </dt>
        <dd>
                <ul
id="listLeft">
                <li><img
src="../images/ul_
li.png" width="14"
height="14" /><a
href="javascript>;"
title=""></a>订购第一步：
查看产品</li>
                <li><img
src="../images/ul_
li.png" width="14"
height="14" /><a
```

```
href="javascript>;"
title=""></a>订购第二步：
进入网上订购栏目</li>
                <li><img
src="../images/ul_
li.png" width="14"
height="14" /><a
href="javascript>;"
title=""></a> 订购第三步
:填写订购信息</li>
        </ul>
                <ul
id="listRight">
                <li><img
src="../images/ul_
li.png" width="14"
height="14" /><a
href="javascript>;"
title=""></a>订购第四步：
订购提交</li>
                <li><img
src="../images/ul_
li.png" width="14"
height="14"
/><strong></strong><a
href="javascript>;"
title=""></a>订购第五步：
我们与你联系</li>
                <li><img
src="../images/ul_
li.png" width="14"
height="14" /><a
href="javascript>;"
title=""></a> 订购第六步
：交易成功 </li>
        </ul>
        </dd>
        </dl>
        </dd>
</dl>
```

提示

在制作页面时，可以先插入背景图片，并插入多个<div>标签。然后，通过在标签中插入图片，定位图片在网页中的位置。

然后，插入文本，并通过CSS样式代码实现文本竖排显示。

STEP20 在 "main.css" 文档中分别给类名称为textTitle、ID为listLeft和listRight 、<hr/>标签和P标签、定义列表、项目列表等定义样式属性。

```
#home2 #home2Right dl{
            float:none;
display:block;
            margin:0;
 padding:0;
}
#home2 #home2Right dl
dt {
  float:none;
   font-size: 16px;
font-weight: bold;
  margin:0;  padding:0;
  display: block;
}
#home2 #home2Rright dl
dt hr{
     width:430px;
height:1px;
  color:#eaeaea;
}
#home2 #home2Rright dl
dd {
  margin:0;  padding:0;
  height: 80px;
}
#home2 #home2Rright dl
dd dl {
  margin:0;  padding:0;
  height: 80px;
}
#home2 #home2Right dl
dd dl dd {
         padding:0;
margin:0px;
```

```
color:#8d8d8d;
}
#listLeft {
  display:block;
   margin: 10px 0;
padding: 0px;
   list-style-type:
none;
    float: left;
width:180px ;
}
#listRight{
  display:block;
   margin:10px 5px;
padding: 0px;
   list-style-type:
none;
         float:left;
width:180px ;
}
#home2 #home2Right dl
dd dl dd p {
   line-height: 25px;
}
#home2 #home2Right dl
dd dl dd ul li {
   display:block;
   margin:0;  padding:0;
   line-height:25px;
color: #8d8d8d;
   height:25px;
width:180px;
}
```

STEP21 在ID为footer的div容器中输入文本，并在 "main.css" 文档中定义背景图像、宽度、文本颜色、对齐方式等样式属性。

```
#footer{
  padding:10px 0px;  margin:0 auto;
  background-image:url(../images/hfooter_05.png);
  background-repeat:no-repeat;
  width: 809px;
  text-align:right;  color:#FFF;
  font-family:"微软雅黑","宋体";
}
```

提示

在style.css文件中，先定义一些基础标签样式。如定义body样式和伪类样式。
其中，body样式中定义了字体颜色、字体大小、行间距等等。

8.8 高手答疑

版本：Dreamweaver CS4/CS5/CS6

问题1：如何使用Dreamweaver视图？

解答：Dreamweaver CS6提供了4种主要的视图供用户选择，分别是【代码】视图、【设计】视图、【拆分代码】视图和【代码和设计】视图。

在使用Dreamweaver的可视化工具时，可使用【设计】视图以随时查看可视化操作的结果。在使用Dreamweaver编写网页代码时，则可使用【代码】视图。

如果用户需要根据另一个文档的代码编写新的代码，可以使用【拆分代码】视图，实现两个文档的代码比较。【代码和设计】视图的作用是同时显示代码以及预览效果，便于用户根据即时的预览效果编写代码。

在Dreamweaver中，用户可以执行【查看】|【代码】命令，切换到【代码】视图。同理，也可执行【查看】|【设计】命令，切换到【设计】视图。如果需要切换到【拆分代码】视图或【代码和设计】视图，可分别执行【查看】|【拆分代码】或【查看】|【代码和设计】命令。

在使用【拆分代码】或【代码和设计】视图时，用户还可以更改视图的拆分方式。例如，在默认情况下，【拆分代码】或【代码和设计】等两个视图都采用了左右分栏的方式显示。用户可执行【查看】|【垂直拆分】命令，取消【垂直拆分】状态。此时，Dreamweaver CS6将以水平拆分的方式显示这两种视图。

问题2：Dreamweaver CS6允许使用可视化的方式为网页文档插入标签么？

解答：Dreamweaver CS6提供了标签选择器和标签编辑器等功能，允许用户使用可视化的列表插入XHTML标签。

在Dreamweaver的代码视图中，将鼠标光标置于插入代码的位置，然后即可执行【插入】|【标签】命令，在弹出的【标签选择器】对话框中单击左侧的【HTML标签】树形列表，在更新的树形列表目录中选择标签的分类，然后在右侧选择相关的标签，单击【插入】按钮。

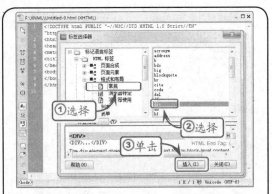

在单击【插入】按钮之后，将弹出【标签编辑器】对话框，帮助用户定义标签的各种属性。

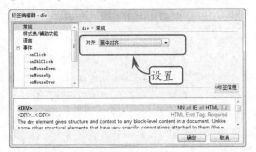

在完成标签的属性设置之后，用户即可单击【确定】按钮，关闭【标签编辑器】和【标签选择器】对话框，将相应的标签插入到网页代码中。

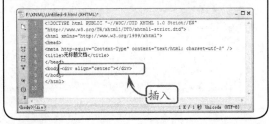

问题3：如何使用XHTML标签定义文本样式？

解答：在【代码】视图中，为要定义样式的文字添加<font>标签。选择该标签，并执行【修改】|【编辑标签】命令打开【标签编辑器】对话框。

在该对话框中，可以设置文字的字体、大小和颜色。设置完成后，单击【确定】按钮后即会在<font>标签中添加相应的属性和属性值。

问题4：<button>标签和<input>标签有何区别？

解答：在button元素中可以放置内容，如文本或图像，而input元素则不可以。

<button> 与 <input type = "button"> 相比，提供了更强大的功能和更丰富的内容。<button> 与 </button> 标签之间的所有内容都是按钮的内容，其中包括任何可接受的正文内容，比如文本或多媒体内容。

问题5：如何使用XHTML标签定义文字的字体、大小和颜色？

解答：在【代码】视图中，为要定义样式的文字添加<font>标签。选择该标签，并执行【修改】|【编辑标签】命令打开【标签编辑器】对话框。

在该对话框中，可以设置文字的字体、大小和颜色。设置完成后，单击【确定】按钮后即会在<font>标签中添加相应的属性和属性值。

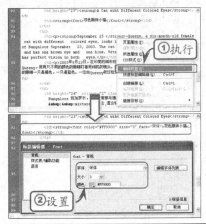

8.9 高手训练营

1．转到URL行为

"转到URL"行为可以在当前窗口或指定的框架中打开一个新页。此行为适用于通过一次单击更改两个或多个框架的内容。

选择一个对象，从【行为】面板的【添加行为】菜单中执行【转到URL】命令。在弹出对话框的【打开在】列表中选择URL的目标。【打开在】列表自动列出当前框架集中所有框架的名称以及主窗口。如果没有任何框架，则主窗口是唯一的选项。

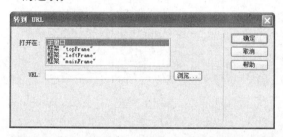

> **注意**
>
> 如果存在名称为top、blank、self或parent的框架，则此行为可能产生意想不到的结果。浏览器有时会将这些名称误认为保留的目标名称。

单击【浏览】按钮选择要打开的文档，或在URL文本框中输入该文档的路径和文件名。单击【确定】按钮，验证默认事件是否正确。如果不正确，请选择另一个事件或在【显示事件】子菜单中更改目标浏览器。

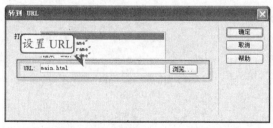

2．预先载入图像行为

"预先载入图像"行为可以缩短图像显示的时间，其方法是对在页面打开之初不会立即显示的图像进行缓存，如通过行为或JavaScript换入的图像。

选择一个网页元素，从【行为】面板的【添加行为】菜单中执行【预先载入图像】命令。在弹出的对话框中单击【浏览】按钮选择一个图像文件，或在【图像源文件】文本框中输入图像的路径和文件名。

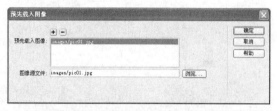

单击该对话框顶部的【添加项】按钮 ➕，可以将图像添加到【预先载入图像】列表中。对其他所有要在当前页面预先加载的图像，重复此操作即可。

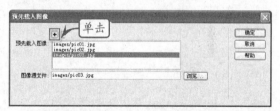

如果要从【预先载入图像】列表中删除某个图像，首先在列表中选择该图像，然后单击【删除项】按钮 ➖ 即可。

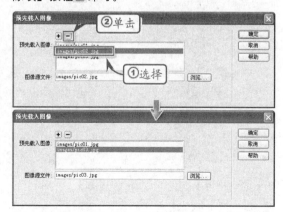

第9章

房产类网站——JavaScript

随着国内房地产业的兴起和互联网技术的发展，为推广房产公司及建筑群的特点并促进房屋销售，房产类网站逐渐兴旺起来。由于房地产行业的特殊性，这类网站在设计上非常极端化，如有些房产网站完全依靠大量的信息来吸引访问者，并不太重视网站平面设计效果。而有些房产网站则非常注重平面效果，用华丽的产品动画展示来吸引购房者。

9.1 房地产网站分类

版本：DW CS4/CS5/CS6

房产类网站是目前具有代表性的一类网站，其页面结构通常较为简单，但在版面设计上追求较高的艺术性和创造性，以突出产品的风格与特性。根据房产类网站不同的侧重点，大体可以将其分为以下几类。

1. 不动产网站

不动产是一个法律名词，其含义是土地及其上的房屋等不可移动的建筑物等。不动产网站通常是其建设者或经营者为推销和宣传而建设的网站。这类网站非常重视其独特性与艺术性，大量地使用各种眩目的特效，不计成本的追求美观。

右图中的网站是一个水景购物城，网站突出了水景的特点，使用由水波纹组成的背景，设计十分大胆。网站的Banner使用Flash来制作，运用了多种图像切换效果。

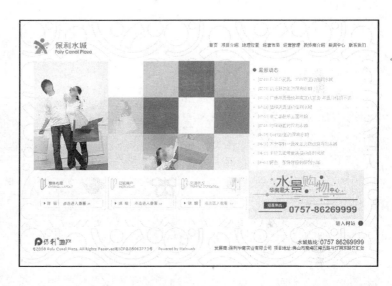

有些不动产网站为追求网站的动感效果，完全使用Flash来设计网站。用Flash设计网站的优点是布局非常自由，不受HTML代码、字体和图像格式等的限制，可以为网站添加更多特效。

上图中的不动产网站完全由Flash制作而成，因此设计版式非常自由。例如，网站的导航条放置在网页的底部，而导航条的子菜单从其上方弹出。

2. 房产企业网站

房产企业是以房产建设、销售、咨询和管理为主的企业。这类企业的网站十分注重品牌形象的宣传，设计追求简洁大气。根据房产企业的经营范围，又可以将其分为如下几类。

■ 房产建设与开发

这类企业以房产建设、开发，并销售其开发的房产为主业，设计往往中规中矩，和大多数企业的网站相比区别不大。

右图中的房产企业中海地产网站以红色和蓝色作为网页的主色调，配合大幅的留白，给人一种严肃、认真的感觉。蓝色作为后退色，在地产类网站中可以使图像更加深邃、高远。

■ 建筑设计企业

这类企业通常为房产开发企业提供先期的房产设计，以及城市规划等业务。由于这类企业以设计的艺术效果为企业宣传的核心，因此其网站往往独具一格，追求时尚与艺术效果。

右图的建筑设计企业，其网站设计非常有特色，以红色的不规则多边形作为网页的焦点，给人以非常强烈的视觉冲击感，黑、白、红、灰四色的搭配使网页各栏目错落有致。

■ 房产投资咨询企业

房产投资咨询企业和建筑设计企业一样，都是为房产建筑开发企业服务的房产相关企业。这类企业以提供创意为主要服务项目，因此其网站设计往往也十分有创意。

右图中的网站主要提供的是不动产的投资与管理服务，网站的主题部分设计非常有特色，以半透明的Banner配合街景照片，显得错落有致。

3．综合房产信息网站

房产消费是一种高介入度的消费模式，因此消费者必须掌握大量的信息。提供大量的房产交易信息的网站就是综合房产信息网站。这类网站提供的信息十分丰富，因此版面设计得通常十分紧凑。

右图中的网站是典型的综合房产信息网站。在设计这类网站时，杂乱无章的广告往往会使网站的可浏览性大打折扣。因此，除了合理安排栏目内容外还需要合理地安排广告位，如多使用图像切换程序显示广告。

4．房产中介网站

房地产价格的不断攀升，导致很多人需要租房或购买二手房，房产中介网站随之孕育而生。这类网站通常有非常强的地方特色，以某一城市的房产中介为主，以大量的供求信息来吸引访问者。由于其信息量相对综合房产信息网站要大得多，又十分琐碎，因此对页面的排版布局并不太重视。

在房地产中介网站中，版面布局比较随意，大量的信息充斥其中，完全以方便交易双方查找信息为网站设计的侧重点。设计房产网站并没有什么绝对规范，只要符合网站用户需要的设计，就是合理的设计。

9.2 房地产网站的设计要点

版本：DW CS4/CS5/CS6

房地产类网站的目的就是推广和营销企业所经营的产品。使用网站展示和推广企业产品，可以拓展产品的浏览人群，降低产品浏览者浏览产品的成本。通过使用图像处理技术对产品的形象进行艺术化处理，也可以刺激浏览者的购买欲望。设计一个成功的房地产网站，应考虑以下几个要点。

1．个性化

网站的设计要有自己的特色，而非千篇一律的抄袭。有自己的特色才能在浏览者心目中留下印象。由于房地产业的特殊性，竞争非常激烈，设计一个个性化的房地产网站，有助于树立企业形象，吸引购房者和投资者。

通常网站顶部导航菜单都是向下弹出，而该网站的顶部导航菜单却反其道而行之，向上弹出。其网站的配色和左侧导航栏的Flash效果也设计得非常有个性，网站的Banner给人一种烟雨蒙胧的感觉，富有诗意。

2．互动性

互联网与传统媒体相比，其最大的特点就是互动性。在互联网上发布的产品信息可以及时获取浏览者的意见和建议。这些信息的反馈可以使房地产企业及时改进规划或营销策略，紧跟用户需求。

3．实用性

实用性往往是网站的核心部分。建立网站的目的即最大限度地对房地产项目本身以及房产开发商的企业形象进行宣传，以服务已购房者和未来潜在的购房者。脱离了网站的实用性，建立网站就没有任何意义。在拓展网站实用性时，可大量展示房产项目中的户型信息、地理位置、物业管理等优势。

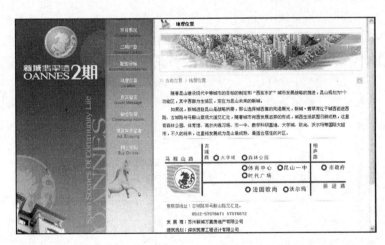

4．技术性

技术是网站建设实施的手段。先进的技术能够保证将所要传达的信息完美地表现出来。应用多种技术可实现强大的网站功能，展示网站的个性，与浏览者互动交流信息，实现企业资源与网络的整合。在房产网站设计中，可大量使用Flash动画等技术。

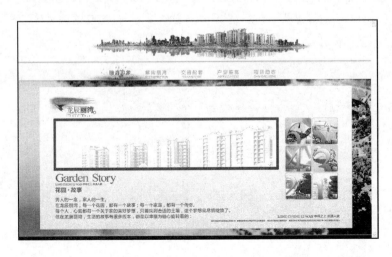

5．延展性

互联网本身是不断发展的，技术和信息也在不断地进步。因此，在设计房产类网站时，要预留能适应未来发展的空间，如可以使用CSS进行单行双列布局，添加版块不会影响网页整体布局效果。

9.3 不动产网站的设计风格

版本：DW　CS4/CS5/CS6

房地产网站，尤其是以房产销售为目的房地产产品、房地产企业等网站，通常很注重美术设计和色彩的搭配。合理的色彩搭配可以将网站衬托得高贵典雅、磅礴大气。本小节将举一些房地产网站的实例，分析其色彩搭配方案的优点。

■ 棕色主色调

棕色本身的含义十分丰富，例如可以表现咖啡、巧克力等美食，也可以表现树木、木材等生态化产品。用棕色为主色调，辅助以绿色，可以使人回归大自然，感受森林的美丽。

右图网站在设计上以棕色为主色调，点缀以绿色边缘，使人感觉仿佛进入到了丛林小屋中，尤如身临其境一般，非常有特色。

■ 绿色主色调

大部分的清新自然型网站都喜欢用绿色作为网站的主色调。绿色是最能体现出自然、和谐与健康的颜色。

右图的网站以绿色为主色调，配合蓝色和青色来表示水和天空，色彩运用非常有特点，构图也非常和谐，是典型的追求清新自然感的网站。

■ 天蓝色主色调

天蓝色代表天空，代表大海。以天蓝色为主色调的不动产网站也可以给人以自然和谐的感觉，以及与天空和大海融为一体的视觉效果。

右图中的房产网站以渐变的天蓝色为主色调，配合视频中的天空背景，给人以清新、自然、和谐的视觉享受。

■ 灰色主色调

灰色属于白和黑的混合色，自身毫无特点，是一个彻底的被动色彩，完全依靠邻近色彩来获得个性。正由于灰色既不抑制也不强调的特点，给视觉带来平稳感。灰色的主色调可以和任何辅助颜色搭配，如与红色搭配显得活泼，与黑色搭配显得稳重，与绿色搭配显得健康，与蓝色搭配显得大气。上图的不动产网站以灰色为主色调，配合以天蓝色描绘的广阔天空，给人以磅礴大气的感觉。

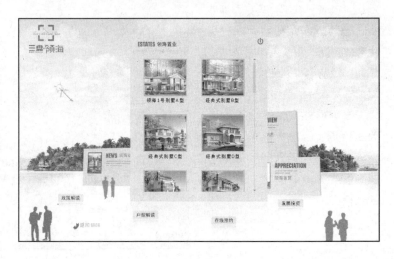

■ 深蓝色主色调

深蓝色代表深邃、理性，是一种消极的、收缩的、内在的色彩。使用深蓝色作为网页的主色调，也可以给人以大气的感觉。

右图中的网站以深蓝色为主色调的山水作为背景。深蓝色作为后退色，可以有效地增加背景图像的空间感，使网站显得更加大气。

■ 金黄色主色调

金黄色是一种高明度色，具有快乐、高贵、华美、光明等特性的颜色。金黄色主色调的网站可以给用户以辉煌、兴奋的感觉，刺激用户的占有欲。

右图中的网站即是以金黄色为主色调，辅助以对比感非常强烈的黑色。在网页设计中，其使用了非常具有特色的深蓝与金黄相间的盆绘图像，又给网页带来古典主义的色彩。

■ 紫色主色调

在所有可见光谱中，紫色的光波是最短的，色相也最暗。由于其在视觉上知觉度很低，因此以紫色作为主色调的网站可以表现出一种神秘感，孤独、高傲而优雅的感觉。紫色的网站表现的手法与金黄色的网站完全相反，如果说金黄色调的高雅华丽是开放型的，那么紫色的高雅华丽就是孤独型的。

9.4 JavaScript概述

版本：DW CS4/CS5/CS6

JavaScript是一种基于对象（Object）和事件驱动（Event Driven）并具有安全性能的脚本语言。用户可以将JavaScript嵌入到普通的XHTML网页里并由浏览器执行，从而可以实现动态实时的效果。

1. 数据类型

作为一种脚本语言，JavaScript有其自己的语法结构。JavaScript允许使用三种基础的数据类型：整型、字符串和布尔值。此外，还支持两种复合的数据类型：对象和数组，它们都是基础数据类型的集合。作为一种通用数据类型的对象，在JavaScript中也支持函数和数组，它们都是特殊的对象类型。另外，JavaScript还为特殊的目的定义了其他特殊的对象类型。例如，Date对象表示的是一个日期和时间类型。JavaScript的这6种数据类型，如表所示。

数据类型	名称	示例
number	数值类型	123,-0.129871,071,0X1fa
string	字符串类型	'Hello','get the &','b@911.com'
object	对象类型	Date,Window,Document
boolean	布尔型	true , false
null	空类型	null
undefined	未定义类型	tmp,demo,today,gettime

2. 变量与常量

变量是一个存储信息的容器。用户可将任意类型的数据放在变量中。

在使用变量前，可先使用var关键字声明变量，创建一个容器。

```
var a;
var textAreaName;
```

在声明变量后，用户可通过赋值语句直接为变量赋值。

```
a=5;
textAreaName="JavaScript脚本代码";
```

在JavaScript中，每行语句需要通过分号";"隔开。JavaScript的变量分为3种类型，即数字、逻辑值和字符串。

在书写数字时，可直接将数字输入到网页文档中。在书写逻辑值时，同样可直接将数字输入到网页文档中。逻辑型数据的值只有两种，即true和false。在书写字符串时，需要在字符串的两端加上单引号"'"或双引号"""。

JavaScript允许用户向未声明的变量直接赋值。在赋值过程中，JavaScript会自动声明变量。

```
action="progress";
newValue=110;
```

在编写JavaScript代码时，用户可重新声明已赋值的变量，此时，该变量的值将为空。

```
var newData="this is a Variable";
var newData;
```

常量通常又称字面常量，常量中的数据不能改变。JavaScript使用关键字const声明一个常量，例如：

```
const PI =3.14;
```

常量可以是任何类型的值，因为不能声明之后对它进行赋值，因此，在定义它时，就应使用它的常量值来对其进行初始化。JavaScript中还包含一些特殊字符，这些字符通常不会显示，而是进行某些控制，因此也称为控制字符。下表列出转义字符的字符串常量。

转义字符	意义
\b	退格（Backspace）
\f	换页（Form feed）
\n	换行（New line）
\r	返回（Carriage return）
\t	制表符（Tab）
\'	单引号（'）
\"	双引号（"）
\\	反斜线（\）

9.5 运算符和表达式

版本：DW CS4/CS5/CS6

在JavaScript的程序中要完成某些功能，离不开各种各样的运算符。运算符用于将一个或者几个值变成结果值，使用运算符的值称为操作数，运算符及操作数的组合称为表达式。如下面的表达式：

```
i = j / 100 ;
```

在这个表达式中i和j是两个变量，"/"是运算符，用于将两个操作数执行除运算，100是一个数值。JavaScript支持很多种运算符，包括用于字符串与数字类型的"+"和"="赋值运算符，可分为如下几类，下面将依次进行介绍。

1．算术运算符

算术运算符是最简单、最常用的运算符，可以进行通用的数学计算，如表所示。

运算符	表达式	说明
+	x+y	返回x加y的值
-	x-y	返回x减y的值
*	x*y	返回x乘以y的值
/	x/y	返回x除以y的值
%	x%y	返回x与y的模（x除以y的余数）
++	x++、++x	数值递增、递增并运回数值
--	x--、--x	数值递减、递减并运回数值

2．逻辑运算符

逻辑运算符通常用于执行布尔运算，常和比较运算符一起使用来表示复杂的比较运算，这些运算涉及的变量通常不止一个，而且常用于if、while和for语句中。下表列出JavaScript支持的逻辑运算符。

运算符	说明
&&	逻辑与运算符，当两表达式结果为真时，逻辑与运算结果也为真
||	逻辑或运算符，当两表达式中任意一表达式结果为真，逻辑或运算结果即为真
!	逻辑非运算符，当表达式结果为真时，返回假，反之则返回真
&&=	逻辑与赋值运算符，先为两表达式进行逻辑与运算，再将获取的结果赋于运算符左侧的表达式
||=	逻辑或赋值运算符，先为两表达式进行逻辑或运算，再将获取的结果赋于运算符左侧的表达式

3. 比较运算符

比较运算符用于对运算符的两个表达式进行比较，然后返回boolean类型的值，如比较两个值是否相同或者比较数字值的大小等。在下表中列出了JavaScript支持的比较运算符。

运算符	说明
==	相等运算符，验证两个表达式的值是否相等
>	大于运算符，验证运算符左侧的表达式是否大于右侧的表达式
>=	大于等于运算符，验证运算符左侧的表达式是否大于或等于右侧的表达式
!=	不等运算符，其作用与相等运算符正好相反，返回值也相反
<	小于运算符，验证运算符左侧的表达式是否小于右侧的表达式
<=	小于等于运算符，验证运算符左侧的表达式是否小于或等于右侧的运算符
===	全等运算符，在不进行数据转换的情况下验证两个表达式是否完全相等
!==	不全等运算符，与全等运算符相反，其作用与全等运算符正好相反，返回值也相反

4. 字符串运算符

JavaScript支持使用字符串运算符"+"对两个或者多个字符串进行连接操作，这个运算符的使用比较简单，如下面给出几个应用的示例：

```
var str1="Hello";
var str2="World";
var str3="Love";
var Result1=str1+str2 ;      //结果为
"HelloWorld"
var Result2=str1+" "+str2 ;  //结果为
"Hello World"
var Result3=str3+"   in   "+str2 ;
//结果为"Love   in   World"
var sqlstr="Select * from [user]
where username='"+"ZHT"+"'"
//结果为Select * from [user] where
username='ZHT'
var a="5",b="2", c=a+b;  //c的结果为
"52"
```

5. 位操作运算符

位操作运W算符对数值的位进行操作，如向左或者向右移位等，在下表中列出了JavaScript支持的位操作运算符。

运算符	表达式	说明
&	表达式1 & 表达式2	当两个表达式的值都为true时返回1，否则返回0
|	表达式1 | 表达式2	当两个表达式的值都为false时返回0，否则返回1
^	表达式1 ^ 表达式2	两个表达式中有且只有一个为false时返回0，否则为1
<<	表达式1 << 表达式2	将表达式1向左移动表达式2指定的位数
>>	表达式1 >> 表达式2	将表达式1向右移动表达式2指定的位数
>>>	表达式1 >>> 表达式2	将表达式1向右移动表达式2指定的位数，空位补0
~	~表达式	将表达式的值按二进制逐位取反

6. 赋值运算符

赋值运算符用于更新变量的值，有些赋值运算符可以和其他运算符组合使用，对变量中包含的值进行计算，然后用新值更新变量，如下表中列出的这些赋值运算符。

运算符	表达式	说明
=	变量=表达式	将表达式的值赋于变量
+=	变量+=表达式	将表达式的值与变量值执行 + 操作后赋于变量
-=	变量-=表达式	将表达式的值与变量值执行 - 操作后赋于变量
*=	变量*=表达式	将表达式的值与变量值执行 * 操作后赋于变量
/=	变量/=表达式	将表达式的值与变量值执行 / 操作后赋于变量
%=	变量%=表达式	将表达式的值与变量值执行 % 操作后赋于变量
<<=	变量<<=表达式	对变量按表达式的值向左移
>>=	变量>>=表达式	对变量按表达式的值向右移

(续表)

运算符	表达式	说明
>>>=	变量>>>=表达式	对变量按表达式的值向右移，空位补0
&=	变量&=表达式	将表达式的值与变量值执行 & 操作后赋于变量
|=	变量|=表达式	将表达式的值与变量值执行 | 操作后赋于变量
^=	变量^=表达式	将表达式的值与变量值执行 ^ 操作后赋于变量

7. 条件运算符

JavaScript支持Java、C和C++中的条件表达式运算符"?"，这个运算符是个二元运算符，它有三个部分，一个计算值的条件和两个根据条件返回的真假值。格式如下所示：

```
条件 ? 值1 : 值2
```

如果条件为真，则表达值使用值1，否则使用值2。例如：

```
( x > y ) ? 30 : 31
```

如果x的值大于y值，则表达式的值为30；否则x的值小于或者等于y值时，表达式值为31。

9.6 控制语句

版本：DW CS4/CS5/CS6

与多数高级编程语言类似，JavaScript也可以通过语句控制代码执行的流程。JavaScript的语句可以分为两大类，即条件语句和循环语句。

1. 条件语句

条件语句的作用是对事件行为或表达式的值进行判断，根据判断的结果，执行某一段语句。

在JavaScript中，主要的条件语句共包括4种。

■ if…语句

if…语句可在指定的条件下执行某段代码。

```
if (expression){
  statements;
}
```

在上面的代码中，各关键词如下所示。

■ expression if语句判断条件的表达式

■ statements 当表达式成立时执行的语句

if…语句是判断单个条件的语句。通常用于最简单的条件判断。判断条件的表达式通常可以运算并获得逻辑值类型的结果。

■ if…else…语句

if…else…语句是if…语句的补充，既可在条件成立时执行一段代码，也可在条件不成立时执行另一段代码。

```
if (expression) {
  statements1;
```

```
} else{
  statements2;
}
```

在上面的代码中，各关键词的含义如下。
expression if语句判断条件的表达式

■ statements1 当表达式成立时执行的语句

■ statements2 当表达式不成立时执行的语句

if…else…语句也是单个条件的判断语句。使用if…else…语句可以建立简单的分支结构。

■ if…else if…语句

if…else if…语句的作用是对多个条件的表达式进行判断，根据表达式成立与否执行多种代码。

```
if (expression1) {
  statements1;
} else if (expression2) {
  statements2;
} else if (expression3) {
  statements3;
} ……{
  statementsn-1;
} else {
statementsn;
}
```

在上面的代码中，各关键词的含义如下。

■ expression1~expression3 多个条件的表达式

■ statements1~statementsn 相应条件的表达式成立时执行的语句

■ n 条件的数量

注意

在使用if…else if…条件语句判断时应注意，各条件的表达式值不应有交集，否则程序很可能判断错误。在if语句判断多个条件时，如不需要判断除已列出的条件外执行的语句，则可省略最后一个else语句块。

■ switch…case语句

在判断多个并列的条件时，可使用switch…case语句。

```
switch (expression) {
  case value1:
    statements1;
    break;
  case value2:
    statements2;
    break;
  ……
  default:
    defaultstatements;
}
```

在上面的代码中，各关键词的含义如下。

■ expression switch 语句判断条件的表达式

■ value1~value2 条件表达式的值

■ statements1~statements2 当条件表达式的值为对应的值时执行的代码

■ defaultstatements 当所有条件表达式的值都不符合时执行的代码

2．循环语句

循环语句可以重复地执行一些语句，直到满足循环终止的条件为止。在编写代码时，使用循环可以简化程序，提高程序的执行效率。

在JavaScript中，主要的循环语句包括3种。

■ while…语句

while循环语句是一种简单的循环语句，仅由一个循环条件和循环体组成。

while语句的使用方法和if语句类似，都是通过判断表达式来决定是否执行其所属的语句块。

```
while (expression) {
  statements
}
```

在上面的语句中，各关键词的含义如下。

■ expression 判断循环是否继续执行的表达式

■ statements 循环的循环节

■ do…while…语句

do…while…语句其实是while…语句的另一种书写方式。使用do…while…语句时，需要将循环节写在前面，而将判断语句写在后面。

```
do {
    statements
} while (expression)
```

在上面的语句中，各关键词的含义如下。

■ statements 循环的循环节

■ expression 判断循环是否继续进行的表达式

■ for…语句

for循环语句是一种复杂的循环语句。JavaScript中的for循环语句支持用计数器对循环的次数进行计数。

```
for (counter=initialvalue;counter<=[
>=]limited; extent) {
    statements
}
```

在上面的语句中，各关键词的含义如下。

■ counter 循环的计数器

■ initialvalue 循环计数器的初始值

■ limited 循环计数器的最大值或最小值

■ extent 循环计数器递增或递减的幅度，通常为conter+=Numeric或conter-=Numeric

■ statements 循环节

> **提示**
>
> 在for循环中，除了对循环的条件进行判断外，还可以设置循环的初始值，以及循环时计数器递增或递减的幅度。

■ for…in语句

for…in语句的作用是循环遍历数组或对象的中的元素或成员。

```
for( variable in array[object]){
    statements;
}
```

在上面的代码中，各关键词的含义如下。

■ variable 需要遍历对比的变量名

■ array 被遍历的数组

■ object 被遍历的对象

■ statements 循环节

9.7 内置函数

版本: DW CS4/CS5/CS6

通常在进行复杂的程序设计时，总是根据所要完成的功能，将程序划分为一些相对独立的部分，每部分编写一个函数，从而使各部分充分独立、任务单一、程序清晰、易维护。

JavaScript函数可以封装那些在程序中可能要多次用到的模块，并可作为事件驱动的结果而调用的程序，从而实现一个函数与相应的事件驱动相关联。

定义JavaScript函数的语法形式：

```
function 函数名称( [ 参数 ] )
{
//函数体，实现语句
[ return 值; ]
}
```

其中，使用function来声明创建的函数，之后紧跟的是函数名称，与变量的命名规则一样，也就是只包含字母、数字、下划线，以字母开始，不能与保留字重复等。在括号中定义了一串传递到函数中的某种类型的值或者变量，多个参数之间使用逗号隔开。声明后的两个大括号非常必要，其中包含了需要让函数执行的命令，来实现所需的功能。

函数还可以返回一个结果，函数的结果由return语句返回。return语句能够用来返回可计算出单一值的任何有效表达式。

系统函数不需要创建，也就是说用户可以在任何需要的地方调用，如果函数有参数还需要在括号中指定传递的值。下表中列出了常用的系统函数。

(续表)

函数名称	含义
eval()	返回字符串表达式中的值
parseInt()	返回不同进制的数，默认是十进制
parseFloat()	返回实数
escape()	返回字符的编码
encodeURI	返回一个对URI字符串编码后的结果
decodeURI	将一个已编码的URI字符串解码成最原始的字符串返回
unEscape ()	返回字符串ASCI码
isNaN()	检测parseInt()和parseFloat()函数返回值是否为非数值型，如果是，返回true；否则，返回false
abs(x)	返回x的绝对值
acos(x)	返回x的反余弦值（余弦值等于x的角度），用弧度表示
asin(x)	返回x的反正弦值
atan(x)	返回x的反正切值
atan2(x, y)	返回复平面内点(x, y)对应的复数的幅角，用弧度表示，其值在 -π 到 π 之间
ceil(x)	返回大于等于x的最小整数
cos(x)	返回x的余弦

函数名称	含义
exp(x)	返回e的x次幂 (ex)
floor(x)	返回小于等于x的最大整数
log(x)	返回 x 的自然对数 (ln x)
max(a, b)	返回a, b中较大的数
min(a, b)	返回a, b中较小的数
pow(n, m)	返回n的m次幂 (nm)
random()	返回大于0小于1的一个随机数
round(x)	返回 x 四舍五入后的值
sin(x)	返回x的正弦
sqrt(x)	返回x的平方根
tan(x)	返回x的正切。isFinite() 如果括号内的数字是"有限"的（介于 Number.MIN_VALUE 和 Number.MAX_VALUE 之间）就返回 true；否则返回false
isNaN()	如果括号内的值是"NaN"则返回true否则返回false
toString()	用法：<对象>.toString(); 把对象转换成字符串。如果在括号中指定一个数值，则转换过程中所有数值转换成特定进制

9.8　设计房地产网站首页

版本: DW　CS4/CS5/CS6

　　设计房地产企业的网站，首先要为其安排合理的布局，清晰的网页内容，以及选用统一的色彩。房地产类网站在字体选择上，应尽量选择粗体以体现出企业雄厚的实力。网站的色调要与企业宣传的产品相关。

　　以下图中的网站为例，由于为夏季淡季促销做宣传，因此网站的主色调选择了给人清凉感觉的青色。

练习要点

- 添加表格
- 设置表格属性
- 添加Flash导航条
- 嵌入帧

提示

设置标题的另一种方式，执行【查看】|【工具栏】|【文档】命令，打开文档栏。设置【标题】为留言板。

提示

应用<p>段落标签的具体操作是，按 Enter 键，文本换行代码中插入<p>段落标签。

提示

打开【页面属性】对话框，在【外观】选项卡中，设置背景图像和图像纵向重复平铺。

操作步骤 ▶▶▶▶

STEP|01 新建文档"index.html"，右击执行【页面属性】命令，在弹出的窗口中设置页面的4边边距均为0像素。

STEP|02 在网页中插入一个4行×4列的布局表格，设置表格的宽。

① 设置边距

② 设置表格属性

提示

设置【操作】为#，定义单击提交按钮打开的页面。

STEP|03 合并表格的前3行单元格，并在第1行单元格中插入Flash导航条。

STEP|04 分别将表格的第2行和第3行单元格合并，设置高度，并插入背景图像。

提示

执行【插入】|【表单】|【字段集】命令，也可打开【字段集】对话框。

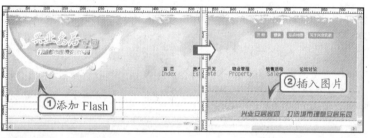

STEP|05 设置表格第4行第1列单元格的高度和宽度，并为其插入背景。

STEP|06 设置表格第4行第2列单元格的大小，并在其中插入一个8行×1列的表格以制作导航条，表格宽为150像素。

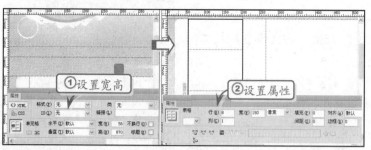

STEP|07 设置导航条表格中各单元格的高度，并为其添加背景。在导航条中输入导航文本，设置CSS样式。样式代码如下：

```css
.menu01 {
font-family: "微软雅黑",font-size: 14px;
/*定义文本的字体类型和字体大小*/
font-weight: bold;color: #000000;
/*定义文本字体为粗体，颜色为黑色（#000000）*/
      text-decoration: none;
/*定义文本无下划线*/
      text-indent: 20px;
/*定义文本在段首缩进20像素*/
      vertical-align: bottom;}
/*定义文本在单元格中的垂直对齐方式为底部对齐*/
```

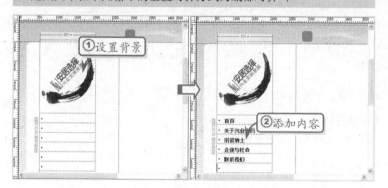

> **提示**
>
> 执行【窗口】|【标签检查器】命令，打开【标签检查器】对话框，在【常规】选项卡中设置单元格背景图像的参数。

> **提示**
>
> 为网页文档设置后，可将网页中的所有元素下移相应的距离。

> **提示**
>
> 单击【插入】面板【常用】类别中的【表格】按钮也可插入表格。

> **提示**
>
> 合并单元格可以执行【修改】|【表格】|【合并单元格】命令，或单击【属性】面板中的按钮来实现。

STEP|08 为布局表格第4行第3列的的单元格设置大小和背景。在布局表格第4行第4列的单元格中插入一个2行×2列的表格，合并表格第2行的单元格。

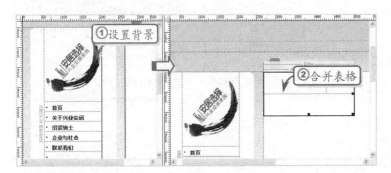

STEP|09 设置表格各单元格的的高度和宽度，并为表格第1行第2列和第2行的单元格插入背景。

STEP|10 切换至代码视图，在表格第1行第1列的单元格中插入嵌入帧代码"<iframe> </iframe>"，并设置嵌入帧属性。

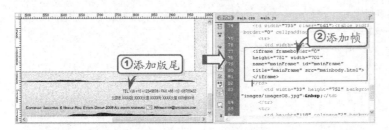

STEP|11 保存文档，在Dreamweaver CS6中新建文档，将其保存为mainbody.html，设置其页面边距为0，并制作页面内容。

STEP|12 保存文档，在Dreamweaver CS6中新建文档，将其保存为company.html，设置其页面边距为0，添加企业的义务和责任等相关内容。

STEP|13 用相同的方法制作左侧导航栏所导航的嵌入页面。其中，aboutus.html页面介绍企业的相关信息，contact.html页面介绍企业的联系方式。

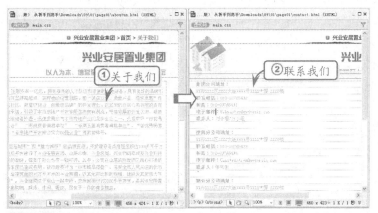

STEP|14 制作左侧导航栏嵌入页面recruitment.html，用于介绍企业的招聘信息。

STEP|15 在index.html文档中，在左侧导航条中设置导航条打开嵌入页的链接，即可完成页面的制作。

9.9 设计三水城市花园主页

版本：DW CS4/CS5/CS6

为吸引更多购房者购买房产，房地产企业通常会为其开发的小区或商业楼宇等产品制作网站。在设计这类网站时需要追求个性化的视觉效果，以给购房者留下深刻印象。本练习将使用Dreamweaver设计一个房地产产品网站。

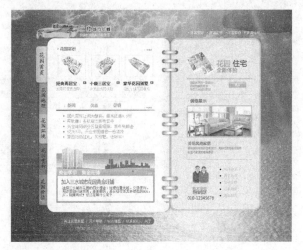

练习要点

● 添加表格
● 设置表格属性
● 使用库面板
● 使用模板
● 创建可编辑区域

操作步骤 ▷▷▷▷

STEP|01 新建网页文档，将其保存为index.html，为网页设置页面边距并绘制一个3行×4列的布局表格。为布局表格插入背景图像。

STEP|02 将布局表格第一行的单元格合并，设置单元格的高度为59像素。在单元格中插入一个1行×2列的表格，设置表格各单元格的宽度，并在表格第2列输入网页导航条文本。

STEP|03 将布局表格第2行中的第1列和第2列单元格合并，分别设置第3列和第4列单元格的宽度为757像素和111像素。

STEP|04 将布局表格中第2行和第3行的第3列单元格合并，作为网页主题部分的布局单元格。

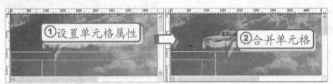

STEP|05 在表格第3行第2个单元格内插入一个6行×1列的表格，在表格中插入按钮制作左侧导航条。

STEP|06 在网页主题部分单元格中插入一个1行×2列的表格，设定表格高度和宽度，在表格第1列的单元格中再插入一个7行×3列的表格。

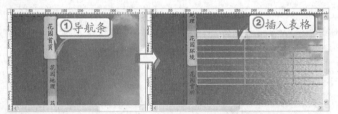

STEP|07 在表格中插入背景，制作网页主题部分的背景图像。在主题的表格中输入内容，并为其制作链接。

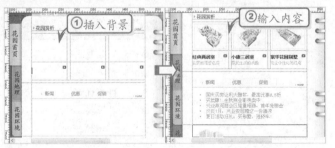

提示

插入的后缀名是".psd"的图像，会自动在文件夹中创建后缀名为".jpg"的图像。

提示

插入的后缀名是".psd"的图像，会自动在文件夹中创建后缀名为".jpg"的图像。

提示

在为图像添加超级链接时，同样可以为其设置链接文件的打开方式。

提示

执行插入【表格】命令有两种方法。一是在工具栏，执行【插入】|【表格】命令；二是单击【插入】面板常用选项中的【表格】按钮。

提示

表格【对齐】方式分为左对齐、居中对齐、右对齐；单元格中【水平】对齐方式分为：左对齐、居中对齐、右对齐；【垂直】对齐方式分为：顶部、居中、底部、基线。

STEP|08 选择表格第5行的单元格，在单元格内制作网页的底部导航栏，并设置链接。在表格第6行的单元格中输入网页的版权信息。

提示

Dreamweaver默认在创建的每个单元格中插入了一个空格字符，如果设置的单元格高度过低，则需要将单元格中的空格删除，否则单元格将会被空格撑大。

STEP|09 用同样的方法制作网页主题内容的右半部分，将网页中的小导航条、左侧的导航条、底部导航条新建为库项目文件。

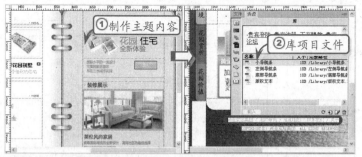

提示

创建的库项目通常只会包含被选择的代码。如果网页元素使用的样式为非内联CSS，则无法在库中显示。

STEP|10 将网页的主题部分内容删除，然后将其另存为模板。在模板中插入可编辑区域，将模板保存，并通过模板建立新的子页面。

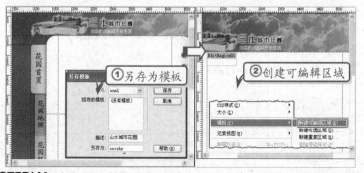

提示

基于模板创建的网页文档中，只有可编辑区域的对象可以被添加为库元素。其他区域中的对象如需要添加进库，必须先将其与模板分离。

STEP|11 在子页面的可编辑区域中插入表格，制作主题部分并保存。根据子页面的文件名更新库项目，并为整个站点的页面进行更新。

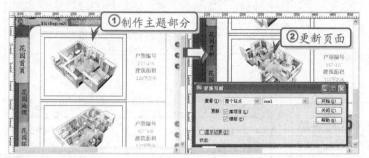

提示

通常当前站点中所有的库项目文件都会存放在站点根目录下的Library目录中。用户也可找到该目录，然后手动复制库项目。

STEP|12 用同样的方法使用模板和库项目创建网站其他页面，即可完成网站的制作。

提示

如选择了【当模板改变时更新页面】，则模板页中只有可编辑区域允许用户修改。如不选择该项目，则模板页和普通网页相同，所有区域都可由用户修改。

9.10 高手答疑

版本：DW CS4/CS5/CS6

问题1：如何分类收藏资源？

解答： Dreamweaver允许用户将同类资源分类收藏。在分类收藏之前，首先应在【资源】面板中建立收藏夹。

在Dreamweaver中，执行【窗口】|【资源】命令，打开【资源】面板。在【资源】面板中的预览栏单击【收藏】单选按钮，切换到收藏状态。

单击【资源】面板右下角的【新建收藏夹】按钮📁，即可在【列表栏】中建立一个收藏夹，并为其设置名称。

然后，单击【站点】单选按钮，切换回站点的状态，并右击资源，执行【添加到收藏夹】命令，将资源添加到收藏夹。

再次单击【收藏】单选按钮。在收藏状态下，用户可将列表栏中的资源直接拖曳到收藏夹中。

将资源分类收藏后，用户即可方便地根据类别查找资源，将资源插入到网页中。

问题2：如何制作网页中不会随浏览器滚动条滚动而发生位移的广告？

解答： 将网页元素的position属性设置为fixed，可以将该元素固定在某一位置，不会随浏览器滚动条的滚动而发生位移。

fiexed表示固定定位，与absolute定位类型相似，但它的包含块是视图(屏幕内的网页窗口)本身。由于视图本身是固定的，它不会随浏览器窗口的滚动条滚动而变化，除非在屏幕中移动浏览器窗口的屏幕位置，或改变浏览器窗口的显示大小。

问题3：如何通过JavaScript在网页中输出特殊符号？

解答： 在JavaScript中，用户可以通过document.write()方法向文档输出字符串型变量。然而在输出字符串变量时，有些特殊的字符是无法正常输出的。如英文的引号""、反斜杠"/"等。

此时，用户需要为这些特殊符号使用转义符。JavaScript共有9种转义符，用于输出9种特殊符号。

符号	名称	转义符
'	单引号	\'
"	双引号	\"
&	连接符	\&
\	斜杠	\\
Break	换行符	\n
Enter	回车符	\r
Tab	制表符	\t
BackSpace	退格符	\b
PageBreak	换页符	\f

使用上面的各种转义符，即可输出带特殊符号的文本。如输出带斜杠的文本。

```
document.write("\\\\(-_-)//");
```

9.11 高手训练营

版本：DW CS4/CS5/CS6

1．JavaScript与Java的区别

JavaScript与Java语言的名称非常类似，很多人都会认为JavaScript是Java的衍生品，类似Visual Basic与VBScript的关系。事实上，JavaScript与Java完全没有关系。

Java语言是升阳计算机拥有版权的一种服务器端高级语言，而JavaScript最早由网景公司开发，并免费发布。JavaScript的语法和语义更接近于C语言。

2．JavaScript的应用

JavaScript是一种简单的面向对象脚本语言，其使用者无需了解太多的编程理论和编译方法，即可将代码嵌入到网页中。JavaScript最主要的用途有6种。

■ 输出动态文本

JavaScript可以通过程序将文本内容输出到网页文档流中。

■ 响应交互事件

JavaScript可以作为事件的监听者，获取用户交互事件的触发，并对其进行处理，实现简单用户交互。

■ 读写XHTML文档对象

JavaScript可以通过DOM（文档对象模型）读取XHTML文档中的各种对象，并写入数据。

■ 验证数据

JavaScript可以通过正则表达式等方法检测数据是否符合要求，并根据检测结果执行各种命令。

■ 检测用户端浏览器

JavaScript可以通过简单的方法获取用户端浏览器的各种信息，并返回相应的数据。

■ 读写Cookie

JavaScript可以读写用户本地计算机的Cookie，掌握用户对网站的访问情况。

3．消息框

输出各种运算结果是调试程序的重要手段。与其他依靠编译平台开发的编程语言不同，JavaScript无需编译即可执行。因此，在JavaScript中，最简单的输出结果方式就是消息框。

JavaScript可以在网页中弹出3种消息框，即警告框、确认框和提示框。

■ 警告框

警告框的作用是确保网页浏览者得到某些信息。当警告框出现后，用户需单击【确定】按钮才能继续操作。

```
alert ("text");
```

在使用alert()方法的语句中，text表示警告框显示的文本内容。

■ 确认框

确认框的作用是使用户验证或接受某些信息。在确认框中，用户可以单击【确定】或【取消】按钮以进行下一步操作。

```
confirm ("text");
```

在使用confirm()方法的语句中，text表示确认框显示的文本内容。confirm()方法可以将用户单击按钮时选择的选项以布尔值的方式返回到某个变量中。

■ 提示框

提示框的作用是在用户进入页面前让用户输入某个值。当提示框出现后，用户需要输入某个值才能进一步操作。

```
prompt ("text");
```

在使用prompt()方法的语句中，text表示提示框显示的文本内容。

用户在提示框中输入内容后，当用户单击【确定】按钮时，prompt()方法可以返回输入的值；而当用户单击【取消】按钮时，prompt()方法将返回null（空值）。

了解了3种消息框的使用后，用户可以方便地在脚本代码中插入这些消息框，提取数据处理和运算的结果，对程序进行调试。

第**10**章

教育类网站——表单

随着互联网的不断发展，各类教育单位（如学校、教育行政部门、教育研究机构等）纷纷在网络中建立自己的网站，以形成一个新型的学习环境。教育类网站的主要目的是宣传和推广教育、正确引导学生学习课本知识，提高大众的文化水平。

本章将向大家介绍教育类网站的分类和设计特点，然后通过一个典型的教育网站来介绍教育类网站的制作方法。

10.1 教育网站类别

版本：DW CS4/CS5/CS6

网络快速发展的今天，国内教育网站不断涌现出来，其建设主体有机构、企业、学校、教师以及个人等。这些网站构成了中文网络教育的重要组成部分。目前，教育类网站根据其内容性质，大致可以分为以下几类。

1．教育行政部门网站

教育行政部门网站的主要内容包括介绍部门的结构和职能、发布与教育相关的新闻动态和政策法规、提供网上办事通道等，它所面向的对象为教育工作者。在设计该类型的网站时，通常采用红色为主色调，以表现出网站的正式与权威。如右图中的湖北省教育厅网站。

2．教育研究机构网站

教育研究机构是以研究和发展教育为主要目的，网站中通常会提供教研新闻动态、教研讨论平台和教育教学资源等，面向的对象同样为教育工作者。在设计该类型网站时，由于内容以文字信息为主，所以需要注意文字与文字之间的距离。如右图中的郑州教育信息网。

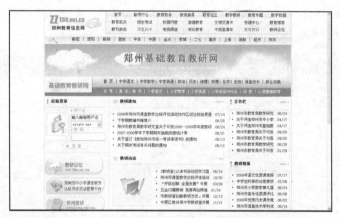

3．企校合办网站

企校合办的教育网站通常以网校的形式出现，主要目的是提供课堂教学同步辅导、提高学生学习能力，便于学生更好更快地掌握课本知识，面向的对象主要为学生。在设计该类型的网站时，色彩搭配通常较为活泼自然，给人一种轻松愉快的感觉。如右图中的黄冈中学网校。

4．社会专业机构网站

社会专业机构自办的教育网站以提供专业化加工的主题知识资源和行业知识信息为主要内容，面向的对象为各类学习者。在设计该类型网站时，由于内容涉及的方面较多，所以版面布局较为紧凑。如右图中的科普中国网。

5．学校网站

学校类网站主要宣传该校的师资力量、设备、以及开设专业等。另外，还介绍学校的一些基本情况、提供校内动态新闻、教育学习资源以及校内服务等，面向的对象主要为校内的师生。在设计学校网站时，一般以蓝色为主色调，给人一种健康、积极向上的感觉。如下图中的中央民族大学和南开大学的网站。

6．教师个人网站

教师个人网站通常会提供教学研究经验、教育学习资源、互动学习空间和个人教学心得等内容。该类型的网站属于个人网站，因此在设计上比较随意，可以根据个人的喜好来决定网站的布局结构和色彩搭配等。如右图中杨老师的教学网站。

10.2 教育类网站设计特点

版本：DW CS4/CS5/CS6

教育网站的建立，其主要目的之一就是改革学习方式和教学方式，从而实现教育现代化。教育类网站在设计上具有广泛性和独特性。它的特点主要有以下几点。

1．以思想教育为导向

思想教育对学生乃至整个社会都发挥着积极向上的作用。教育网站作为宣传和推广教育的一个网络平台，如青少年宫在线网站，不仅向青少年传播各类课外知识，还担负着对青少年进行思想政治教育的任务。

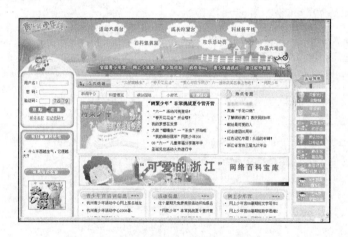

2．以知识教育为内容

教育类网站的主要服务宗旨是传播正确的文化知识，面向的对象为广大学生。因此，教育类网站的一个特点就是准确发布知识内容、合理展示知识内容。如灵豚学习网，该网站包含了基础、专业、生活等各类知识，是一个以传播文化知识为主要目的的网站。

3．结构清晰分明

教育类网站是用来传播文化知识的。因此，在设计该类型的网站时，版面布局要方正，内容展示要清晰明了，使学习者可以快速地查找到所需要的信息。如24EN网，该网站版面大气、规则，各个栏目的分类清晰、位置显著，使浏览者很容易找到自己所需的内容。

4．风格活泼有序

教育类网站是以教育为服务宗旨，因此，在教育类网站中，除了需要显示有教育意义的内容之外，在网页设计风格上也要具有实际的意义。如南京市下关区少年宫的网站，该网站以卡通图像为主，在色彩搭配上也活泼正气、不失华丽，符合少年儿童的审美要求。

10.3 教育类网站模式

版本：DW CS4/CS5/CS6

教育类网站的主要目的就是宣传和推广教育，引导学生正确学习课本知识、理解教育目的、提高文化水平。而就教育类网站的教育功能来说，可以分为以下几种模式。

1．互动学习模式

互动学习模式网站，该模式的网站主要提供探究学习学案、互动交流途径、e化教材、各类智慧资源等，直接为基于网络应用的课堂教学、自主学习服务。

■ 简易型

例如，新e代设计与工艺网，此网站以网络主题探究学案为主线索，将作品鉴赏、设计与工艺知识、知识资源等版块整合为课程的e化教材；通过学生作业、互动讨论等版块使得课堂交流更加方便快捷。

■ **专业型**

例如，CSDN（世纪乐知），此网站是一家服务于中国IT专业人士学习与成长的领先综合社区服务平台，为广大学习者提供资源下载和讨论社区。

2．主题资讯模式

主题资讯模式网站，该模式的网站主要是围绕某一主题的各类信息，进行较为深入、全面的知识加工和信息组织。

■ **简易型**

例如，英语网，此网站围绕英语主题进行展开，主要包括中小学英语和应用性英语，并针对各个不同层次的英语更进一步的分类及深化。

■ **专业型**

例如，中国文化研究院，此网站根据专题组织信息资源。这些专题包括：中国漫画、中国铜镜艺术、中国民间艺术、中国佛像艺术、古琴等，是探究学习的优质网络主题资源。

3．教育科研模式

教育科研模式网站主要用来研究交流教育教学，汇编课例、教案，提供相关网络信息资源等，可以实现自由发布观点、集中组织情报、交流互动等功能。

■ **简易型**

例如，湘教在线，此网站通过教育论丛、教案设计、教学论文、教学视频等多个版块对教育教学进行研究交流，并提供课件的下载。另外，还为语文、数学和英语三大学科设置专门的版块，以便更加专业地进行研究和讨论。

■ **专业型**

例如，株洲教育科研网，此网站为株洲教育科研机构所建立的，对中国中小学阶段的教育进行了专业化、系统化的研究，并设置有教研论坛，为教育工作者提供了交流互动的平台。

4．综合模式

综合模式网站，该模式的网站混合了上述三种功能的网站，不仅提供了教育教学研究交流的平台，而且还为广大学习者提供了大量的学习资源。

■ **简易型**

例如，第二教育网，此网站提供了从初三到高三各个学科的教学学习资源、中小校用的教学辅助用品，并提供了博客和论坛，以方便研究与交流。

■ **专业型**

例如，全国中小学教师继续教育网，此网站提供优质的课程资源，是承担中小学教师继续教育、中小学校长培训、课改与教研任务的国家级专业网站。

10.4 表单及表单对象

版本: DW CS4/CS5/CS6

通过提交表单，可以将用户在表单中输入的一些信息传递到服务器端并进行处理，实现网站中经常用到的留言板、反馈信息等功能。

1. 添加表单

在Dreamweaver中，可以将整个网页创建为一个表单网页，也可以在网页的部分区域中添加表单，其创建方法相同。

例如，在【插入】工具栏中，选择【表单】选择卡，单击【表单】按钮即可在文档中插入表单。

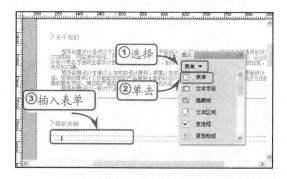

插入表单后，在文档页中显示一个红色虚线框，并弹出该表单的【属性】对话框，用户可以在该对话框中设置表单的一些参数，如表所示。

名称		作用
表单名称		表单的名称，通常用于提供ASP的引用方式
动作		将表单数据进行发送，其值采用URL方式。该属性值通常是一个URL，指向位用于处理表单数据的脚本程序文件
方法	默认	使用浏览器默认的方法
	GET	把表单值添加给URL，并向服务器发送GET请求
	POST	在消息正文中发送表单值，并向服务器发送POST请求
编码类型		设置发送表单到服务器的媒体类型，只在方法为POST时有效

(续表)

名称		作用
目标	_blank	在未命名的新窗口中打开目标文档
	_parent	在显示当前文档的父窗口中打开目标文档
	_self	在提交表单所使用的窗口中打开目标文档
	_top	在当前窗口的窗体内打开目标文档

用户也可以切换到【代码】视图模式中编辑表单。例如，在HTML文档中，表单域是由标签<form></form>来实现的。

2. 添加表单对象

在定义表单域后，用户可以在表单域中添加各种表单对象。

■ 插入文本域

文本字段是表单最常使用的域。用户可以创建一个包含单行或多行的文本域，也可以创建一个隐藏用户输入的密码域。

例如，在【表单】选项卡中单击【文本字段】按钮 ，即可打开【输入标签辅助功能属性】对话框，为插入文本字段进行一些简单的设置。

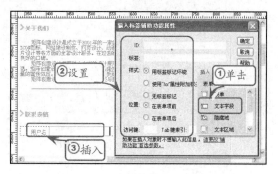

在Dreamweaver中，用户可单击【插入】面板中的【表单】|【文本区域】按钮 ![文本区域]，通过在【输入标签辅助功能属性】对话框中进行简单设置，然后在网页中插入文本区域。

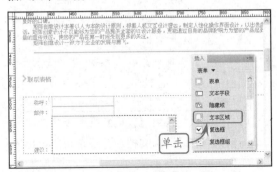

文本区域的属性与文本字段非常类似。区别在于，文本区域中的类型属性默认选择"多行"，并且文本区域不需要设置最多字符数属性，只需要设置行数属性。

通过文本域【属性】面板，可以设置文本域相关参数值及功能，属性如表所示。

属性名		作用
文本域		文本字段的id和name属性，用于提供对脚本的引用
字符宽度		文本字段的宽度（以字符大小为单位）
最多字符数		文本字段中最多允许的字符数量
类型	单行	定义文本字段中的文本不换行
	多行	定义文本字段中的文本可换行
	密码	定义文本字段中的文本以密码的方式显示
初始值		定义文本字段中初始的字符
禁用		定义文本字段禁止用户输入（显示为灰色）
只读		定义文本字段禁止用户输入（显示方式不变）
类		定义文本字段使用的CSS样式

技巧

单击【表单】选项卡中的【文本区域】按钮 ![icon]，在表单域中插入多行文本框有相同的效果。

■ 插入复选框

当用户从一组选项中选择多个选项时，可以使用复选框。

在【插入】面板中单击【表单】|【复选框】按钮，然后在弹出的【输入标签辅助功能属性】对话框中设置复选框的ID和标签等属性。

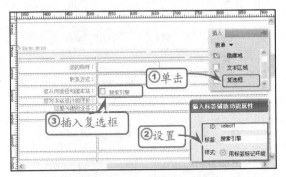

在插入复选框后，用户即可单击复选框，在【属性】面板中设置复选框的各种属性。

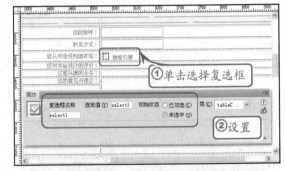

在【属性】面板中，主要包含3种属性设置。

属性名		作用
复选框名称		定义复选框的id和name属性，供脚本调用
选定值		如该项被选定，则传递给脚本代码的值
初始状态	已勾选	定义复选框初始化时处于被选中的状态
	未选中	定义复选框初始化时处于未选中的状态

■ 插入单选按钮

单选按钮是一种不允许用户进行多项选择的表单对象。在同一字段集中，用户可以插入多个单选按钮，但只能对一个单选按钮进行选择操作。

使用Dreamweaver打开网页文档，然后即可单击【插入】面板的【表单】|【单选按钮】按钮 ，打开【输入标签辅助功能属性】对话框，在其中设置单选按钮的一些基本属性。

在插入单选框后，用户即可单击选择单选按钮，在【属性】面板中设置单选按钮的属性。

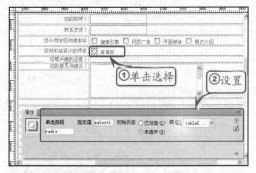

■ 插入列表/菜单

列表/菜单是一种显示已有数据的表单对象，可以根据用户选择的列表项目，返回项目的值。

用Dreamweaver打开网页文档，然后，即可单击【插入】面板中的【表单】|【列表/菜单】按钮 ，打开【输入标签辅助功能属性】对话框，在对话框中设置列表/菜单的基本属性，然后单击【确定】按钮，插入列表/菜单。

在插入列表/菜单后，用户即可选中列表/菜单，在【属性】面板中设置列表/菜单的各种属性。

在列表/菜单类表单的【属性】面板中，包含8种基本属性。

属性名		作用
列表/菜单		定义列表/菜单的id和name属性
类型	菜单	将列表/菜单设置为列表
	列表	将列表/菜单设置为菜单
高度		定义列表/菜单的高度
选定范围		定义列表/菜单是否允许多项选择
初始化时选定		定义列表/菜单在初始化时被选定的值
列表值		单击该按钮可制订列表/菜单的选项
类		定义列表/菜单的样式

用户如需要设置列表/菜单的选项，可单击【属性】面板中的【列表值】按钮，在弹出的【列表值】对话框中定义列表/菜单中的项目标签和值，并单击【确定】按钮。

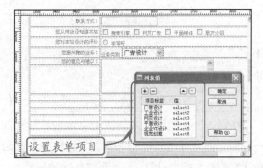

如果列表/菜单式表单是以菜单形式存在，则其【属性】面板中的【高度】和【选定范围】等选项将不可用。

10.5 Spry表单

版本: DW CS4/CS5/CS6

表单中的Spry构件，主要用于验证用户在对象域中所输入内容是否为有效的数据，并在这些对象域中内建了CSS样式和JavaScript特效，更加丰富了对象域的显示效果。

1. Spry验证文本域

Spry验证文本域的作用是验证用户在文本字段中输入的内容是否符合要求。

通过Dreamweaver打开网页文档，并选中需要进行验证的文本域。

然后，单击【插入】面板的【表单】|【Spry验证文本域】按钮 ⬚ Spry 验证文本域 ，为文本域添加Spry验证。

<table>
<tr><td>提示</td></tr>
</table>

> **提示**
>
> 在已插入表单对象后，可单击相应的【Spry验证表单】按钮，为表单添加Spry验证。如尚未为网页文档插入表单对象，则可直接将光标放置在需要插入Spry验证表单对象的位置，然后单击相应的【Spry验证表单】按钮，Dreamweaver会先插入表单，然后再为表单添加Spry验证。

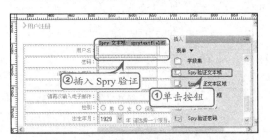

在插入Spry验证文本域或为文本域添加Spry验证后，即可单击蓝色的Spry文本域边框，然后在【属性】面板中设置Spry验证文本域的属性。

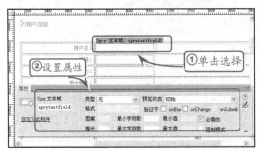

Spry验证文本域有多种属性可以设置。包括设置其状态、验证的事件等。

属性名		作用
Spry文本域		定义Spry验证文本域的id和name等属性，以供脚本引用
类型		定义Spry验证文本域所属的内置文本格式类型
预览状态	初始	定义网页文档被加载或用户重置表单时Spry验证的状态
	有效	定义用户输入的表单内容有效时的状态
验证于	onBlur	选中该项目，则Spry验证将发生于表单获取焦点时
	onChange	选中该项目，则Spry验证将发生于表单内容被改变时
	onSubmit	选中该项目，则Spry验证将发生于表单被提交时
最小字符数		设置表单中最少允许输入多少字符
最大字符数		设置表单中最多允许输入多少字符
最小值		设置表单中允许输入的最小值
最大值		设置表单中允许输入的最大值
必需的		定义表单为必需输入的项目
强制模式		定义禁止用户在表单中输入无效字符
图案		根据用户输入的内容，显示图像
提示		根据用户输入的内容，显示文本

在【属性】面板中，定义任意一个Spry属性，在【预览状态】的下拉菜单中都会增加相应的状态类型。

选中【预览状态】菜单中相应的类型后，用户即可设置该类型状态时网页显示的内容和样式。

例如，定义最小字符数为8，则【预览状态】

的菜单中将新增"未达到最小字符数"的状态，选中该状态后，即可在【设计视图】中修改该状态。

后，即可在【属性】面板中定义Spry验证文本区域的内容。

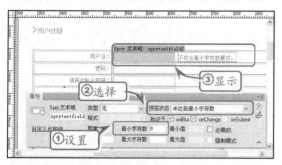

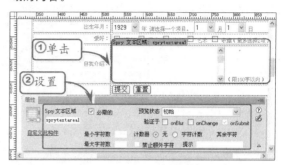

在设计视图中，"不符合最小字符数要求"的文本是Dreamweaver自动生成的，用户可将光标移动到该处，对这些文本的内容和样式进行修改。

用户如需要改变其他状态的样式，也可单击【预览状态】菜单，切换到其他的状态，然后再通过设计视图修改。

2．Spry验证文本区域

Spry验证文本区域也是一种Spry验证内容，其主要用于验证文本区域内容，以及读取一些简单的属性。

在Dreamweaver中，用户可直接单击【插入】面板中的【表单】|【Spry验证文本区域】按钮，创建Spry验证文本区域。

如网页文档中已插入了文本区域，则用户可选中已创建的普通文本区域，用同样的方法为表单对象添加Spry验证方式。

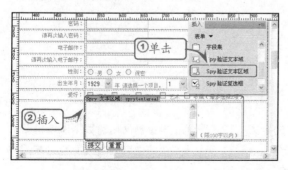

在【设计视图】中选择蓝色的Spry文本区域

在Spry验证文本区域的【属性】面板中，比Spry验证文本域增加了两个选项。

■ 计数器

计数器是一个单选按钮组，提供了3种选项供用户选择。当用户选择"无"时，将不在Spry验证结果的区域显示任何内容。

如用户选择"字符计数"，则Dreamweaver会为Spry验证区域添加一个字符技术的脚本，显示文本区域中已输入的字符数。

当用户设置了最大字符数之后，Dreamweaver将允许用户选择"其余字符"选项，以显示文本区域中还允许输入多少字符。

■ 禁止额外字符

如用户已设置最大字符数，则可选择"禁止额外字符"复选框。其作用是防止用户在文本区域中输入的文本超过最大字符数。

当选择该复选框后，如用户输入的文本超过最大字符数，则无法再向文本区域中输入新的字符。

3．Spry验证复选框

Spry验证复选框的作用是在用户选择复选框时显示选择的状态。与之前几种Spry验证表单不同，Dreamweaver不允许用户为已添加的复选框添加Spry验证。只允许用户直接添加Spry复选框。

用Dreamweaver打开网页文档，然后即可单击【插入】面板中的【表单】|【Spry验证复选框】按钮，打开【输入标签辅助功能属性】对话框，在对话框中简单设置，然后单击【确定】添加复选框。

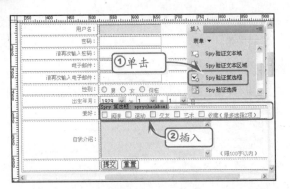

用户可单击复选框上方的蓝色【Spry复选框】标记，然后在【属性】面板中定义Spry验证复选框的属性。

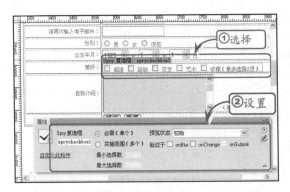

Spry复选框有两种设置方式。一种是作为单个复选框而应用的"必需"选项，另一种则是作为多个复选框（复选框组）而应用的"实施范围"选项。

在用户选择"实施范围"选项后，将可定义Spry验证复选框的最小选择数和最大选择数等属性。

在设置了最小选择数和最大选择数后，预览状态的列表中，会增加未达到最小选择数和已超过最大选择数等项目。选择相应的项目，即可对

Spry复选框的返回信息进行修改。

4．Spry验证选择

Spry验证选择的作用是验证列表/菜单和跳转菜单的值，并根据值显示指定的文本或图像内容。

在Dreamweaver中，单击【插入】面板中的【表单】|【Spry验证选择】按钮 Spry验证选择 ，即可为网页文档插入Spry验证选择。

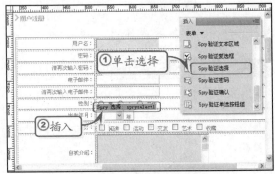

选中Spry选择的标记，即可在【属性】面板中编辑Spry验证选择的属性。

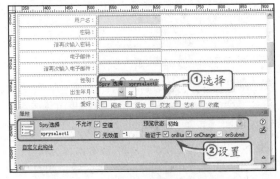

在Spry验证选择的【属性】面板中，允许用户设置Spry验证选择中不允许出现的选择项以及验证选择的事件类型等属性。

10.6　制作信息反馈页面

版本: DW CS4/CS5/CS6

在网站中，用户通过信息反馈页，可以将自己的意见、建议等信息提交到网站的数据库中，而网站的管理员或所有者，则可以通过网站后台等其他途径查看这些信息，以方便管理员或所有者与用户之间的交流。本例以华康中学网站为例，制作一个意见箱页面。

提示

由于篇幅有限，在本章中，将不在介绍Flash导航条的制作过程。用户可以通过查看源文件了解其制作过程。

提示

链接时，在文本框中输入符号#，说明没有链接的页面，只是一个空链接；如果有跳转的页面，在文本框中输入路径就可以了。

操作步骤 >>>>

STEP|01 在Flash软件中，制作网站的版首，包括导航条、快速链接和banner。

STEP|02 在站点根目录下，新建feedback.html页面。在文档中插入一个宽度为907像素的1行×1列表格，并设置居中对齐方式。

提示

Logo在背景图像上，所以在创建导航栏时，应在CSS样式属性中设置填充距离。

STEP|03 将光标置于该表格中，插入制作好的Flash版首。在表格的下面插入一个1行×2列表格，并在第1列单元格中插入背景图像，该表格为网页的正文部分。

提示

按Enter快捷键回车后，输入文本，文本自动创建段落，在属性检查器中，格式为"段落"。

STEP|04 在第1列单元格中插入一个5行×1列表格，并在各个单元格中插入图像，该表格为"站内导航"。

STEP|05 在表格的第2列单元格中，插入一个3行×1列表格，并在前两行单元格中插入素材图像。

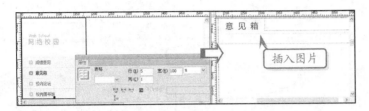

STEP|06 在第3行单元格中，插入一个3行×1列的嵌套表格，该嵌套表格为信息反馈界面。将光标置于第1行单元格中，插入一个红色的表单区域。

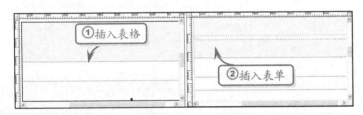

STEP|07 在表单区域内插入一个6行×3列的表格，并在单元格中输入文字。在第2行第2列单元格中，插入一个文本字段，并设置其名称为nicheng。

STEP|08 在第3、4行第2列单元格中，分别插入文本字段，并设置名称为youjian、biaoti。

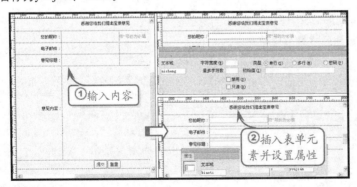

STEP|09 在第3行第3列单元格中，插入一个复选框，并设置其名称为gongkai。

STEP|10 在第5行第2列单元格中，插入一个文本区域，并设置其名称为liuyan。

STEP|11 在第6行单元格中，插入【提交】按钮和【重置】按钮，并在表格的第3行单元格中，插入素材图像。

提示

执行删除P标签的方法：一是将光标置于文本段落中，在属性检查器中，设置格式为"无"；二是在标签栏选择P标签，右击在弹出的菜单中执行【删除标签】命令。

提示

如用户不希望将更改的设置应用到网页中，则可单击【取消】按钮，取消所有对页面属性的更改，恢复之前的状态。

提示

在默认状态下，插入的项目列表中每一个列表项目的符号均为实心圆形"·"。而项目列表的子项目符号则采用的是空心圆形"。"项目符号以示区别。

STEP|12 在文档的最底部插入一个2行×2列表格，插入文字及图像，该表格为网页的版尾。

STEP|13 在同一目录下创建back.html页面，该页面与feedback.html页面结构相同，只是正文部分更换为文字。

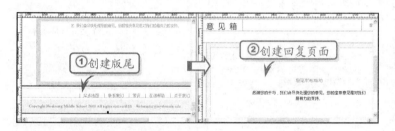

10.7 设计华康中学主页

版本：DW CS4/CS5/CS6

本例制作的华康中学主页以白、蓝为主要色调，表现出一种智慧、科技、真诚的感觉，符合学校的理念和宗旨。网页采用大幅面的Flash版首，将导航条、快速链接和banner组合在一起。而在正文中包括了政策通知、校内新闻、成绩查询等相关栏目。

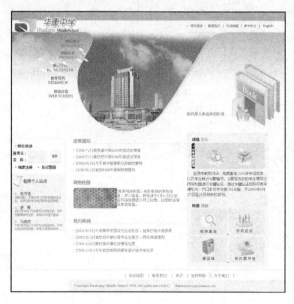

操作步骤 ▶▶▶▶

STEP|01 在网站根目录中，创建index.html页面。然后，在文档中设置页面的上边距和左边距均为0像素。

STEP|02 在文档中插入一个宽度为907像素的1行×1列表格，并设置该表格居中对齐。

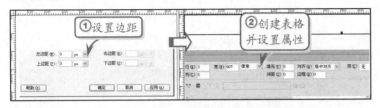

STEP|03 将光标置于该表格，然后插入制作好的Flash版首。在表格的下面再创建一个宽度为907像素的表格，并设置第1列单元的宽度为185像素。

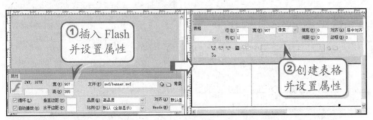

STEP|04 在表格的第1列单元格中，插入一个宽度为100%的3行×1列嵌套表格，并设置该表格顶端对齐。

STEP|05 在该嵌套表格的第1行第1列单元格中，插入一个宽度为100%的3行×2列表格，并在各个单元格中插入背景图像。

STEP|06 在表格的单元格中，插入文字及文本字段、按钮等表单元素，以构成一个师生登录界面。

STEP|07 在父表格的第3行单元格中，插入一个4行×1列的嵌套表格，并在各个单元格中插入素材图像。

提示

如果在插入图像之前未将文档保存到站点中，则Dreamweaver会生成一个对图像文件的file://绝对路径引用，而非相对路径。只有将文档保存到站点中，Dreamweaver才会将该绝对路径转换为相对路径。

提示

虽然在Dreamweaver中，并未将【按下时，前往的URL】选项设置为必须的选项，但如用户不设置该选项，Dreamweaver将自动将该选项设置为井号"#"。

提示

在设置图像的对齐方式时需要注意，一些较新的网页浏览器往往不再支持这一功能，而用CSS样式表来取代。

STEP|08 在表格的第2列单元格中，插入一个宽度为100%的1行×4列表格，并在第1列单元格中插入5行×1列的嵌套表格。

STEP|09 在表格的第1行单元格中，插入2行×1列的表格，并在单元格中插入文字及图像，该表格为"政策通知"栏目。

STEP|10 在表格的第3行单元格中，插入一个2行×1列的表格，并在单元格中插入文字及图像，该表格为"网络校园"栏目。

STEP|11 在表格的第5行单元格中，插入一个2行×1列的表格，并在单元格中插入文字及图像，该表格为"校内新闻"栏目。

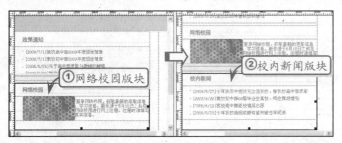

STEP|12 在表格的第3列单元格中，插入一个2行×1列的表格，然后在1行单元格中插入3行×1列的嵌套表格，该表格为"成绩查询"栏目。

STEP|13 在下面的单元格中，插入一个3行×2列的嵌套表格，并在各个单元格中插入图像，该表格为"快速链接"栏目。

STEP|14 在文档的最底部创建一个2行×2列的表格，并设置居中对齐，然后插入文字及图像。选择意见箱图像，在【属性】面板中设置【链接】地址为feedback.html页面。

10.8 高手答疑

版本: DW CS4/CS5/CS6

问题1: 如何禁止用户的【后退】按钮,重复提交表单页?

解答: 在很多通过表单收集数据的网站中,都很容易遇到用户通过浏览器的后退按钮,返回表单提交前的页面,然后多次提交表单的情况。

为防止收集大量重复数据,可以通过JavaScript在网页的头部head标签内添加一段简单的代码,禁止浏览器记录历史记录。

```
<script language="javascript">
<!--
JavaScript:window.history.
forward(1);
-->
</script>
```

然后,即可禁止浏览器记录上一页的历史记录,防止用户重复提交。

问题2: 在Spry菜单栏中,是否可以为菜单选项添加链接?如果可以,则应该怎么样操作?

解答: 在网页文档中插入Spry菜单栏后,选择要链接的菜单项,可以是主菜单项,也可以是子菜单项。然后,在属性检查器的链接文本框中输入想要链接的地址。除此之外,还可以指定链接的标题和目标。

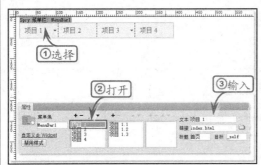

目标属性指定要在何处打开所链接的页面,其可以输入以下4个选项。

■ _blank 在新浏览器窗口中打开所链接的页面。

■ _self 在同一个浏览器窗口中加载所链接的页面。这是默认选项。如果页面位于框架或框架集中,该页面将在该框架中加载。

■ _parent 在文档的直接父框架集中加载所链接的文档。

■ _top 在框架集的顶层窗口中加载所链接的页面。

设置完成后预览网页文档,当单击"项目1"时,网页将自动跳转到index.html。

问题3: 如何实现单击复选框或单选按钮的标签文本即可选中?

解答: 在网页文档中,通常只能通过单击复选框或单选按钮本身,来实现选择。

如需要实现单击这些选择按钮的标签文本,则需要为标签文本添加鼠标单击事件,通过JavaScript脚本实现选择的控制。

问题4: 在Spry折叠式面板中,如何添加、删除和修改选项面板中的内容?

解答: 在网页文档中打开指定的选项面板,然后在空白的区域中可以添加内容。如果已经包含有内容,则可以进行修改和删除操作。

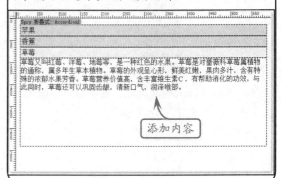

10.9 高手训练营

版本：DW CS4/CS5/CS6

1. Spry验证密码

Spry验证密码的作用是验证用户输入的密码是否符合服务器的安全要求。

在Dreamweaver中，单击【插入】面板中的【表单】|【Spry验证密码】按钮 ![Spry 验证密码] ，即可为密码文本域添加Spry验证。

单击Spry密码的蓝色标签，即可在【属性】面板中设置验证密码的方式。

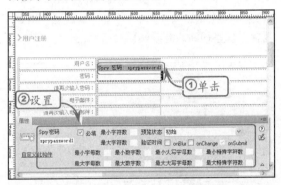

在Spry验证密码的【属性】面板中，包含10种验证属性。

验证属性名	作用
最小字符数	定义用户输入的密码最小位数
最大字符数	定义用户输入的密码最大位数
最小字母数	定义用户输入的密码中最少出现多少小写字母
最大字母数	定义用户输入的密码中最多出现多少小写字母
最小数字数	定义用户输入的密码中最少出现多少数字
最大数字数	定义用户输入的密码中最多出现多少数字
最小大写字母数	定义用户输入的密码中最少出现多少大写字母
最大大写字母数	定义用户输入的密码中最多出现多少大写字母

（续表）

验证属性名	作用
最小特殊字符数	定义用户输入的密码中最少出现多少特殊字符（标点符号、中文等）
最大特殊字符数	定义用户输入的密码中最多出现多少特殊字符（标点符号、中文等）

2. Spry验证确认

Spry验证确认的作用是验证某个表单中的内容是否与另一个表单内容相同。

在Dreamweaver中，用户可选择网页文档中的文本字段或文本域，然后单击【插入】面板中的【表单】|【Spry验证确认】按钮 ![Spry 验证确认] ，为文本字段或文本域添加Spry验证确认。

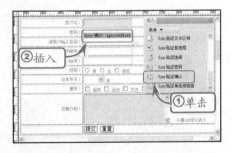

选中Spry确认的蓝色标记，然后即可在【属性】面板中设置其属性。

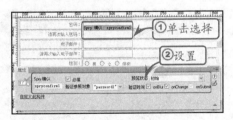

在Spry确认的【属性】面板中，用户可将该文本字段或文本域设置为必填项或非必填项，也可选择验证参照的表单对象。

除此之外，用户还可以定义触发验证的事件类型等。

3．按钮

按钮既可以触发提交表单的动作，也可以在用户需要修改表单时将表单恢复到初始状态。

以Dreamweaver打开网页文档，将鼠标光标移动到指定的位置，然后即可单击【插入】面板中的【表单】|【按钮】按钮，打开【输入标签辅助功能属性】对话框。

在对话框中简单设置按钮的属性后，即可单击【确定】，将按钮插入到网页中。

在插入按钮之后，用户可单击选择按钮，然后在【属性】面板中设置按钮的属性。

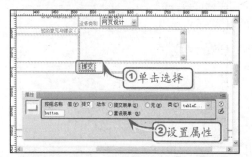

在按钮表单对象的【属性】面板中，包含4种属性设置。

属性名		作用
按钮名称		按钮的id和name属性，供各种脚本引用
值		按钮中显示的文本值
动作	提交表单	将按钮设置为提交型，单击即可将表单中的数据提交到动态程序中
	重设表单	将按钮设置为重设型，单击即可清除表单中的数据
	无	根据动态程序定义按钮触发的事件
类		定义按钮的样式

4．文件域

文件域是一种特殊的表单。通过文件域，用户可选择本地计算机中的文件，并将文件上传到服务器中。

文件域的外观与其他文本域类似，只是文件域包含一个【浏览】按钮。用户可手动输入要上传的文件URL地址，也可以使用【浏览】按钮定位并选择该文件。

以Dreamweaver打开网页文档，然后将光标置于指定的位置，即可单击【插入】面板中的【表单】|【文件域】按钮，打开【输入标签辅助功能属性】对话框。

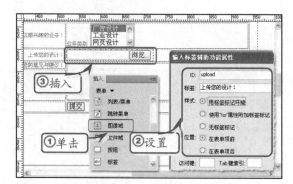

在【输入标签辅助功能属性】对话框中设置文件域的属性后，即可为网页文档插入文件域。

与其他类型表单对象类似，用户可单击文件域，然后在【属性】面板中设置文件域的各种属性，包括文件域的名称、字符宽度、最多字符数和类等。

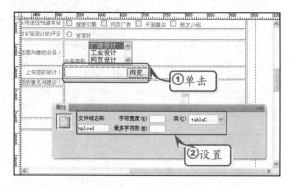

第11章

娱乐类网站——行为

　　人们对于娱乐存在着诸多的误解，娱乐并不单指明星以及明星周围发生的事。只要能够引起人们的兴趣以及使人们喜悦的事物，即可称之为娱乐，比如音乐、游戏、电影等。由于娱乐的类型广泛，且跨越不同的行业，所以在设计娱乐类的网站时，要依据不同行业中的特点进行设计。

　　在本章中，将针对具有娱乐性质的各个行业特点，来介绍相关网站在设计与制作时，所需要了解或者是注意的事项。并且根据色彩情感与联想的特性，来搭配不同的网站。

11.1　娱乐类网站概述

版本：DW　CS4/CS5/CS6

　　从狭义的范围讲，娱乐就是娱乐圈中的人、事、物；从广义的范围来说，娱乐可被看作是一种活动，一种通过表现喜怒哀乐，或特殊的技巧而被人们喜爱，并带有一定启发性的活动。它包含了悲喜剧、各种比赛和游戏、音乐舞蹈表演和欣赏等。

1．影视娱乐网站

　　影视网站，最重要的就是要有很强的视觉性和娱乐性。以广告为目的的影视网站要唤起用户对影视最大程度的关心，提供最能引起用户兴趣的信息，给人留下深刻的印象是最重要的。在影视广告网站，使用使人感兴趣的图像是必须的。很多的影视广告网站利用Flash和影视片段等各种方法，富有趣味地提供关于影视的信息。

2．音乐娱乐网站

　　能够展现音乐带来的精神上的自由、感动和趣味，是音乐网站的设计理念。在音乐网站，没有什么特别的表现禁忌，但也不能过分追求自由和个性，以至于失去了均衡感和使用的便利性，还要考虑配色和布局，为了整体的高水准而努力。

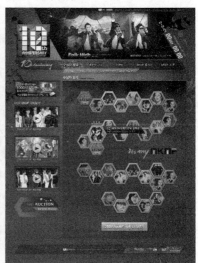

使用看起来舒服的方法安排文本与图像，充分地使用余白比较好。但为了避免出现过于直白、无趣的情况，就应该灵活运用图片来构成简练的页面。

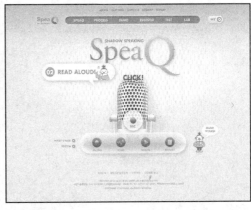

3. 体育娱乐网站

体育网站大部分都通过照片带给我们运动的健康感和趣味感，并以此为基础尽力把网页界面制作得充满朝气和活力。体育网站在注重视觉效果的同时，还应通过不易混淆的网页界面，把选手或职业队所追求的个性十足的特点创造性地表现出来。

在很多情况下，体育网站的配色都利用蓝色、绿色等色彩给人轻快的感觉，或利用黄色、朱黄色等色彩来强调活动性。另外，为了营造紧张感或衬托专业图片，使用黑色或深藏青色来配色。

4．游戏娱乐网站

游戏是体育运动的一类，除了现实生活中的游戏外，最为流行的还是网络游戏。游戏的开发商为了吸引更多的玩家，会以该游戏的界面为主题建立网站，将游戏中的场景、通关秘籍或者游戏攻略放置其中，如下图所示为该游戏建立更完善的配件。

当然，并不是所有的游戏都会建立一个相关的网站。更多的还是以游戏开发商为主题，建立一个以宣传该开发商开发的所有游戏为目的的网站。如下图所示为某游戏开发商的游戏网站，其中展示了该开发商设计的所有游戏。

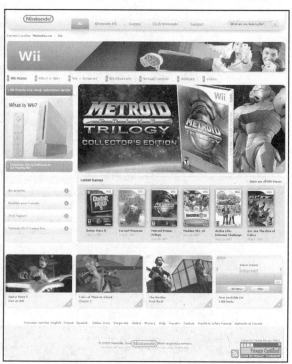

5．卡通娱乐网站

多媒体、卡通网站一般来说娱乐的要素很多，追求的是生机勃勃和明朗的现代设计。一般常运用视觉化、快乐的色彩，追求能够营造强烈愉快感的设计。

11.2 色相情感

版本：DW CS4/CS5/CS6

不同的颜色会给浏览者不同的心理感受，但是同一种颜色通常不只含有一个象征意义。每种色彩在饱和度，透明度上略微变化就会产生不同的感觉，如表所示。

色彩	积极的含义	消极的含义
红色	热情、亢奋、激烈、喜庆、革命、吉利、兴隆、爱情、火热、活力	危险、痛苦、紧张、屠杀、残酷、事故、战争、爆炸、亏空
橙色	成熟、生命、永恒、华贵、热情、富丽、活跃、辉煌、兴奋、温暖	暴躁、不安、欺诈、嫉妒
黄色	光明、兴奋、明朗、活泼、丰收、愉悦、轻快、财富、权力、自然、和平、生命、	病痛、胆怯、骄傲、下流
绿色	自然、和平、生命、青春、畅通、安全、宁静、平稳、希望	生酸、失控
蓝色	久远、平静、安宁、沉着、纯洁、透明、独立、遐想	寒冷、伤感、孤漠、冷酷
紫色	高贵、久远、神秘、豪华、生命、温柔、爱情、端庄、俏丽、娇艳	悲哀、忧郁、痛苦、毒害、荒淫
黑色	庄重、深沉、高级、幽静、深刻、厚实、稳定、成熟	悲哀、肮脏、恐怖、沉重
白色	纯洁、干净、明亮、轻松、朴素、卫生、凉爽、淡雅	恐怖、冷峻、单薄、孤独
灰色	高雅、沉着、平和、平衡、连贯、联系、过渡	凄凉、空虚、抑郁、暧昧、乏味、沉闷

能够以色相称呼的色系有七种：红色系、橙色系、黄色系、绿色系、青色系、蓝色系、紫色系。

在整个人类的发展历史中，红色始终代表着一种特殊的力量与权势。在很多宗教仪式中会经常使用鲜明的红色，在我国红色一直都是象征着吉祥幸福的代表性颜色。同时，鲜血、火焰、危险、战争、狂热等极端的感觉都可以与红色联系在一起。

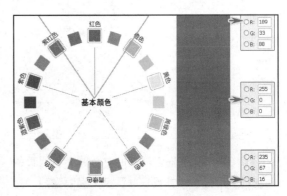

用红色为主色的网站不多，在大量信息的页面中有大面积的红色，不易于阅读。但是如果搭配好的话，可以起到振奋人心的作用。最近几年，网络以红色为主色的网站越来越多。

下图所示为某电影的宣传网站。网页背景为朱红色，其饱和度与明度都比较低，并且通过黄色突出网页主题。

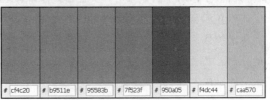

在东方文化中，橙色象征着爱情和幸福。充满活力的橙色会给人健康的感觉，且有人说橙色可以提高厌食症患者的食欲。有些国家的僧侣主要穿着橙色的僧侣服，他们解释说橙色代表着谦逊。橙色通常会给人一种朝气活泼的感觉，它通常可以使原本抑郁的心情豁然开朗。

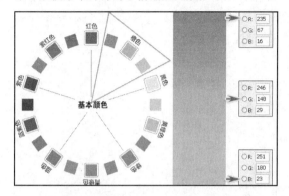

下图所示为某动漫网站的首页效果。网页的主色调采用橙色，其视觉刺激极其耀眼强烈。主题部分使用了白色作为点睛，使页面生动的同时又运用于导航链接，从而达到突出主题的效果。

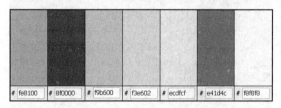

| # fe8100 | # 8f0000 | # f9b600 | # f3e602 | # ecdfcf | # e41d4c | # f8f8f8 |

在很多艺术家的作品中，黄色都用来表现喜庆的气氛和富饶的景色。同时黄色还可以起到强调突出的作用，这也是使用黄色作为路口指示灯的原因。黄色因为具有诸多以上的特点，所以在我们的日常生活中随处可见。

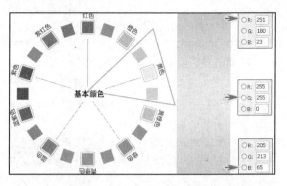

如下图所示，在黄色这明快的背景下，通过明度、饱和度的不同变化来加强页面配色的层次感。加上可爱的卡通画面，以及合理的文字排列，使整个网页充满了温暖、给人活泼、愉快的感觉。

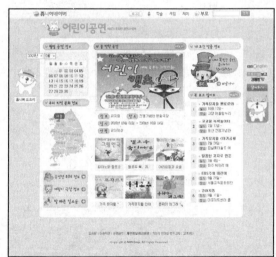

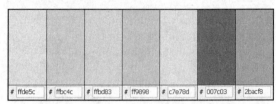

| # ffde5c | # ffbc4c | # ffbd83 | # ff9898 | # c7e78d | # 007c03 | # 2bacf8 |

绿色与人类息息相关，是永恒的自然之色，代表了生命与希望，也充满了青春活力，绿色象征着和平与安全、发展与生机、舒适与安宁、松弛与休息，有缓解眼部疲劳的作用。当需要揭开心中的抑郁时，当需要找回安详与宁静的感觉时，回归大自然是最好的方法。

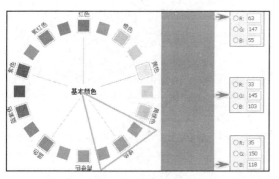

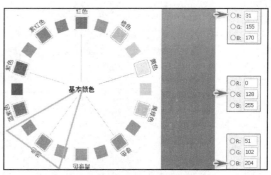

绿色也是在网页中使用最为广泛的颜色之一。因为它本身具有一定的与健康相关的感觉，所以也经常用于与健康相关的站点。绿色还经常用于一些公司的公关站点或教育站点。

下图所示为某运动品牌的网站首页。网页背景为绿色调的杂点效果，主题区域采用了绿色到黄色渐变，在缓和变化的同时却也体现出页面色彩的层次感。

很多站点都在使用蓝色与青绿色的搭配效果。最具代表性的蓝色物体莫过于海水和蓝天，而这两种物体都会让人有一种清凉的感觉。和白色混合，能体现淡雅，辽阔、浪漫的气氛（像天空的色彩），给人以想象的空间。

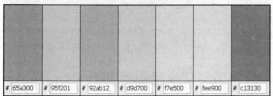

| # 65a300 | # 95f201 | # 92ab12 | # d9d700 | # f7e500 | # fee900 | # c13130 |

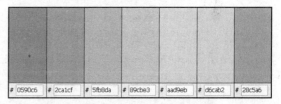

| # 0590c6 | # 2ca1cf | # 5fb8da | # 89cbe3 | # aad9eb | # d6cab2 | # 28c5a6 |

蓝色会使人自然地联想起大海和天空，所以也会使人产生一种爽朗、开阔、清凉的感觉。作为冷色的代表颜色，蓝色会给人很强烈的安稳感，同时蓝色还能够表现出和平、淡雅、洁净、可靠等多种感觉。低彩度的蓝色主要用于营造安稳、可靠的氛围，而高彩度的蓝色可以营造出高贵的严肃的氛围。蓝色与绿色、白色的搭配在我们的现实生活中也是随处可见的，它的应用范围几乎覆盖了整个地球。

紫色是一种在自然界中比较少见的颜色。象征着女性化，也象征着神秘与庄重、神圣和浪漫。它代表着高贵和奢华、优雅与魅力。另一方面，它又有孤独等意味。

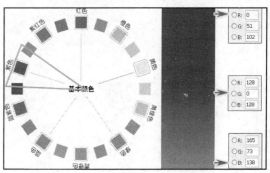

紫色结合红色的紫红色是非常女性化的颜色，它给人的感觉通常都是浪漫、柔和、华丽、高贵优雅，特别是粉红色可以说是女性化的代表颜色。

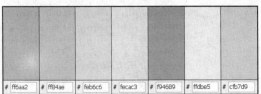

# ff6aa2	# ff84ae	# feb6c6	# fecac3	# f94689	# ffdbe5	# cfb7d9

黑白灰是最基本和最简单的搭配，白字黑底、黑字白底都非常清晰明了。黑白灰色彩是万能色，可以跟任意一种色彩搭配，也可以帮助两种对立色彩和谐过渡。为某种色彩的搭配苦恼的时候，不防试试用黑白灰。

白色给人以洁白，明快，纯真，清洁的感受，以白色作为背景，使色彩较重的绿色产品在页面中尤其显眼，突出主题。蓝色的点缀，减少了非色调白色产生的单调感觉。

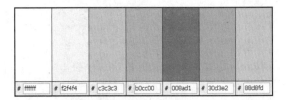

# ffffff	# f2f4f4	# c3c3c3	# b0cc00	# 008ad1	# 30d3e2	# 88d8fd

黑色具有深沉，神秘，寂静，悲哀，压抑的感受。黑色和白色，它们在不同时候给人的感觉是不同的，黑色有时给人沉默、虚空的感觉，但有时也给人一种庄严肃穆的感觉。白色也是同样，有时给人无尽的希望感觉，但有时也给人一种恐惧和悲哀的感受。具体还要看与其搭配的色彩。

下图为某游戏网站的首页。为了体现重金属的感觉，这里使用了黑色背景。

灰色是永久受欢迎的色彩，灰色的使用方法如同单色一样，通过调整透明度的方法来产生灰度层次，使页面效果素雅统一。灰色具有中庸，平凡，温和，谦让，中立和高雅的感觉。

# ececec	# bebebe	# 727a7d	# 595a5a	# 404040	# 6e5348	# ba9585

11.3　色彩知觉和色调联想

版本：DW　CS4/CS5/CS6

由于娱乐行业的特殊性，其网站的布局与配色都较为活泼。但是色彩对人的头脑和精神的影响力，是客观存在的。所以色彩的知觉力、色彩的辨别力、色彩的象征力与感情，这些都是色彩心理学上的重要问题。在设计娱乐类网站时，需要格外注意。

1．色调联想

色彩本身是无任何含义的，联想产生含义，色彩在联想中影响人的心理，左右人的情绪，不同的色彩联想给各种色彩都赋予了特定的含义。这就要求设计人员在用色时不仅是单单地运用，还要考虑诸多因素，如浏览者的社会背景、类别、年龄、职业等社会背景不同的群体，浏览网站的目的也不同，而彩色给他们的感受也不同，同时带给客户的利益多少也不同，也就是说要认真分析网站的受众群体，多听取反馈信息，进行总结与调整。

表达活力的网页色彩搭配必定要包含红紫色。紫色与红色渐变得到红紫色调的网页效果，并且使用白色、暗红色、黑色作为辅助颜色。

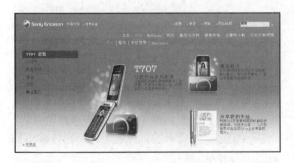

粉红代表浪漫。粉红色是把数量不一的白色加在红色里面，造成一种明亮的红。像红色一样，粉红色会引起人的兴趣与快感，但是以比较柔和、宁静的方式进行。在网页设计中使用浪漫色彩如粉红、淡紫和桃红（略带黄色的粉红色），会令人觉得柔和、典雅。

在任何充满压力的环境里，只要搭配出一些灰蓝色或者淡蓝色的明色色彩组合，就会制造出平和、恬静的效果。

紫色透露着诡异的气息，所以能制造奇幻的效果。各种彩度和亮度的紫色，如果搭配它真正的补色——黄色，更能展现怪诞、诡异的感觉。

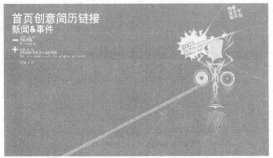

2．色彩知觉

　　颜色的搭配可以流露设计者的心情和喜好，同时也会影响到浏览者。作为一名设计者，首先要考虑的是在一幅作品当中所要传递的信息，这是设计者的目的所在，也是相当重要的。在作品里面还要考虑到表面与实质的联系，既能够使读者退想到什么。为此在网页色彩的联系搭配上，设计者应该考虑到色彩的象征意义。

　　如下图所示，通过这些图片，相信读者或多或少地明白色彩可以使人产生视觉、味觉和心理的不同反应。例如，嫩绿色、翠绿色、金黄色、灰褐色就可以分别象征着春、夏、秋、冬，充分运用色彩的这些特性，可以使我们的主页具有深刻的艺术内涵，从而提升主页的文化品位。

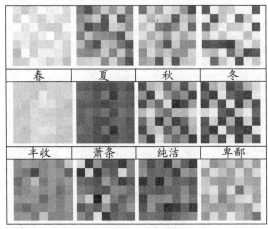

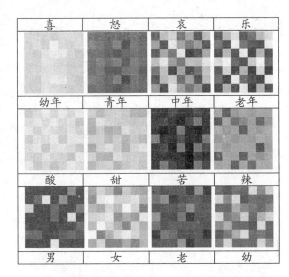

　　在色彩的运用上，可以采用不同的主色调，因为色彩具有象征性。暖色调，即红色、橙色、黄色、赭色等色彩的搭配，可使主页呈现温馨、和煦、热情的氛围。如下图中以橙色调为主的卡通游戏网站首页。

　　冷色调，即青色、绿色、紫色等色彩的搭配，可使主页呈现宁静、清凉、清爽的氛围。

　　对比色调，即把色性完全相反的色彩搭配在同一个空间里。

11.4　交换图像

版本：DW　CS4/CS5/CS6

　　交换图像是网页图像的一种特殊效果，其原理是通过Dreamweaver内置的JavaScript脚本代码实现对事件的响应。当激活事件时，相应的图像将变为另一种图像。交换图像特效在网页中非常常见，如下图所示。

鼠标滑过前

鼠标滑过后

合理使用交换图像特效，可以为网页带来各种动画效果。在Dreamweaver中，交换图像可以通过行为中的多种事件触发。了解这些事件类型有助于为网页添加复杂的特效。常见的Dreamweaver行为事件如表所示。

事件	事件说明
onBlur	当前元素失去焦点时触发此事件
onFocus	当某个元素获得焦点时触发此事件
onClick	鼠标单击时触发此事件
onDblClick	鼠标双击时触发此事件
onKeyDown	当键盘上某个按键被按下时触发此事件
onKeyUp	当键盘上某个按键被按放开时触发此事件

(续表)

事件	事件说明
onKeyPress	当键盘上的某个键被按下并且释放时触发此事件
onMouseDown	按下鼠标时触发此事件
onMouseMove	鼠标移动时触发此事件
onMouseOver	当鼠标移动到某对象范围的上方时触发此事件
onMouseOut	当鼠标离开某对象范围时触发此事件
onMouseUp	鼠标按下后松开鼠标时触发此事件
onLoad	页面内容完成时触发此事件
onError	出现错误时触发此事件

这些事件可以触发大多数Dreamweaver的行为。在Dreamweaver中创建行为后，必须为行为添加合适的触发事件才可以将行为触发。

在设置交换图像特效时，可以为图像设置ID。通过ID可以更方便地区分各个图像，防止制作多个图像时出现错误。为图像设置ID之后，还可以制作事件触发多个图像交换的复杂行为，效果如下。

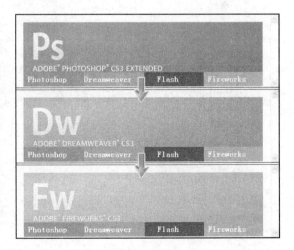

11.5 打开浏览器窗口

版本: DW CS4/CS5/CS6

使用【打开浏览器窗口】行为可以在一个新的窗口中打开页面。同时，还可以指定该新窗口的属性、特性和名称。

选择文档中的某一对象，在【行为】面板中的【添加行为】菜单中执行【打开浏览器窗口】命令。然后，在弹出的对话框中选择或输入要打开的URL，并设置新窗口的属性。

提示

如果不指定新窗口的任何属性，在打开时其大小和属性与打开它的窗口相同。指定窗口的任何属性都将自动关闭所有其他未明确打开的属性。

在【打开浏览器窗口】对话框中，各个选项名称及功能介绍如下。

选项名称		功能
要显示的URL		设置弹出浏览器窗口的URL地址，可以是相对地址，也可以是绝对地址
窗口宽度		以像素为单位设置弹出浏览器窗口的宽度
窗口高度		以像素为单位设置弹出浏览器窗口的高度
属性	导航工具栏	指定弹出浏览器窗口是否显示前进、后退等导航工具栏
	菜单条	指定弹出浏览器窗口是否显示文件、编辑、查看等菜单条
	地址工具栏	指定弹出浏览器窗口是否显示地址工具栏
	需要时使用滚动条	指定弹出浏览器窗口是否使用滚动条
	状态栏	指定弹出浏览器窗口是否显示状态栏
	调整大小手柄	指定弹出浏览器窗口是否允许调整大小
窗口名称		设置弹出浏览器窗口的标题名称

设置完成后预览页面，当单击图像后，即会在一个新的浏览器窗口中打开指定的网页image2.html。该页面内容区域的尺寸为610×420像素，且只显示状态栏。

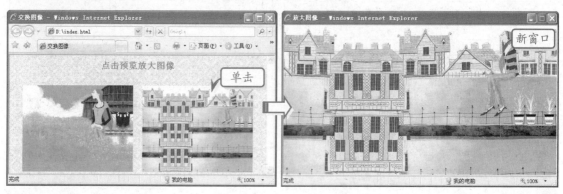

11.6 设置文本

版本：DW CS4/CS5/CS6

【设置文本】行为中有四种选项，分别为【设置容器的文本】、【设置文本域文字】、【设置框架文本】和【设置状态栏文本】。除了【设置状态栏文本】选项之外，其他的三个选项都有一个共同的特点，即在输入的文本内容中可以嵌入任何有效的JavaScript函数调用、属性、全局变量或其他的表达式。

1．设置容器的文本

【设置容器的文本】行为将页面上的现有容器（可以包含文本或其他元素的任何元素）的内容和格式替换为指定的内容。

选择文档中的一个容器（如div元素），在【行为】面板的【添加行为】菜单中执行【设置容器的文本】命令。然后，在弹出的对话框中选择目标容器，并在【新建HTML】文本框中输入文本内容。

提示

> 该文本内容可以包括任何有效的HTML标签。

设置完成后预览效果，当焦点位于文档中的容器时（如单击该div元素），则容器中的图像替换为预设的文字内容，并且应用了HTML标签样式。

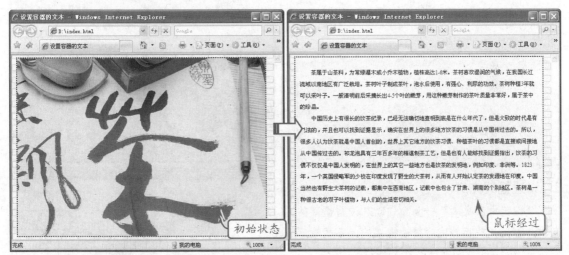

2．设置文本域文字

【设置文本域文字】行为可以将指定的内容替换表单文本域的内容。在表单的文本域中可以为文本域指定初始值，初始值也可以为空。

在使用【设置文本域文字】行为之前，首先要在文档中插入文本字段或文本区域。单击【插入】面板【布局】选项卡中的【文本字段】或

【文本区域】按钮，在弹出的对话框中设置ID。

使用鼠标单击文档的任意位置，在【行为】面板的【添加行为】菜单中执行【设置文本域文字】命令。然后，在弹出的对话框中选择目标文本域，并在【新建文本】文本框中输入所要显示的文本内容。

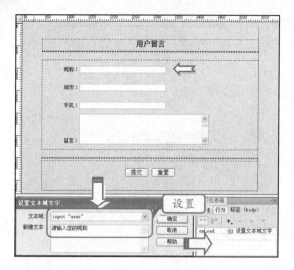

设置完成后预览效果，当页面加载时（即触发Load事件），页面中文本字段和文本域将显示预设的文本内容。

板的【添加行为】菜单中执行【设置框架文本】命令。然后，在弹出的对话框中选择框架名称，并在新建HTML文本框中输入HTML代码或文本。

设置完成后预览效果，当鼠标指针经过mainFrame框架时，其所包含的页面内容将替换为指定的图像。

3．设置框架文本

【设置框架文本】行为允许动态设置框架的文本，可以用指定的内容替换框架的内容和格式设置。该内容可以包含任何有效的HTML代码。

在使用【设置框架文本】行为之前，首先要创建框架页面，或者直接在文档中插入框架。单击【布局】选项卡中的【框架：顶部框架】按钮 ，在文档中插入上下结构的框架。

将光标置于mainFrame框架中，在【行为】面

11.7 制作游戏页面

在本实例中，游戏网页的PSD文档设计已经通过Photoshop CS6设置完成。并且，在制作网页前，已经通过切片工具将其裁切为网页素材图像。

下面将在Dreamweaver CS6中，根据PSD文档的网页结构通过网页技术进行布局，将图像及Flash导航条添加到网页中的相应位置。

练习要点

- 设置背景
- 设置CSS样式
- 设置链接样式
- 使用DIV布局
- 添加Flash

提示

由于篇幅有限，在本章中，将不在介绍游戏首页及Flash导航条的制作过程。用户可以通过查看源文件了解其制作过程。

操作步骤 ▶▶▶▶

1. 创建页面布局并制作Logo和导航条

STEP|01 在站点根目录下创建images目录，将网页素材图像和Flash导航条保存至该目录下。然后，在Dreamweaver中创建名称为index的网页空白文档和名称为main的CSS文档，并将它们保存至站点根目录下。

STEP|02 修改<title></title>标签之间的网页标题，然后在该标签下面添加<link>标签，为网页文档导入外部的CSS文件。

提示

游戏页面中，链接的样式文件名称为main.css。

```
<title>游戏部落</title>
<link rel="stylesheet" type="text/css" href="main.css"/>
```

STEP|03 在main.css文档中为<body>标签定义CSS样式，以设置网页文档的外边距、填充和背景图像。

提示

在body样式中，设置外边距为0像素，内边距为0像素。

```
body {
margin:0px;
```

```
padding:0px;
background-image:url(images/bg.jpg);
}
```

STEP|04 在index.html文档的<body></body>标签之间，使用<div>标签创建网页的基本布局结构，并定义相应的id名称。

```
<div id="header"><!--网页的版头-->
  <div id="logo"></div><!--网页的Logo-->
  <div id="nav"></div><!--网页的导航条-->
</div>
<div id="content"><!--网页的主体内容-->
  <div id="left"></div>
  <!--网页主题内容的左侧部分，即游戏排行榜-->
  <div id="right"></div>
  <!--网页主题内容的右侧部分，即banner、游戏版块和版块信
息-->
</div>
```

提示
将div容器定义为绝对定位时，才可以为该层设置层叠顺序。

STEP|05 在"main.css"文档中，定义id为header的div容器的布局方式、大小和层叠顺序，以及id为logo的div容器的浮动方向、大小和背景图像。

```
#header{
position:absolute;   /*绝对定位*/
width:1003px;height:58px;
z-index:2;   /*层叠顺序为2*/
}
#logo{
float:left;   /*向左浮动*/
width:275px;height:103px;
background-image:url(images/logo.gif);
}
```

提示
在header样式中，设置宽度为1003像素，高度为58像素。

STEP|06 在main.css文档中，定义id为nav的div容器的浮动方向和大小。然后在index.html文档中，执行【插入】|【媒体】|【SWF】命令，在<div id="nav"></div>标签之间插入Flash导航条。

```
#nav{
float:left;
width:660px;height:58px;
}
```

2．制作游戏排行榜

STEP|01 在main.css文档中，定义id为content、left和right的div容器的大小、定位方式、层叠顺序、背景图像等属性，为网页的主体部

提示
在DW中，插入Flash效果如下所示：

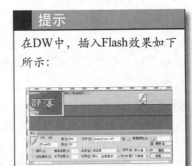

分布局。

```
#content{
position:absolute;
top:58px;
width:1003px;height:750px;
z-index:1;
}
#left{
float:left;
width:245px;height:750px;
}
#right{
float:left;
width:758px;height:750px;
background-image:url(images/content_bg.gif);
background-repeat:no-repeat;
}
```

提示

在content样式中，设置定位
类型为绝对定位，高为58像
素，宽为1003像素，高为750
像素，堆叠顺序为1。

STEP|02 在id为left的div容器中，分别插入id为sidebar和top_list的
div容器，并在第一个div容器中插入侧边图像。然后在main.css文档
中，定义这两个div容器的样式属性。

```
<div id="sidebar"><img src="images/sidebar.gif"
/></div>
<div id="top_list"></div>
CSS代码：
#sidebar{
float:left;margin-top:70px;
width:66px;height:613px;
}
#top_list{
position:absolute;float:left;
width:283px;height:604px;
background-image:url(images/list_bg.gif);
left:10px;top:80px;
filter:Shadow(enabled=true,Color=#444444,Directio
n=135,strength:1px);   /*投影滤镜*/
}
```

提示

在top_list样式中，浮动方向
为左侧，宽度为283像素，高
度为604像素，左边距为10像
素，上边距为80像素。

STEP|03 在id为top_list的div容器中，插入id为top_header和top_list
的div容器。在第1个div容器中插入"游戏排行榜"的标题图像。然
后在main.css文档中，定义这两个div容器的大小和外边距。

```
<div id="top_header"><img src="images/top_header.
jpg" border="0" /></div>
<div id="top_content"></div>
CSS代码:
#top_header{
margin:20px auto 0px auto;
width:234px;height:60px;
}
#top_content{
margin:0px auto 0px auto;
width:234px;height:500px;
}
```

提示

在top_content样式中,设置宽度为234像素,高度为500像素。

STEP|04 在id为top_content的div容器中,通过\<ul>\<li>标签制作游戏排行榜的内容,并在每一个\<li>标签中插入两个div容器,以显示游戏的名称、等级和图像等相关信息。

```
<ul>
  <li id="top_01">
      <div class="top_left"><b>剑网三</b><span><img
src="images/stars/9.gif" /></span></div>
<div class="top_right"><img src="images/top9_01.
jpg" /></div>
  </li>
  <li id="top_02">
    <div class="top_left"><b>七龙珠OL</b><span><img
src="images/stars/8.gif" /></span></div>
      <div class="top_right"><img src="images/
top9_02.jpg" /></div>
  </li>
  <li id="top_03">
      <div class="top_left"><b>剑灵</b><span><img
src="images/stars/7.gif" /></span></div>
      <div class="top_right"><img src="images/
top9_03.jpg" /></div>
  </li>
</ul>
```

提示

在ul列表中,由于代码过多,部分代码已省略,详细代码请查看源文件。

STEP|05 在main.css文档中,定义列表的显示样式、大小等属性,并为列表中的div容器、b标签、span标签等定义相应的样式属性。

```
#top_content ul{
list-style-type:none;    /*去除列表项目符号*/
margin-top:0px;margin-left:2px;margin-bottom:0px;
```

```
padding:0px;
}
#top_content ul li{
display:block;
width:232px;height:51px;
margin:0px; padding:0px;
}
#top_content ul li div{
position:relative; float:left;
display:block;padding:0px;height:50px;
}
.top_left{
width:125px;margin:0px 0px 0px 30px;
}
.top_left b{
display:block;margin-top:4px;width:125px;
color:#7e213e;font-size:14px;text-align:center;
}
.top_right{width:77px;}
#top_content span{
display:block; margin-top:15px;width:125px;
}
/*游戏图像*/
#top_01{background-image:url(images/top_01.jpg)}
#top_02{background-image:url(images/top_02.jpg)}
#top_03{background-image:url(images/top_03.jpg)}
#top_04{background-image:url(images/top_04.jpg)}
#top_05{background-image:url(images/top_05.jpg)}
#top_06{background-image:url(images/top_06.jpg)}
#top_07{background-image:url(images/top_07.jpg)}
#top_08{background-image:url(images/top_08.jpg)}
#top_09{background-image:url(images/top_09.jpg)}
```

> **提示**
>
> 在top_content ul li样式中，设置生成的框的类型为块元素，宽度为232像素，高度为51像素，外边距为0像素，内边距为0像素。

> **提示**
>
> 在CSS代码中，还可以为列表项目设置其他的项目符号或自定义图标。list-style-type属性为列表设置其他的项目符号；list-style-image将图像设置为列表项目图标。

3. 制作网站新闻版块

STEP|01 在id为right的div容器中，插入id为banner、main和copyright的div容器，并在第1个div容器中插入banner图像；在第3个div容器中输入版权信息。然后在main.css文档中，定义这些div容器的样式属性。

XHTML代码：
```
<div id="banner"><img src="images/banner.jpg"
```

```
border="0" /></div><!--网页banner-->
<div id="main"></div><!--网页主体内容-->
<div id="copyright">Copyright © 2009 All Content
| Power by RedGemini</div><!--网页版权信息-->
CSS代码:
#banner{
margin-top:15px;margin-left:65px;
width:655px;height:115px;
}
#main{
margin-top:10px;margin-left:60px;
width:667px;height:520px;
background-color:#454545;
}
#copyright{
margin-left:60px;width:667px;height:53px;
background-image:url(images/footer_bg.jpg);
color:#67787f;
text-align:center;line-height:53px;
}
```

STEP|02 在id为main的div容器中，插入id为top、center和bottom 的div容器，用来制作游戏网站中的"新游资讯"等版块。然后在 main.css文档中定义这些div容器的大小、布局方式等属性。

```
<div id="top"></div>
<div id="center"></div>
<div id="bottom"></div>
CSS代码:
#top{width:668px;height:165px;}
#center{
  position:relative;
margin-top:5px;margin-left:5px;margin-bottom:0px;
  padding:0px;
  width:658px;height:175px;
  background-image:url(images/subject.jpg);
}
#bottom{
  width:658px;height:170px;
  margin-left:5px;margin-top:5px;
}
```

STEP|03 在id为top的div容器中，插入id为news和demos的div容

提示

添加完成后，排行榜的效果 如下:

提示

在center样式中，设置外上边 距为5像素，外左边距为5像 素，外下边框为0像素。所有 内边距为0像素，宽度为658 像素，高度为175像素，背景 图片为subject.jpg。

器，用来制作"新游资讯"和"新游试玩"版块。然后在main.css
文档中定义这两个div容器的浮动方向、大小、背景图像等属性。

```
<div id="news"></div>
<div id="demos"></div>
CSS代码：
#news{
   float:left;
   margin-top:5px;margin-left:5px;
   width:326px;height:157px;
background-image:url(images/news_demos.jpg);
}
#demos{
   float:left;
   margin-top:5px;margin-left:5px;
   width:326px;height:157px;
background-image:url(images/news_demos.jpg);
}
```

提示

在bottom样式中，设置宽度
为658像素，高度为170像
素，外左边距为5像素，外上
边距为5像素。

STEP|04 在id为news的div容器中，插入id为news_title和news_list
的div容器，并在其中输入版块标题和内容。然后在main.css文档中
定义div容器的样式属性及文字和链接的样式。

```
XHTML代码：
<div id="news_title"><span class="title">新游资讯</
span><span class="more"><a href="#">more&gt;&gt;</
a></span> </div>
<div id="news_list">
<ul class="font">
     <li>韩国 《冒险岛》韩服公开新职业矛战士(图)  06-19
</li>
     <li>韩国 韩国新作《OZ Festival》24日一测 06-19 </
li>
     <li>韩国 生活型社区网游《MAF Online》公开 06-19</
li>
   </ul>
</div>
CSS代码：
#news_title{
width:296px;height:35px;
   margin-left:30px;margin-right:auto;
   text-align:center;line-height:35px;
}
```

提示

在news样式中，设置流动方
向为左侧，外上边距为5像
素，外左边距为5像素，宽
度为326像素，高度为157像
素，背景图片为news_demos.
jpg。

```
#news_list{width:326px;height:120px;}
#news_list ul{
   display:block;margin-top:0px;margin-bottom:0px;
}
.title{
   font:"微软雅黑";font-size:14px;
   font-weight:bolder;color:#912346;
   display:block;float:left;
}
.more  {display:block;float:right;margin-
right:10px;}
.more a:link,a:visited{
   font:"微软雅黑";font-size:14px;
   font-weight:bold;color:#912346;
   text-decoration:none;
}
.more a:hover{
   font:"微软雅黑";font-size:14px;
   font-weight:bold;color:#000000;
   text-decoration:none;
}
.font{font:"宋体";font-size:12px;color:#000;}
```

提示

在more a:hover样式中，设置设置字体为粗体，字体颜色为#000000。

STEP|05 在id为demos的div容器中，插入id为demos_title和demos_content的div容器，并在其中输入版块标题和内容。然后，在main.css文档中定义div容器的大小及游戏图像和文字介绍的外边距等样式属性。

```
<div id="demos_title">
<span class="title">新游试玩</span>
<span class="more"><a href="#">more&gt;&gt;</a></
span>
</div>
<div id="demos_content"><img src="images/game_01.
jpg" border="0" /><span class="font">  《名将三国》
是一款取材于三国历史背景的新概念横版格斗网游。游戏升华了街
机游戏《三国志-吞食天地》和《名将》...[全文]</span> </
div>
CSS代码:
#demos_title{
   width:296px;height:35px;
   margin-left:30px;margin-right:auto;
```

```
  line-height:35px;
}
#demos_content{width:326px;height:120px;}
#demos_content img{
  float:left;
margin-left:10px;margin-top:4px;margin-right:5px;
}
#demos_content span{
  display:block;
margin-left:5px;margin-top:5px;margin-right:5px;
  line-height:18px;
}
```

STEP|06 在id为center的div容器中，插入id为center_title和center_content的div容器，用于制作"网游专题"版块。然后，在main.css文档中定义div容器的样式属性。

```
<div id="center_title">
<span class="title">网游专题</span>
<span class="more"><a href="#">more&gt;&gt;</a></span>
</div>
<div id="center_content"></div>
```
CSS代码：
```
#center_title{
width:625px;height:35px;
margin-left:30px;
line-height:35px;
}
#center_content{width:658px;height:140px;}
```

> **提示**
>
> 在center_title样式中，设置宽度为625像素，高度为35像素，外左边距为30像素，行间的距离为35像素。

STEP|07 在id为center_content的div容器中，插入<ul><li>项目列表，用于制作"网游专题"的内容。然后在main.css文档中，定义项目列表、图像和文字的样式属性。

```
<ul>
   <li><div id="center_01_img"><img src="images/
game_02.jpg" /></div><div id="center_01_title">
《永恒之塔》国服体验专题</div></li>
   <li><div id="center_02_img"><img src="images/
game_03.jpg" /></div><div id="center_02_title">
《冲锋岛》国服视频专题</div></li>
<li><div id="center_03_img"><img src="images/
game_02.jpg" /></div><div id="center_03_title">真
```

> **提示**
>
> 在center_content ul样式中，设置列表项标记的类型为无标记，外边距为0像素，内边距为0像素。

```
仙侠 新奇迹！蜀门OL专区上线</div></li>
</ul>
CSS代码：
#center_content ul{
margin:0px;padding:0px;
list-style-type:none;
}
#center_content ul li{
  float:left;display:block;
  width:214px;height:135px;
  margin:4px 0px 0px 4px;
  padding:0px;
}
#center_01_title,#center_02_title,#center_03_
title{
  height:20px;font-size:12px;
  line-height:20px;text-align:center;
}
```

STEP|08 在id为bottom的div容器中，插入id为video和newGame的div容器，用于制作"精彩视频"和"最新网游"版块。然后在main.css文档中定义这两个div容器的样式属性。

```
<div id="video"></div>
<div id="newGame"></div>
CSS代码：
#video{
  float:left;
  width:218px;height:159px;
  background-image:url(images/video.jpg)
}
#newGame{
  float:left;
  width:433px;height:157px;
  margin-left:5px;
background-image:url(images/newGame.jpg);
}
```

STEP|09 在id为video的div容器中，插入id为video_title和video_content的div容器，并在其中插入游戏视频图像，用于制作"精彩视频"版块。

```
<div id="video_title">
<span class="title">精彩视频</span>
```

```
<span class="more"><a href="#">more&gt;&gt;</a></
span>
</div>
<div id="video_content">
<img src="images/game_05.jpg" border="0"/>
</div>
CSS代码:
#video_title{width:188px;
  height:35px;margin-left:30px;
  margin-right:auto;line-height:35px;}
#video_content{
  width:213px; height:117px;
  margin-left:5px; margin-top:3px;}
```

提示

精彩视频添加完成后，效果
如下：

STEP|10 在id为newGame的div容器中，插入newGame_title和newGame_content的div容器，用于显示"最新网游"版块的标题和内容。然后在main.css文档中定义这两个div容器的样式属性。

```
<div id="newGame_title">
<span class="title">最新网游</span><span
class="more"><a href="#">more&gt;&gt;</a></span>
</div>
<div id="newGame_content"></div>
CSS代码:
#newGame_title{
  width:400px;height:35px;
  margin-left:30px;margin-right:auto;
  line-height:35px;
}
#newGame_content{
width:424px;
height:117px;
}
```

提示

在newGame_title样式中，设
置宽度为400像素，高度为35
像素，左外边距为30像素，
右外边距为自动，行高为35
像素。

STEP|11 在id为newGame_content的div容器中，插入`<ul><li>`项目列表，用于显示最新网游的图像和名称。然后在main.css文档中定义项目列表的样式属性。

```
<ul>
  <li>
<div id="newGame_01_img"><img src="images/game_06.
jpg" /></div>
<div id="newGame_01_title">纷争OL</div>
</li><li>
```

提示

在newGame_content样式中，
设置宽度为424像素，高度为
117像素。

```
<div id="newGame_02_img"><img src="images/game_07.
jpg" /></div>
<div id="newGame_02_title">宠物小精灵</div>
</li><li>
<div id="newGame_03_img"><img src="images/game_08.
jpg" /></div>
<div id="newGame_03_title">秦伤</div>
</li>
  <li>
<div id="newGame_04_img"><img src="images/game_09.
jpg" /></div>
<div id="newGame_04_title">魔灵OL</div>
</li>
</ul>
```

CSS代码:

```
#newGame_content ul{
margin:0px;padding:0px;
list-style-type:none;
}
#newGame_content ul li{
float:left;display:block;
width:100px;height:100px;
margin:8px 0px 0px 6px;
padding:0px;
}
#newGame_01_title,#newGame_02_title,#newGame_03_
title,#newGame_04_title{height:20px;
font-size:12px;
text-align:center;line-height:20px;
}
```

> **提示**
>
> 在newGame_content ul样式中,设置外边距为0像素,内边距为0像素,列表项标记的类型为无标记。

> **提示**
>
> 精彩视频添加完成后,效果如下:
>
>

11.8　高手答疑

版本: DW CS4/CS5/CS6

问题1: 如何将浏览器窗口底部的状态栏文字更改为自定义的文本内容?

解答: 使用【设置状态栏文本】行为可以在浏览器窗口左下角处的状态栏中显示自定义的文本内容。

将光标置于文档中,在【行为】面板的【添加行为】菜单中执行【设置状态栏文本】命令,在弹出的对话框中输入要显示的文本内容。

在【行为】面板中，将onMouseOver事件更改为onLoad事件，使页面加载时浏览器窗口的状态栏显示预设的文字内容。

注意

在Dreamweaver中使用【设置状态栏文本】行为，将不能保证会更改浏览器中状态栏的文本，因为一些浏览器在更改状态栏文本时需要进行特殊调整。例如，Firefox需要更改【高级】选项以让JavaScript更改状态栏文本。

设置完成后预览效果，可以发现浏览器窗口左下角处的状态栏已经显示为预设的文字内容。

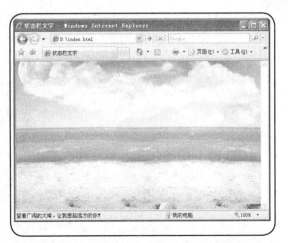

问题2：如果检测访问者浏览器中是否安装有指定的插件，并可以根据不同的结果跳转到相应的页面？

解答：使用【检查插件】行为可以检查访问者的浏览器是否安装了指定的插件，并根据检查结果跳转到不同的网页。

例如，想让安装有Shockwave插件的浏览器跳转到index.html页面，而让未安装该插件的浏览器跳转到error.html页面。

在【行为】面板的【添加行为】菜单中执行【检查插件】命令，在弹出的对话框中选择或输入插件名称，然后设置不同的检查结果所跳转的URL地址即可。

11.9 高手训练营

版本：DW CS4/CS5/CS6

1．弹出信息

【弹出信息】行为用于弹出一个显示预设信息的JavaScript警告框。由于该警告框只有一个【确定】按钮，所以使用此行为可以为用户提供信息，但不能提供选择操作。

选择文档中的某一对象，单击【行为】面板中的【添加行为】按钮 +，执行【弹出信息】命令。然后在弹出的对话框中输入文字信息。

输入文字

设置完成后预览页面，当鼠标单击浏览器中的图像时，即会弹出一个包含有预设信息的JavaScript警告框。

单击图像

2．查看和插入库项目

在Dreamweaver中，用户可方便地查看所有当前站点中的库项目。

首先执行【窗口】|【资源】命令，打开【资源】面板，然后在面板的导航栏中单击【库】按钮，切换到库项目的内容。

在【资源】面板的【列表栏】中，单击库项

目，即可在【预览栏】中浏览库项目的内容。

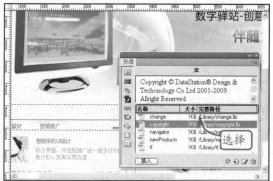

选择

在【资源】面板的列表栏中，用户可浏览当前站点中所有的库项目。

同一个站点内可以包含许多库项目。不同站点间的库项目可以通过右击执行【复制到站点】命令相互复制。

在网页文档中，用户可将光标置于需要插入库项目的位置，然后执行【窗口】|【资源】命令，打开【资源】面板。在【资源】面板中单击【库】按钮，在列表栏中选择库项目，单击【插入】按钮 插入 将其插入到文档中。

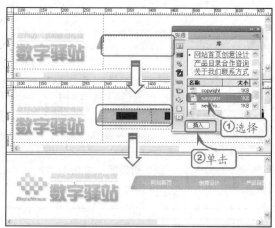

①选择
②单击

第12章

餐饮类网站——Flash动画

餐饮行业是一个竞争激烈的传统行业，在资讯发达的今天，营销策划尤为重要。计算机网络技术的发展为餐饮企业的信息化提供了技术上的支持，餐饮可以通过网站将信息传递到受众面前，引导受众参与传播内容，对餐饮产品、品牌、活动产生了解、认同和共鸣，以达到受传双方双向交流的创新思维过程。并且一个好的网站能将餐饮企业的宣传、营销手段提上一个新的台阶。

12.1 餐饮门户网站

版本: Flash CS4/CS5/CS6

餐饮门户网站,以餐饮业为对象汇聚了各类餐饮娱乐相关信息,服务于大众百姓,服务于各餐饮企业,在消费者与餐饮业之间架起了一座沟通的桥梁,增进了餐饮娱乐行业与消费者之间的交流和信任。根据网站主题,可分为地域性餐饮网站、健康餐饮网站、餐饮制作网站和综合性餐饮网站。

1．地域性餐饮网站

餐饮都有地域性,餐饮行业的地域性决定了顾客就餐的本地性。换句话说,餐饮企业的顾客群基本上都在本城市内,如下图中地域性的餐饮服务网站。

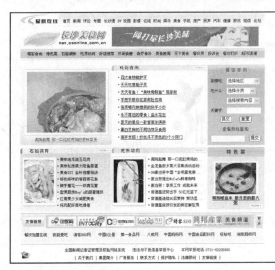
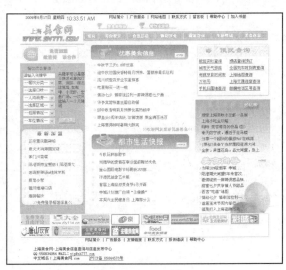

2．健康餐饮网站

健康饮食网是一个以健康,饮食为主题的专业美食网站,致力于为大家提供各种健康保健知识和保健常识,包括饮食健康、心理健康、疾病防治、养生保健、中医养生、生活保健等方面。

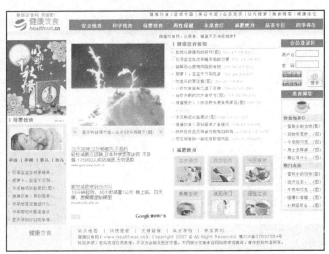

3．餐饮制作网站

餐饮制作网站侧重服务,主要向大家提供餐饮的制作方法及技巧。如甜品美食制作网站和热食制作网站。

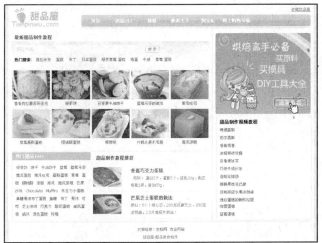

4．综合性餐饮网站

一些餐饮网站在以销售产品营利为目的同时，也提供一些与餐饮有关的信息，如提供一些制作餐饮或餐饮文化等方面内容服务于大家，增强网页的丰富性。如下图中的美食网站。

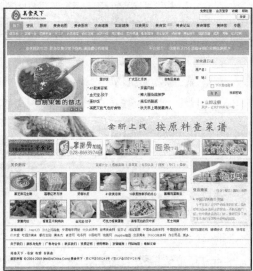

12.2 餐饮网站分类

版本：Flash CS4/CS5/CS6

一些餐饮企业或餐饮店面以具有针对性的产品内容为主题，在装修上有自己独特的风格。根据装修的风格、产品的特色以及饮食文化，定位网站设计风格。在设计方面，还需要符合消费者心理，能够促进消费者的食欲。

1．中式餐饮网站

中式餐饮，不言而喻以中国的餐饮为主，目标消费者多数是中国人。所以网页在色调搭配上大多以传统色调为主，下面是一个餐饮企业的首页和内页。

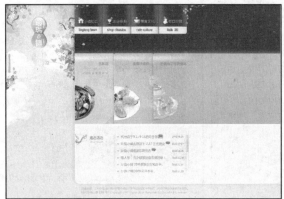

2．西式餐饮网站

西餐这个词是由于它特定的地理位置所决定的。我们通常所说的西餐主要包括西欧国家的饮食菜肴，同时还包括东欧各国，地中海沿岸等国和一些拉丁美洲如墨西哥等国的菜肴。根据不同国家的风情，网页设计风格也会有所不同，例如，披萨网站和汉堡网站。

3．糕点餐饮网站

糕点餐饮主要是蛋糕、起酥、小点心等食物，在外观设计上比较精致美观。网站设计多数以食物特色而定风格。

4．冰点餐饮网站

冰点饮食主要包括饮料、雪花酪和冰激凌等，网站的设计风格一般是清爽、淡雅的。网站可以展示实体产品或用抽象物概括，在设计方面只要能突出主题即可。

5．饮料类网站

在餐饮类网站中，其实除了用餐的相关内容外，还包含有饮类产品，如饮料、酒类等。饮料是以水为基本原料，供人们直接饮用或食用的食品。饮料可以分为冷饮和热饮，这两种饮料的网站设计各有特点。例如，雪碧是一种冷饮，在色彩搭配上以冷色为主，给人一种清爽的感觉。但是，热饮类网站就恰恰相反。例如，意浓世界咖啡，其网站以暖色调为主，给人一种温暖、舒适、温馨的感觉。

12.3 餐饮网站风格与色彩设计

版本：Flash CS4/CS5/CS6

风格是抽象的，网站风格是指整体形象给浏览者的综合感受。网页的底色是整个网站风格的重要指针。所以，色彩作为网站设计体现风格形式的主要视觉要素之一，对网站设计来说分量是很重的，而网站的色彩配色则根据网站风格定位。

1．写实风格与色彩

所谓写实风格网站，指的是网页中出现的是真实产品的图像将产品外观、特色和风俗正确、忠实地显示出来，网页在色彩搭配上注重如何更好地衬托产品。例如，两个不同风格糕点网页。

2．抽象风格与色彩

所谓抽象风格网站，与写实风格相反，根据产品外观、特色和风俗，用简单的图像形象在网页中概括地表示出来。图像可以稍加夸张、卡通化、生动化等，在颜色上也可以稍加变动。

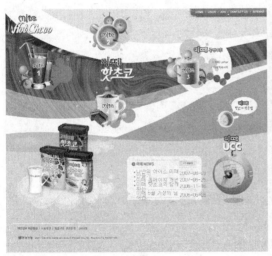
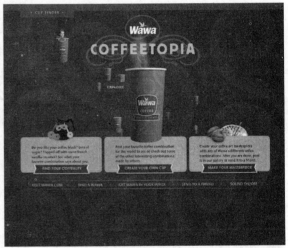

<table>
<tr><td>12.4</td><td>餐饮网站主题与色彩设计</td><td>版本：Flash CS4/CS5/CS6</td></tr>
</table>

国家的疆域有大有小，实力有强有弱，人口有多有少，民族构成、宗教信仰、政权性质和经济结构也有差异，故而各国的饮食文化是不一样的，不同国家的餐饮网站在风格及色彩搭配上也会有所不同。

1．中国风格网站

中国是一个具有悠久历史的饮食文化大国，饮食一直是其文化发展的原动力之一，很早就牢固地树立了"礼乐文化始于食"、"民以食为天"等观念，食是人之大欲。中国自古就十分注重饮食文化，传统的餐饮网站通常以大红为主色调或采用古典风格。

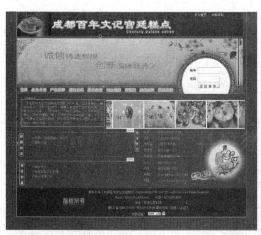 

2. 韩国风格网站

韩国传统的家族观念很强，韩国饮食文化和中国十分相似，把对生活的美好憧憬与礼义孝的文化信念根植在韩食中，最终形成了独特的韩食文化。网站用色一向以大胆奔放著称，但好作品往往让用户感觉不到它的花哨和刺眼，因为这些色彩已经完美地融合到了界面里，让用户在享受服务的同时，也能感受到一丝温暖。

3. 日本风格网站

日本人多喜生食，以尊重材料本身的味道，"色、形、味"为日本饮食文化的特征。日本料理网站，在网页设计上，风格简约但不缺细节处理，使人的心情放松、创造一种安宁、平静的生活空间。

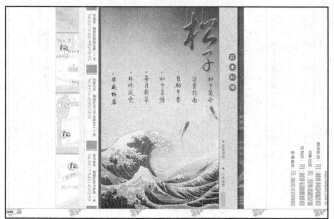 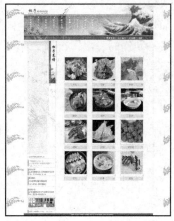

4．欧美风格网站

西方人对待饮食的观念是理性的。西方人把饮食当作一门科学，以现实主义的态度注重饮食的功能。网页版式是设计中的视觉语言，欧美用户不习惯艳丽、花哨的色彩和设计风格，比较钟情于简洁、平淡而严谨的风格，即使许多大型网站也是这种风格。在餐饮网站设计方面，色彩多数为稳定的深棕色调。

在设计网站时，色彩设计既要有理性的一面，还要有感性的一面，不仅要了解色彩的科学性，合理地搭配颜色，还要了解色彩表达情感的力度。色彩设计不仅是为了传递某种信息，更重要的是从它原有的魅力中发起人们的情感反应。达到影响人、感染人和使人容易接受的目的。

12.5 帧

版本：Flash CS4/CS5/CS6

在Flash中，通过更改连续帧中的内容就可以创建动画，通过移动、旋转、缩放、更改颜色和形状等操作，即可为动画制作出丰富多彩的效果。

1．帧类型

帧是Flash动画的核心，它控制着动画的时间以及各种动作的发生。在通常情况下，制作动画需要不同类型的帧来共同完成。其中，最常用的帧类型包括以下几种。

■ 关键帧

制作动画过程中，在某一时刻需要定义对象的某种新状态，这个时刻所对应的帧称为关键帧。关键帧是变化的关键点，如补间动画的起点和终点以及逐帧动画的每一帧，都是关键帧。

关键帧是特殊的帧，实心圆点表示有内容的关键帧，即实关键帧；空心圆点表示无内容的关键帧，即空白关键帧。

右击时间轴中任意一帧，在弹出的菜单中执行【插入关键帧】命令，即可在所选择的位置插入一个实关键帧。

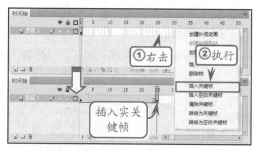

■ 普通帧

普通帧也称为静态帧，在时间轴中显示为一个矩形单元格。无内容的普通帧显示为空白单元格，有内容的普通帧则会显示出一定的颜色。例如，实关键帧后面的普通帧显示为灰色。

在实关键帧后面插入普通帧，则所有的普通帧将包含该关键帧中的内容。也就是说，后面的普通帧与关键帧中的内容相同。

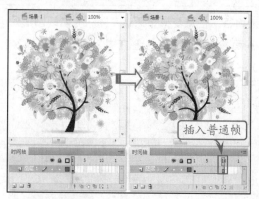

■ 过渡帧

过渡帧包括了许多帧，但其中至少要有两个帧，起始关键帧和结束关键帧。起始关键帧用于决定对象在起始点的外观，而结束关键帧用于决定对象在结束点的外观。

在Flash中，利用过渡帧可以制作两类过渡动

画，即运动过渡和形状过渡。不同颜色的帧代表不同类型的动画。

2．帧的基本操作

在选择时间轴中的帧之后，可以对帧执行复制、粘贴、移动、删除等操作，以创建更加丰富的动画内容。

■ 复制和粘贴帧

在时间轴中选择单个或多个帧，然后右击并在弹出的菜单中执行【复制帧】命令，即可复制当前选择的所有帧。

在需要粘贴帧的位置选择一个或多个帧，然后右击并在弹出的菜单中执行【粘贴帧】命令，即可将复制的帧粘贴或覆盖到该位置。

> **提示**
>
> 选择需要复制的一个或多个连续帧，然后按住 Alt 键不放并拖动至目标位置，即可将其粘贴到该位置。

■ 删除帧

选择时间轴中一个或多个帧，然后右击并在弹出的菜单执行【删除帧】命令，即可删除当前选择的所有帧。

矩形图标时，单击鼠标并拖动至目标位置，即可移动当前所选择的所有帧。

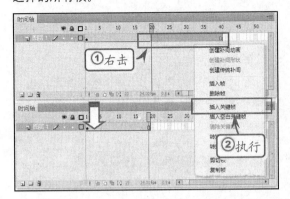

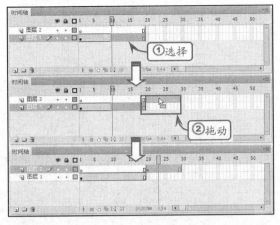

3．移动帧

选择时间轴中一个或多个连续的帧，将鼠标放置在所选帧的上面，当光标的右下方出现一个

12.6 任意变形对象

版本: Flash CS4/CS5/CS6

当图形对象需要变形时，可以通过任意变形方式来编辑。任意变形是通过手动方式实现图形对象的变形，比如缩放、旋转、倾斜、扭曲等。而【工具】面板中的【任意变形工具】 ，与【修改】|【变形】命令功能相同，并且两者相通。

选中图形对象后，选择【任意变形工具】 ，这时图形四周显示变形框。在所选内容的周围移动光标，光标会发生变化，指明哪种变形功能可用。

比如，将光标指向变形框四角的某个控制点时，可以缩小或者放大图形对象；如果将光标指向变形框四角的某个控制点，并且与该控制点具有一定距离，即可对图形对象进行旋转。

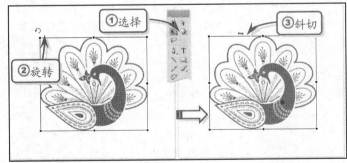

当选择【任意变形工具】 后，如果单击该面板底部的某个功能按钮，即可针对相应的变形功能进行变形操作。例如，单击面板底部的【旋转与倾斜】按钮 ，就只能对图形对象进行旋转和倾斜的变形。

【任意变形工具】中的【封套】功能，可以修改形状允许弯曲或扭曲对象。封套是一个边框，其中包含一个或多个对象，当通过调整封套的点和切线手柄来编辑封套形状时，该封套内对象的形状也将受到影响。

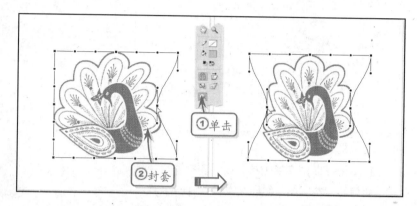

12.7 【变形】面板

版本：Flash CS4/CS5/CS6

使用【任意变形工具】可以方便快捷地操作对象，但是却不能控制精确度。而利用【变形】面板可以通过设置各项参数，精确地进行缩放、旋转、倾斜、翻转对象的操作。

1．精确缩放对象

选中舞台中的图形对象后，执行【窗口】|【变形】命令（快捷键 Ctrl+T ），打开【变形】面板。

在该面板中，可以沿水平方向、垂直方向缩放图形对象。比如单击水平方向的文本框，在其中输入40，即可以图形原宽度尺寸的40%缩小。

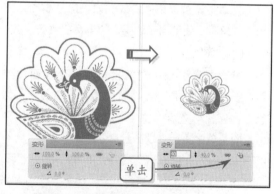

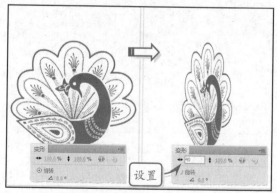

要想成比例缩放图形对象，可以在设置之前单击【约束】按钮 。然后在任一个文本框中输入数值，即可得到成比例的缩放效果。

2．精确旋转与倾斜对象

在【变形】面板中，当启用【旋转】单选框时，可以在文本框中输入数值，进行360°的旋转；当启用【倾斜】单选框时，则可以进行水平或者垂直方向的倾斜变形。

3．重制选区和变形

当启用【旋转】单选框进行图形旋转时，设置旋转角度后，还可以通过连续单击【重制选区和变形】按钮 ，得到复制的旋转图形。

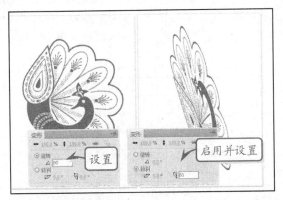

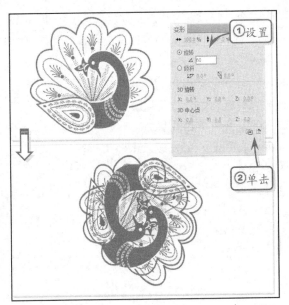

4. 还原变形对象

在使用【自由变换工具】或【变换】面板缩放、旋转和倾斜实例、组和文本时，Flash会保存对象的原大小和旋转值。当执行【编辑】|【撤销】命令，即可撤销最近的变换。

12.8 滤镜

版本：Flash CS4/CS5/CS6

滤镜是Flash动画中一个重要的组成部分，用于为动画添加简单的特效，如投影、模糊、发光、斜角等，使动画表现得更加丰富、真实。

1. 投影滤镜

投影滤镜是模拟对象投影到一个表面的效果。要想添加投影滤镜，首先选择一个对象，然后单击属性检查器中的【添加滤镜】按钮，在弹出的菜单中执行【投影】命令即可。

在添加投影滤镜后，可以通过【滤镜】选项组中的参数来更改投影的效果，其中常用选项的说明如下。

选项名称	说明
模糊	该选项用于控制投影的宽度和高度
颜色	单击此处的色块，可以打开【颜色拾取器】，可以设置阴影的颜色
角度	该选项用于控制阴影的角度，在其中输入一个值或单击角度选取器并拖动角度盘
距离	该选项用于控制阴影与对象之间的距离
挖空	启用此复选框，可以从视觉上隐藏源对象，并在挖空图像上只显示投影
内侧阴影	启用此复选框，可以在对象边界内应用阴影

2. 模糊滤镜

模糊滤镜可以柔化对象的边缘和细节。将模糊应用于对象，可以让它看起来好像位于其他对象的后面，或者使对象看起来好像是运动的。

在添加模糊滤镜效果后，默认的参数即可得到模糊效果。

果与投影相似，但是发光颜色为渐变颜色。

该滤镜中的参数与投影滤镜中的基本相同，只是后者模糊的是投影效果，前者模糊的是对象本身。

3．发光滤镜

添加发光滤镜后，发现其中的参数与投影滤镜的基本相似，只是没有距离、角度等参数，其默认发光颜色为红色。

在参数列表中，唯一不同的是【内发光】选项，当启用该选项后，即可将外发光效果更改为内发光效果。

4．渐变发光滤镜

渐变发光与发光滤镜有所不同，其发光颜色是渐变颜色，而不是单色。在默认情况下，其效

渐变发光颜色与【颜色】面板中渐变颜色的设置方法相同。但是，渐变发光要求渐变开始处颜色的Alpha值为0，并且不能移动此颜色的位置，但可以改变该颜色。

在渐变发光滤镜中，还可以定义发光效果。只要在【类型】下拉列表中，选择不同的子选项即可。默认情况下为"外侧"。

5．渐变斜角滤镜

在渐变斜角滤镜中，只是将斜角滤镜中的【阴影】和【加亮显示】选项替换为渐变颜色控件。而在渐变颜色编辑条中，需要注意的是渐变斜角要求渐变中间有一种颜色的Alpha值为0。

6. 调整颜色滤镜

应用调整颜色滤镜，可以调整对象的对比度、亮度、饱和度与色相。其中，对于位图的应用尤为显著。

■ **对比度** 用于调整图像的加亮、阴影及中调。

■ **亮度** 用于调整图像的亮度。

■ **饱和度** 用于调整颜色的强度。

■ **色相** 用于调整颜色的深浅。

12.9 制作餐饮类网站开头动画

版本：Flash CS4/CS5/CS6

当打开Flash网站时，通常都会先播放一个炫丽的开头动画，这样不但吸引了访问者的注意力，而且可以展示网站的布局结构。对于Flash网站来说，开头动画是非常有必要的。本练习就制作一个曲奇饼干网站的开头动画。

操作步骤 ▶▶▶▶

STEP|01 新建文档，在【文档设置】对话框中设置舞台的尺寸为"766像素×600像素"。然后，执行【文件】|【导入】|【导入到舞台】命令，将"bg.jpg"素材图像导入到舞台，并在第85帧处插入普通帧。

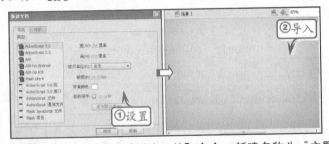

STEP|02 执行【插入】|【新建元件】命令，新建名称为"主题背景"的影片剪辑。然后，选择【矩形工具】，启用【工具】中的【绘制对象】选项，在舞台中绘制一个420像素×520像素的白色（#FFFFFF）矩形。

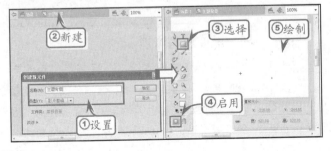

练习要点

● 导入外部素材
● 新建图层
● 创建传统引导图层
● 创建补间动画
● 创建传统补间动画
● 创建引导动画

提示

在第85帧插入普通帧，用于延长动画的播放时间。鼠标即可。

注意

启用【绘制对象】选项，可以使绘制的图形与其他图形互不影响。否则，同一图层中的多个图形将会合并为一个图形。

STEP|03 使用相同的方法，在白色矩形的上面绘制一个380像素×500像素的淡黄色（#F5F5F0）矩形。然后，选择这两个矩形，打开【对齐】面板，单击【水平中齐】和【垂直中齐】按钮。

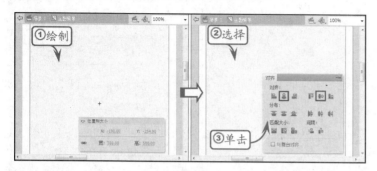

提示

绘制矩形之前，在属性检查器中禁用【笔触】选项。

STEP|04 返回场景。新建"主题背景"图层，将"主题背景"影片剪辑拖入到舞台。然后选择该影片剪辑，在【变形】面板中设置其缩放宽度和缩放高度均为"12%"。

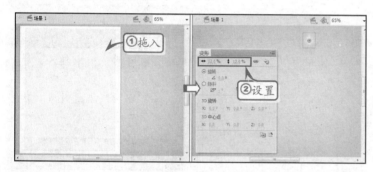

提示

在【变形】面板中，禁用【约束】选项，可以单独设置缩放宽度或缩放高度选项，而不影响另一个选项。

STEP|05 右击"主题背景"图层，在弹出的菜单中执行【添加传统运动引导层】命令，创建运动引导层，使用【铅笔工具】在舞台中绘制运动路径。然后，将"主题背景"影片剪辑拖动到路径的起始端点。

提示

将"主题背景"影片剪辑拖动至路径的起始端点附近时，其中心点将会自动吸附到端点处。

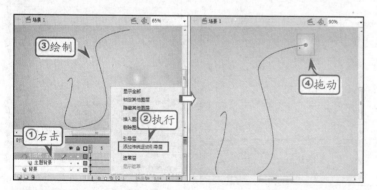

注意

在被引导图层中，不能创建补间动画，只能创建传统补间动画。

STEP|06 选择"主题背景"图层，在第30帧处插入关键帧，将"主题背景"影片剪辑拖动到路径的结束端点，在【变形】面板中设置其缩放宽度和缩放高度均为"100%"。然后，右击这两关键帧

之间任意一帧，在弹出的菜单中执行【创建传统补间动画】命令，
创建传统补间动画。

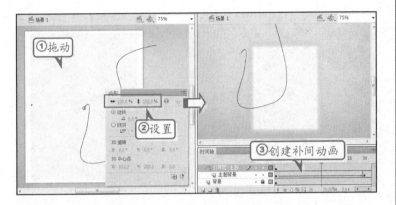

STEP|07 在第10帧处插入关键帧，在【变形】面板中设置影片剪辑的缩放宽度为"40%"；缩放高度为"7%"。然后在第15帧处插入关键帧，设置其缩放宽度为"14.5%"；缩放高度为"8%"。

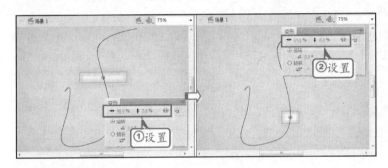

STEP|08 在第20帧处插入关键帧，在【变形】面板中设置影片剪辑的缩放宽度为"45%"；缩放高度为"8.5%"。然后在第25帧处插入关键帧，设置其缩放宽度为"28%"；缩放高度为"20%"。

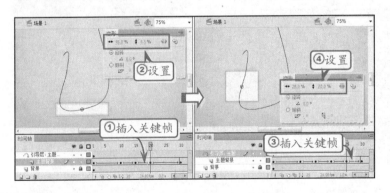

STEP|09 新建LOGO图层，在第30帧处插入关键帧，将"LOGO.png"素材图像导入到舞台。然后，右击该关键帧，在弹出的菜单中执行【创建补间动画】命令，创建补间动画。

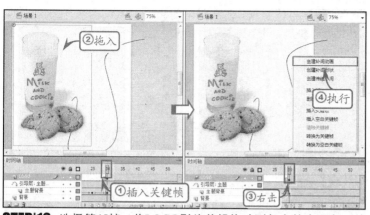

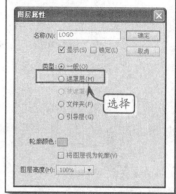

STEP|10 选择第45帧，将LOGO影片剪辑拖动到舞台的右下角。然后，选择该图层，并移动至"主题背景"图层的下面。

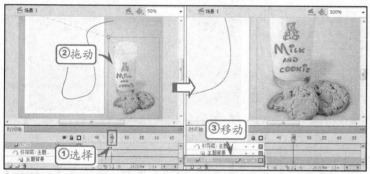

STEP|11 新建"版尾信息"图层，在第30帧处插入关键帧，使用【文本工具】在舞台的左下方输入版尾信息。然后创建补间动画，选择第45帧，将文字向上移动。

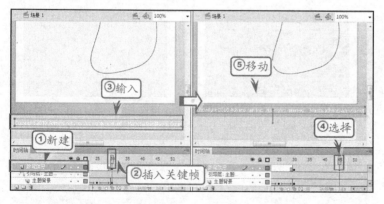

12.10 制作餐饮类网站导航

版本：Flash CS4/CS5/CS6

对于网站来说，导航条发挥着极其重要的作用，它为网站访问者提供了从一个页面跳转到另一个页面的途径，使访问者可以方便、快速地访问到所需的内容。本节将为网站制作一个Flash导航。

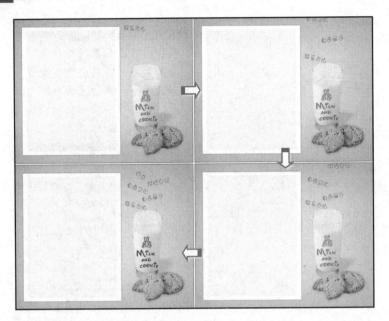

提示

在属性检查器中，设置"联系方式"文字的系列为"迷你简娃娃篆"；大小为"24点"；颜色为"橄榄绿"（#665E3D）。

操作步骤 ▷▷▷▷

STEP|01 新建"联系方式"影片剪辑，使用【文本工具】在舞台中输入"联系方式"文字，在属性检查器中设置其系列、大小和颜色。然后创建补间动画，在第10帧处插入关键帧。

STEP|02 选择第4帧，将文字向右移动。选择第7帧，再将文字向左移动。新建图层，在第10帧处插入关键帧，在【动作】面板中输入停止播放动画命令"stop();"。

提示

在图层2中，右击最后一帧，在弹出的菜单中执行【动作】命令，打开【动作】面板。然后，在该面板中输入命令。

提示

执行【插入】|【新建元件】命令，在弹出的【创建新元件】对话框中，选择类型为"按钮"，即可创建按钮元件。

STEP|03 新建"联系方式按钮"按钮元件，使用【文本工具】在

舞台中输入"联系方式"文字，并在属性检查器中设置相同的样式。然后，在【指针经过】状态帧处插入空白关键帧，将"联系方式"影片剪辑拖入到舞台中，并移动到相同的位置。

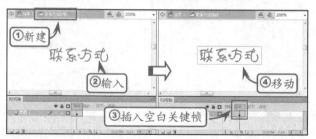

STEP|04 复制【弹起】状态帧，在【按下】状态帧处粘贴关键帧。然后，在【点击】状态帧处插入空白关键帧，使用【矩形工具】在舞台中绘制一个矩形。

STEP|05 使用相同的方法，制作导航条中的其他按钮元件，包括曲奇展示、曲奇文化、烘培日记和首页。

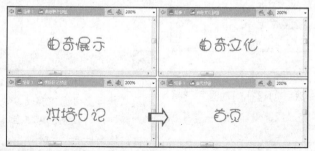

STEP|06 返回场景，新建"联系方式"图层，在第45帧处插入关键帧，将【联系方式】按钮元件拖入到舞台上方。然后创建补间动画，选择第55帧，在【变形】面板中设置旋转为15。

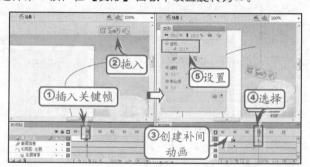

STEP|07 新建"奇曲展示"图层，在第50帧处插入关键帧，将

【奇曲展示】按钮元件拖入到舞台上方。然后创建补间动画,选择
第60帧,在【变形】面板中设置旋转为"-12"。

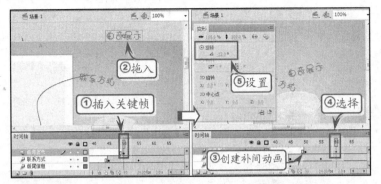

提示

在【变形】面板中设置旋转
为负数,则所选的对象将会
沿逆时针方向旋转。

STEP|08 新建"曲奇文化"图层,在第55帧处插入关键帧,将
【奇曲文化】按钮元件拖入到舞台上方。然后创建补间动画,选择
第65帧,在【变形】面板中设置旋转为20。

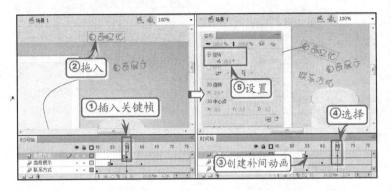

提示

导航按钮元件的旋转角度并不
统一,这样做的目的是为了使
页面表现得大方、随意、不拘
束,也符合网站的主题。

STEP|09 新建"烘培日记"图层,在第60帧处插入关键帧,将
【烘培日记】按钮元件拖入到舞台上方。然后创建补间动画,选择
第70帧,在【变形】面板中设置【旋转】为"-20"。

提示

导航按钮元件的动画基本上都
是从舞台上方向下移动,为了
增强动画的效果,可以在【属
性】检查器中设置缓动。

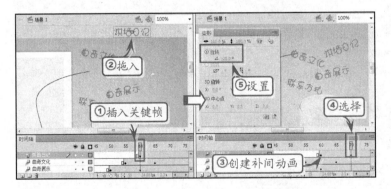

提示

分别选择这5个按钮元件,
在【属性】检查器中设置
【实例名称】为"ANN1"、
"ANN2"、"ANN3"、
"ANN4"和"ANN5"。

STEP|10 新建"首页"图层,在第65帧处插入关键帧,将【首页】
按钮元件拖入到舞台上方。然后创建补间动画,选择第75帧,在

【变形】面板中设置旋转为35。

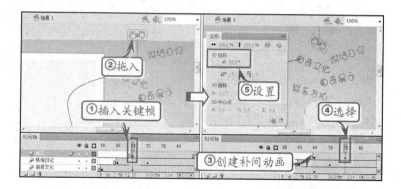

12.11 制作餐饮类网站首页

版本: Flash CS4/CS5/CS6

开头动画结束后，将默认显示网站的首页内容，这也是展示给访问者的第一个页面。为了配合Flash网站的整体效果，首页内容同样是以动画的形式显示出来。

练习要点

- 输入文字
- 设置文字样式
- 转换为影片剪辑
- 设置Alpha透明度
- 创建补间动画

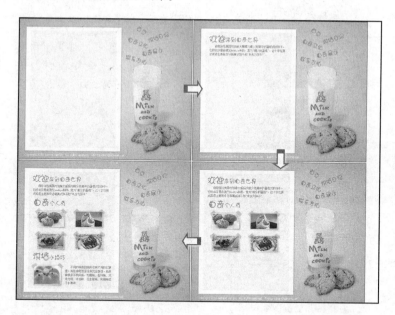

提示

选择"欢迎来到曲奇世界"文字，在属性检查器中设置系列为"迷你简娃娃篆"；大小为24；颜色为"橄榄绿"（#665E3D）。其中，更改"欢迎"两个文字的大小为36。

操作步骤 ▶▶▶▶

STEP|01 新建"网页-首页"影片剪辑，使用【文本工具】在舞台的上面输入"欢迎来到曲奇世界"等文字，并在属性检查器中分别设置文字的样式。然后选择所有文字，执行【修改】|【转换为元件】命令，将其转换为图形元件，并在第25帧处插入普通帧。

STEP|02 右击任意一帧，创建补间动画。在第1帧处选择图形元件，在属性检查器中设置其的Alpha透明度为"0%"。然后选择第5帧，更改Alpha透明度为"100%"。

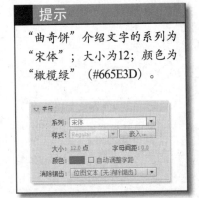

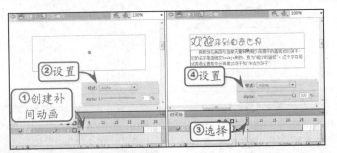

STEP|03 新建图层，在第10帧处插入关键帧，在舞台中输入"曲奇个人秀"文字，并设置文字样式。然后，将所有外部素材图像导入到【库】面板中，将"首页-pic1.png"素材图像拖入到文字的下面。

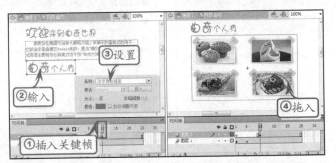

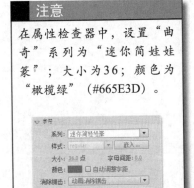

STEP|04 选择文字和图像，将其转换为图形元件。然后右击第10帧，创建补间动画，在该关键帧处设置其Alpha透明度为"0%"。选择第20帧，更改Alpha透明度为"100%"。

STEP|05 新建图层，在第15帧处插入关键帧，在舞台中输入"烘培小技巧"文字，并设置文字样式。然后，在其下面拖入"首页-pic2.png"素材图像，及输入介绍小技巧的文字内容。

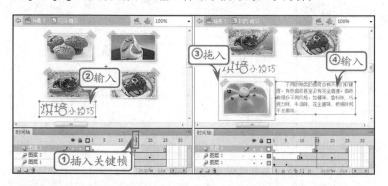

STEP|06 选择文字和图像，将其转换为图形元件。然后右击第15帧，创建补间动画，在该关键帧处设置其Alpha透明度为"0%"。选择第25帧，更改Alpha透明度为"100%"。

STEP|07 返回场景。新建"首页"图层，在第30帧处插入关键帧，将"网页-首页"影片剪辑拖入到"主题背景"的上面。然后，在第76帧处插入关键帧。

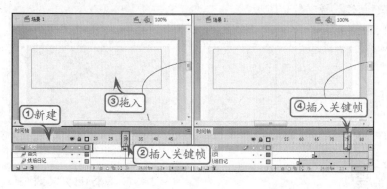

12.12　高手答疑

版本: Flash CS4/CS5/CS6

问题1：在时间轴中，如何在指定的范围内显示更多的帧？

解答：想要在指定的范围内显示更多的帧，可以更改帧的预览大小。

单击【时间轴】面板右上角的选项按钮，在弹出的菜单中执行【小】或【很小】命令，即可使时间轴中的帧缩小预览。

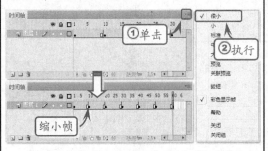

如果在菜单中执行【中】或【大】命令，则会将时间轴中的帧放大预览。

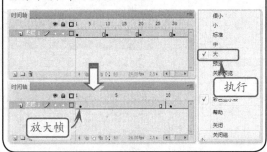

问题2：如何清除时间轴中的帧或关键帧？

解答：选择时间轴中一个或多个帧，右击并在弹出的菜单中执行【清除帧】命令，即可清除当前选择的所有帧，并转换为空白帧。

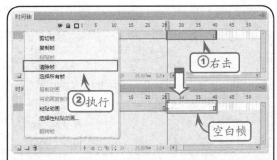

右击时间轴中的任意一个关键帧，在弹出的菜单中执行【清除关键帧】命令，即可清除当前选择的关键帧，原来的内容由前面关键帧的内容替代。

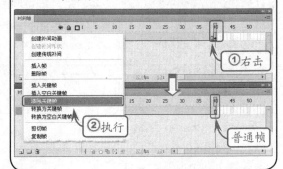

问题3：线条对象可以转换为填充对象吗？

解答：可以。只要选中线条对象，执行【修改】|【形状】|【将线条转换为填充】命令即可。

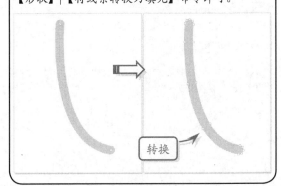

12.13　高手训练营

版本: Flash CS4/CS5/CS6

1. 更改帧序列的长度

将光标放置在帧序列的开始帧或结束帧处，按住 Ctrl 键使光标改变为左右箭头图标时，向左或向右拖动即可更改帧序列的长度。

例如，将光标放置在时间轴中的第30帧处，按住 Ctrl 键不放并向右拖动至第45帧，即可延长该帧序列的长度至45帧。

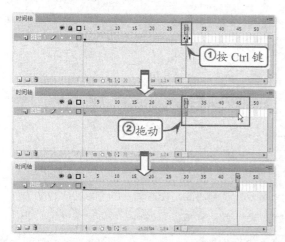

如果将光标向左拖动至第20帧处，即可缩短当前帧序列的长度至20帧。

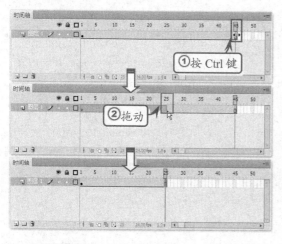

2．平滑线条

【平滑】操作可以使曲线在变柔和的基础上，减少曲线整体方向上的突起或其他变化，同时还会减少曲线中的线段数。

使用【选择工具】选择绘制后的线条，连续单击【工具】面板底部的【平滑】按钮，即可使线条更加柔和。

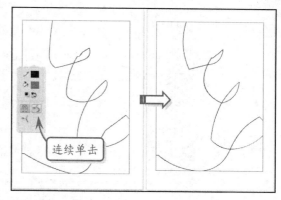

3．伸直线条

【伸直】命令能够调整所绘制的任意图形的线条，该命令在不影响已有的直线段的情况下，将已经绘制的线条和曲线调整的更直些，使形状的外观更完美。

使用【选择工具】选择绘制后的线条，连续单击【工具】面板底部的【伸直】按钮，即可将小弧度的曲线转换为直线。

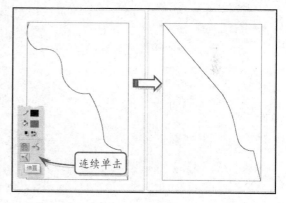

第13章

艺术类网站——Photoshop滤镜

　　艺术是一种特殊的社会意识形态和特殊的精神生产形态。网站设计最重要的是艺术性的表现，作为艺术网站的设计者，与众不同是最重要的，无论色彩设计或布局都需要新鲜和创意。考虑留白和色彩的均衡，根据内容整理出利落的布局，提高网站的整体完善程度。在艺术网站中，需要把动作最小化，在平静的气氛中舒适地感受作品的页面。

13.1 艺术类网站分类

版本：Photoshop CS4/CS5/CS6

艺术是人的知识、情感、理想、意念综合心理活动的有机产物，是人们现实生活和精神世界的形象表现。艺术用形象来反映现实但比现实有典型性的社会意识形态，包括文学、绘画、雕塑、建筑、音乐、舞蹈、戏剧、电影、曲艺、工艺等。根据表现手段和方式的不同，艺术可分为表演艺术、视觉艺术和造型艺术等。

1．表演艺术（音乐、舞蹈等）

表演艺术是通过人的演唱、演奏或人体动作、表情来塑造形象、传达情绪、情感从而表现生活的艺术。代表性的门类通常是音乐和舞蹈。有时将杂技、相声、魔术等也划入表演艺术。网站在设计上，要给观众十分好美好的享受，给观众浪漫无比的情怀，如图所示的音乐网站和舞蹈网站。

2．视觉艺术

视觉艺术是用一定的物质材料，塑造可供人观看的直观艺术形象的造型艺术，包括影视、绘画艺术和装饰艺术等。在网站设计方面要求视觉表现力和传达能力，有全局观，注重细节，如图所示的摄影网站和绘画网站。

3．造型艺术（雕塑、建筑艺术等）

造型指以一定物质材料（雕塑、工艺用木、石、泥、玻璃、金属等，建筑用多种建筑材料等）和手段创造的可视静态空间形象的艺术。它包括建筑、雕塑、工艺美术、书法、篆刻等种类。网页在设计方面为了创造良好的形象，需要遵循设计美学原则和规律来进行设计，使产品具有为人们普遍接受的"美"的形象，取得满意的艺术效果。如图所示的建筑设计网站和铜雕网站。

4．语言艺术

文学是以语言为手段塑造形象来反映社会生活、表达作者思想感情的一种艺术。现在通常将文学分为诗歌、小说、散文、戏剧四大类别。文学还拥有内在的、看似无用的、超越功利的价值。在网站设计方面页面要具有条理性且结构清晰，如图所示的文学网站。

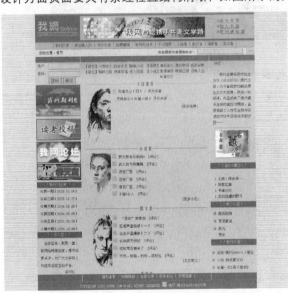

5．综合艺术

戏剧、歌剧是一种综合艺术，在多种媒介的综合中居于本体地位的是演员的表演艺术。艺术的基本手段是动作，包括形体动作、言语动作、静止动作以及多种主观表现手段。网站通过图像表达主题内容，如图所示的戏剧网站以抽象图像和歌剧网站以实体图像做展示。

13.2　滤镜概述

版本：Photoshop CS4/CS5/CS6

滤镜命令可以自动为一幅图像添加效果。除了Photoshop CS6自带的很多滤镜之外，第三方开发的滤镜也可以以插件的形式安装在【滤镜】菜单下，此类滤镜种类繁多，极大地丰富了软件的图像处理功能。

1．滤镜分类

滤镜命令，大致上分为三类：矫正性滤镜、破坏性滤镜与效果性滤镜。

矫正性滤镜是对图像做细微的调整和校正，处理后的效果很微妙，常作为基本的图像润饰命令使用。常见的有模糊滤镜组、锐化滤镜组、视频滤镜组和杂色滤镜组等。

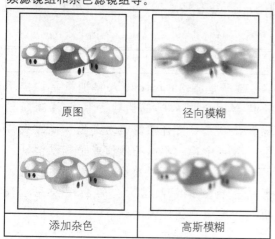

原图	径向模糊
添加杂色	高斯模糊

破坏性滤镜常产生特殊效果，对图像的改变也十分明显，而这些是Photoshop工具和矫正性滤镜很难做到的，如果使用不当原有的图像将会面目全非。

Photoshop中包含的所有滤镜都放置在【滤镜】菜单中。这些滤镜都归类在各自的滤镜组中，如果按照安装的属性分类的话，可以分为如下3类：

■ **内阙滤镜**　指的是嵌于Photoshop程序内部的滤镜，它们不能被删除，即使删除了在Photoshop目录下这些滤镜依然存在。

■ **内置滤镜**　它是Photoshop程序自带的滤镜，安装时Photoshop程序会自动安装到制定的目录下。

■ **外挂滤镜**　也就是通常所称呼的第三方滤镜，由第三方厂商开发研制的程序插件，可以作为增效工具使用，它们品种繁多，功能强大，为用户提供更多的方便。

2．滤镜使用时要注意的问题

影响滤镜效果的因素有很多，主要包括：图

像的属性、像素的大小等。值得注意的是,不是所有的图像都可以添加滤镜,下面是使用滤镜时应注意的一些问题。

■ 滤镜的执行效果以像素为单位,所以滤镜的处理效果与图像分辨率有关,即使是同一幅图像如果分辨率不同,处理的效果也会不同。

■ 对于8位/通道的图像,可以应用所有滤镜;部分滤镜可以应用于16位图像;少数滤镜可以应用于32位图像。

■ 有些滤镜完全在内存中处理,如果可用于处理滤镜效果的内存不够,系统会弹出提示对话框。

13.3 模糊滤镜

版本: Photoshop CS4/CS5/CS6

【模糊】滤镜组主要是使区域图像柔和,通过减小对比,来平滑边缘过于清晰和对比过于强烈的区域。使用模糊滤镜就好像为图像生成许多副本,使每个副本向四周以1像素的距离进行移动,离原图像越远的副本其透明度越低,从而形成模糊效果。执行【滤镜】|【模糊】命令,弹出各个模糊命令。

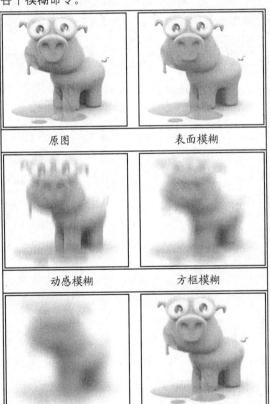

原图	表面模糊
动感模糊	方框模糊
高斯模糊	进一步模糊

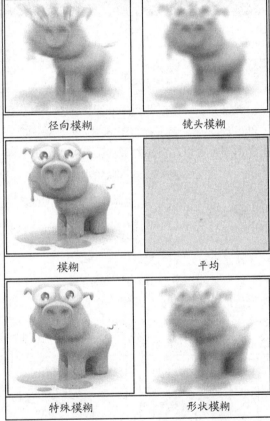

径向模糊	镜头模糊
模糊	平均
特殊模糊	形状模糊

高斯是指当Photoshop将加权平均应用于像素时生成的钟形曲线。执行【高斯模糊】命令,可打开该滤镜对话框,通过在半径参数栏中输入不同的数值或是拖动滑块,可控制模糊的程度,数值小,则产生较为轻微的模糊效果;数值大,可将图像完全模糊,以至看不到图像的细节。

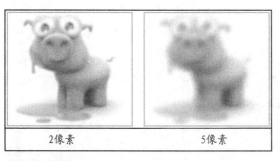

2像素	5像素

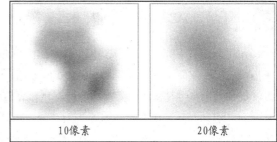

10像素	20像素

13.4 素描和纹理滤镜

版本：Photoshop CS4/CS5/CS6

【素描】滤镜组，可以给图像添加一些纹理，用于创建手绘图像的效果。还适用于创建美术或手绘外观。该滤镜组中除了【铬黄渐变】和【水彩画纸】两种滤镜之外，其他的滤镜的使用都和前景色或背景色相关。

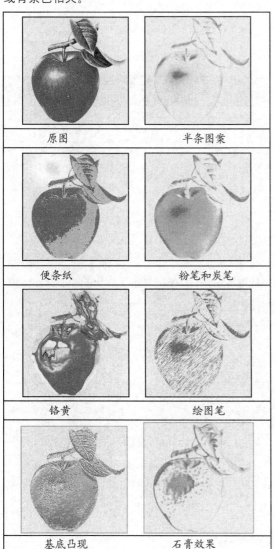

原图	半条图案
便条纸	粉笔和炭笔
铬黄	绘图笔
基底凸现	石膏效果

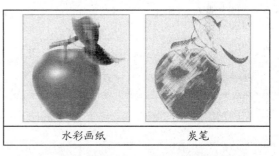

水彩画纸	炭笔

【纹理】滤镜组可以通过滤镜纹理效果来模拟一些具有深度或物质感的对象表皮，或者添加一种器质外观。它可以为图像创造出多种纹理材质，如石壁、染色玻璃、拼缀效果或砖墙等效果。

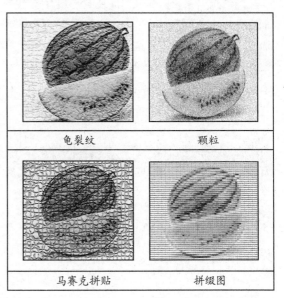

龟裂纹	颗粒
马赛克拼贴	拼缀图

13.5 动画面板

版本：Photoshop CS4/CS5/CS6

动画是由若干静态画面快速连续显示而成。因人的眼睛会产生视觉停留，对上一个画面的感知还未消失，下一张画面又出现，因此产生动的感觉。可以说动画是将静止的画面变为动态的一种艺术手段，利用这种特性可制作出具有高度想象力和表现力的动画影片。

计算机动画是采用连续播放静止图像的方法产生景物运动的效果，即使用计算机产生图形、图像运动的技术。计算机动画的原理与传统动画基本相同，只是在传统动画的基础上将计算机技术用于动画的处理和应用，并可以达到传统动画无法实现的效果。由于采用数字处理方式，动画的运动效果、画面色调、纹理、光影效果等可以不断改变，输出方式也多种多样。

在CS6中选择【窗口】|【时间轴】时会弹出一个对话框，单击黑色小三角选择【创建帧动画】。

(续表)

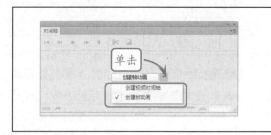

1.【帧动画】调板

【动画（帧）】面板编辑模式是最直接也是最容易让人理解动画原理的一种编辑模式，它是通过复制帧来创建出一幅幅图像，然后通过调整图层内容，来设置每一幅图像的画面，将这些画面连续播放就形成了动画。

【动画（帧）】面板中的选项名称及功能见下表。

选项	图标	功能
选择循环选项	无	单击该选项的三角打开下拉菜单，可以选择一次循环或者永远循环，或者选择其他选项打开【设置循环计数】对话框，设置动画的循环次数

选项	图标	功能
选择第一帧	◄◄	要想返回【动画】面板中的第一帧时，可以直接单击该按钮
选择上一帧	◄	单击该按钮选择当前帧的上一帧
播放动画	►	在【动画】面板中，该按钮的初始状态为播放按钮。单击该按钮后按钮显示为停止，再次单击后返回播放状态
停止动画	■	
选择下一帧	►►	单击该按钮选择当前帧的下一帧
过渡	◥	单击该按钮打开【过渡】对话框，该对话框可以创建过渡动画
复制所选帧	⎘	单击该按钮可以复制选中的帧，也就是说通过复制帧创建新帧
删除选中的帧	🗑	单击该按钮可以删除选中的帧。当【动画】面板中只有一帧时，其下方的【删除选中的帧】按钮不可用
选择帧延时时间	无	单击帧缩览图下方的【选择帧延迟时间】弹出列表，选择该帧的延迟时间，或者选择【其他】选项打开【设置帧延迟】对话框，设置具体的延迟时间

（续表）

选项	图标	功能
转换为时间轴动画	≣	单击该按钮【动画】面板会切换到时间轴模式（仅限Photoshop Extended）

在帧动画模式下，可以显示出动画内每帧的缩览图。使用面板底部的工具可浏览各个帧、设置循环选项，以及添加、删除帧或是预览动画。

2.【视频时间轴】面板

时间轴动画效果类似于帧动画中的过渡效果，但是制作方法更加简单。在【帧动画面板中单击【转换为视频时间轴】按钮 ≣ ，即可转到时间轴编辑模式。

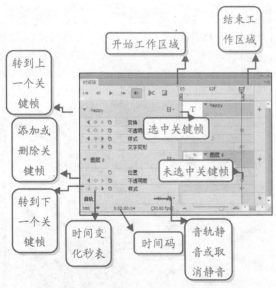

在时间轴中可以看到类似【图层】面板中的图层名字，其高低位置也与【图层】面板相同，其中每一个图层为一个轨道。单击图层左侧的箭头标志展开该图层所有的动画项目。不同类别的图层，其动画项目也有所不同。如文字图层与矢量形状图层，它们共有的是针对位置、不透明度和样式的动画设置项目，不同的是文字图层多了文字变形和变化两个项目。

■ 设置时间码

时间码是【当前时间指示器】指示的当前时间，从右端起分别是毫秒、秒、分钟、小时。时

间码后面显示的数值（30.00fps）是帧速率，表示每秒所包含的帧数。在该位置单击并拖动鼠标，可移动【当前时间指示器】的位置。

■ 工作区域的开始和结束

拖动位于顶部轨道任一端的灰色滑块（工作区域开始和工作区域结束），可标记要预览、导出的动画或视频的特定部分。

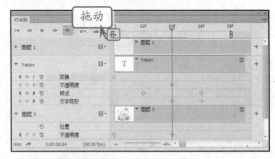

■ 设置关键帧

关键帧是控制图层位置、透明度或样式等内容发生变化的控件。当需要添加关键帧时，首先激活对应项目前的【时间-变化秒表】 ⌚ 。然后移动【当前时间指示器】到需要添加关键帧的位置，编辑相应的图像内容，此时激活的【时间-变化秒表】 ⌚ 所在轨道与【当前时间指示器】交叉处会自动添加关键帧，将对图层内容所作的修改记录下来。

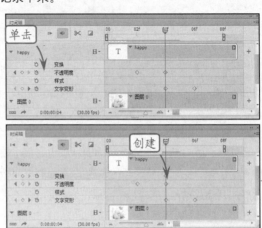

13.6 创建逐帧动画

版本: Photoshop CS4/CS5/CS6

逐帧动画就是一帧一个画面，将多个帧连续播放就可以形成动画。动画中帧与帧的内容可以是连续的，也可以是跳跃性的，这是该动画类型与过渡动画最大的区别。

在Photoshop中制作逐帧动画非常简单，只需要在【时间轴】面板中不断的新建动画帧，然后配合【图层】面板，对每一帧画面的内容进行更改即可。

比如，当【图层】面板中存在多个图层时，只保留一个图层的可见性，打开【时间轴】面板。

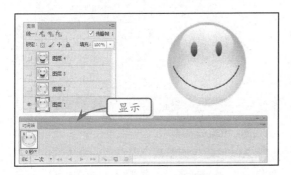

单击【时间轴】面板底部的【复制所选帧】按钮，创建第2个动画帧。隐藏【图层】面板中的"图层1"，并且显示"图层2"，完成第2个动画帧的内容编辑。

案例欣赏

逐帧动画的特点是非常灵活的，它在制作以及后期修改时，可以随时对任何一帧的内容进行调整。

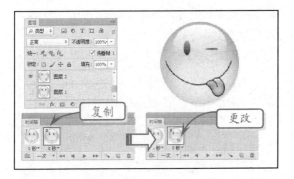

按照上述方法，创建第3个和第4个动画帧，并且进行编辑，完成逐帧动画的创建。这时单击面板底部的【播放动画】按钮，预览逐帧动画。

提示

右击帧右下角的黑色小三角可调整时间。

13.7　制作画廊网站首页

版本: PS CS4/CS5/CS6

在现代设计领域中，插画设计可以说是最具有表现意味的，它与绘画艺术有着亲近的血缘关系。它是一种艺术表现形式，网站在设计方面要具有艺术性。本案例是插画画廊网站首页。网站采用了清新淡雅的背景色，网站栏目内容设计巧妙。整体色调为淡黄色，加上少许的红色做点睛色，以达到陪衬、醒目的效果。

练习要点

- 设置背景
- 插入文字
- 使用图案填充
- 色彩饱和度
- 画笔工具

提示

运用【裁剪工具】还可以扩大画布。方法是按快捷键Ctrl+-将图像缩小，拖动裁剪框到画面以外的区域，双击鼠标即可。

操作步骤 》》》

STEP|01 新建一个宽度和高度分别为1024像素和750像素，白色背景文档。将背景填充#F9F7EA颜色，按Ctrl+R快捷键，显示出标尺，拉出辅助线。

STEP|02 新建图层"图案"，执行【编辑】|【填充】命令。打开【填充】对话框，在【图案取拾器】选择"图案1"，单击【确定】按钮，并将该图层的不透明度设置为19%。

提示

使用【合并拷贝】命令时，必须先创建一个选取范围，并且图像中要有两个或两个以上的图层，否则该命令不可以使用。该命令只对当前显示的图层有效，而对隐藏的图层无效。

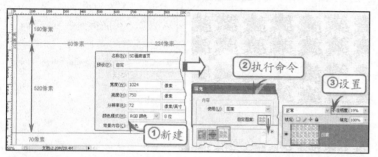

STEP|03 使用【矩形选框工具】 □ ，设置宽度和高度分别为

773像素和207像素，在画布中单击建立选区。新建图层"白背景"，填充#FBFAF6，取消选区。打开"边框1"素材，放置白背景上方。

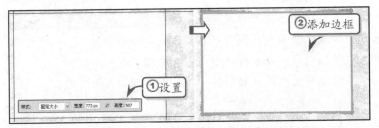

STEP|04 载入边框选区，设置前景色为黑色。新建图层"加深边框"，使用【画笔工具】 。设置主直径为100像素；硬度为0%；描边不透明度为20%，在边框周围涂抹。

STEP|05 双击边框图层，打开【图层样式】对话。启用【投影】选项，设置投影不透明度为20%。

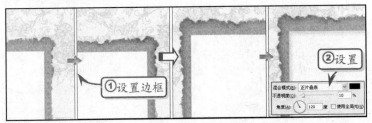

STEP|06 打开"插画"素材，执行【图层】|【调整】|【去色】命令。按Ctrl+U快捷键，打开【色相/饱和度】对话框。启用【着色】选项，设置参数。

STEP|07 分别打开"墨迹"素材图片。使用【魔棒工具】 ，设置容差值为5，在空白处单击，建立选区并将选区删除。

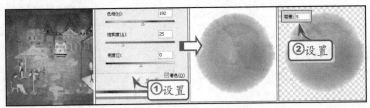

STEP|08 将插画图像放置墨迹图像文档中，将鼠标放置两图层之间单击，创建剪切蒙版。

STEP|09 按Ctrl+J快捷键，复制插画图层，载入墨迹选区，执行【选择】|【变换选区】命令，在【工具选项栏】上设置水平缩放为80%。

STEP|10 按Enter键结束变换，选中"插画副本"图层。单击【图层】面板下的【添加图层蒙版】按钮 。将副本图像以外的图像遮盖，如下图所示。并设置"插画"图层的不透明度为45%。

提示

在不同分辨率图像中粘贴选区或图层时，粘贴的数据保持它的像素尺寸。这可能会使粘贴的部分与新图像不成比例。在拷贝和粘贴之前，使用【图像大小】命令使源图像和目标图像的分辨率相同，然后将两个图像的缩放率都设置为相同的放大率。

提示

存储文件在创作作品当中非常重要，如果在绘图过程中出现停电、死机、Photoshop出错自动关闭等情况，都会导致未存储文件信息丢失。因此在编辑图像的过程中要养成经常存储的习惯，这样才能够避免不必要的麻烦。

提示

【吸管工具】吸取的颜色将自动设置为前景色，因此按Alt+Delete快捷键便可以填充刚才吸取的颜色。

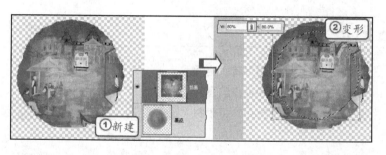

STEP|11 按Ctrl+Shift+Alt+E快捷键，盖印图层，将图像放置到首页文档中。并将图像图层放置到"白背景"图层上方，创建剪切蒙版。放置上例操作绘制的"花朵"与"花卉"图像。

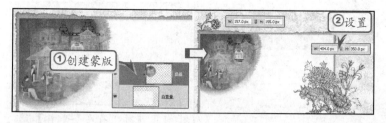

STEP|12 使用【横排文字工具】 T，输入SD字母。设置字体为"华文行楷"，字号为70点，作为网站LOGO。

STEP|13 使用【横排文字工具】 T，输入导航文字。设置文本属性，并将"网站首页"文字设置为#D2222A颜色。

STEP|14 使用【横排文字工具】 T，框内输入宣传语。设置文本属性。使用【横排文字工具】 T，在边框中央输入"最新动态"及相关文本信息并设置文本属性。

STEP|15 新建图层"线条"，【矩形选框工具】 ，在"最新动态"文字下方建立选区。填充颜色，并放置按钮素材。使用【横排文字工具】 T，在框内下面输入版权信息，设置文本属性。

提示

复制常用的方法有三种：

1．按住Alt键拖动图像即可复制。

2．选中图像按Ctrl+C键复制，Ctrl+V粘贴。

3．选中图层，Ctrl+J复制图层。

提示

微调时选择【移动工具】后使用键盘上的上下左右键做调整，以达到精准移动。

提示

使用【裁剪工具】对图像进行裁切时，宽度、高度和分辨率固定后，在图像上拖出的控制框大小不同，裁切后的效果也不同，控制框所建范围越小，裁剪后的图片越不清晰。

13.8　画廊网站内页

艺术类网站通过作品展示来进行直观的宣传，但仅有首页空间不能展示所有的作品，还需要有内页来充分展示作品和提供信息，所以网站内页对于网站来说十分重要。一个网站要想被用户喜爱并接受，必须要做好内页。

练习要点

- 矩形工具
- 插入字体
- 设置字体颜色
- 描边工具
- 使用阴影工具

提示

启用【对所有图层取样】选项，可以使用所有可见图层中的数据选择颜色。否则，【魔棒工具】将只从当前图层中选择颜色。

操作步骤 >>>>

1. 制作画廊简介

STEP|01 新建一个宽度和高度分别为1024像素和836像素文档，拉出辅助线。新建图层"图案"，如同首页填充图案的方法绘制背景图案。

提示

在工具选项栏单击画笔右侧的小三角按钮，即可弹出画笔参数设置框，在此可以对涂抹时画笔属性进行设置。

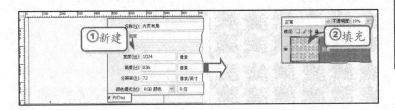

STEP|02 新建图层"白背景"，使用【矩形选框工具】。设置宽度为773像素，高度为669像素。在780像素和160像素辅助线内建立选区，填充#FBFAF6颜色，取消选区。

STEP|03 打开"边框2"素材，放置文档白背景上。并在左上角和

右下角分别放置绘制的花朵和蝴蝶图像。放置LOGO、导航文本和版权信息，参数设置与首页相同。

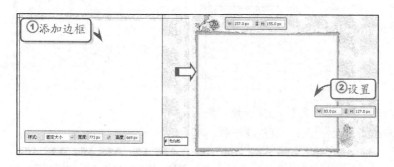

STEP|04 布局绘制完成，添加相应的内容信息。执行【图像】|【复制】命令，命名为"SD画廊简介"。并将导航中"画廊简介"文本设置为#D2222A颜色。打开"花卉1"素材图像，并放置文档左侧。使用【横排文字工具】 **T**，在白背景内上面输入"画廊简介"，并放置"花边"素材。设置文本属性。

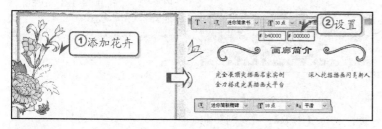

STEP|05 使用【横排文字工具】 **T**，在白背景内中央拉出文本框。并输入简介相关内容文本，设置文本属性。

STEP|06 打开插画图像素材，放置到内页文档中。等比例缩小放置白背景内右下角。

2．制作画廊展示

STEP|01 复制"SD画坛动态"文档，命名为"SD画廊展示"文档。删除左侧花卉和内容。

STEP|02 在文档左侧放置"花卉3"素材，如同上述操作，更改导航中"画廊展示"文本颜色。并使用【横排文字工具】 **T**，输入文本。

提示

建立了图层链接以后不但可以对图层进行整体移动，而且还可以对链接图层进行对齐排列。

STEP|03 设置前景色为黑色，使用【矩形工具】■。设置W为173像素，H为149像素。在画布中单击建立矩形，创建形状图层。复制矩形，并有序的排列起来。

STEP|04 在第一个矩形框内放置图形和文本信息，设置文本属性。如同上例操作，分别在其他框内放置图形和文本信息。

提示

选中多个图层，按住Shift键单击【图层】底部的【创建新组】按钮，同样能够从图层中创建新组。其中，选择图层组，按Ctrl+Shift+G快捷键可以取消图层组。

3．制作联系方式

STEP|01 打开"SD画廊首页"文档，执行【图像】|【复制】命令，命名为"SD联系方式"。如同上例操作，更改文本和图像。

STEP|02 使用【横排文字工具】T，输入在白背景上输入姓名、职业等信息文本，设置文本属性。

提示

在Photoshop中，有些命令不能应用于智能对象图层中，比如透视和扭曲命令等。

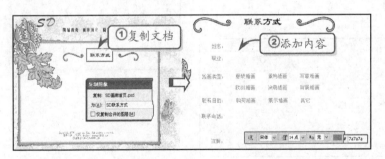

STEP|03 设置前景色为白色，使用【矩形工具】■。设置W为154像素，H为22像素，在姓名文字后面建立矩形，创建形状图层。双击该形状图层，启用【描边】图层样式，设置参数。

STEP|04 如同上例操作，分别在职业、联系电话后面添加相同参数的矩形。在注解后面添加W为298像素，H为81像素的矩形。

STEP|05 仍使用【矩形工具】■，设置W和H为12像素，建立正方形。添加与上述操作相同描边效果，并启用【内阴影】图层样式，设置参数。

STEP|06 使用【椭圆工具】●，设置W和H为14像素，建立正圆。添加与上述操作相同参数的描边和内阴影效果。

提示

在对非智能对象进行变换操作时，如果多次缩放图像，则每缩放一次后，再次缩放时图像会以上一次的缩放结果为基准进行缩放；而智能对象则始终以原始图像的大小为基准，计算缩放时的比例。

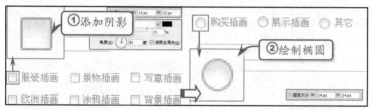

4．制作画廊动态

STEP|01 复制并创建"SD画坛动态"文档，在背景内放置"花卉2"素材和蝴蝶图像。将导航中"画坛动态"文本设置为#D2222A颜色。使用【横排文字工具】T，在白背景上输入"画坛动态"，参数与上相同。

提示

当完成一次变换后，按Ctrl+Shift+Alt+T组合键，可直接复制并重复上次的变形。

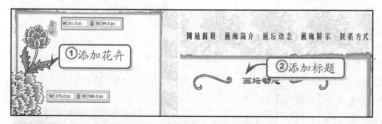

STEP|02 使用【横排文字工具】T，输入文本信息。并依次放置3个唯美插画，设置相同高度，间隔12个像素水平排列起来。

STEP|03 设置前景色为#313131颜色，使用【圆角矩形工具】●。设置W为41像素，H为13像素，圆角半径为2像素。在图像下单击个圆角矩形，创建形状图层。使用【横排文字工具】T，输入数字，设置文本属性。

提示

按Ctrl+T组合键自由变换后直接拖动中间的圆心，即可随意调整移动中心。

提示

如果感觉颜色不合适可按Ctrl+U调整图像的色相和明度。

13.9 高手答疑

问题1：置换滤镜不成功，会出现文字，是怎么回事啊？

解答：置换素材对象在保存时，如果没有在弹出的【Photoshop格式选项】对话框中，禁用【最大兼容】选项，就无法与其他图像匹配。

所以首先要将置换素材对象进行另外存储，在保存过程中必须启用【最大兼容】选项。然后在渐变图像中，执行【滤镜】|【扭曲】|【置换】命令，设置对话框中的参数后选择另存的文件。

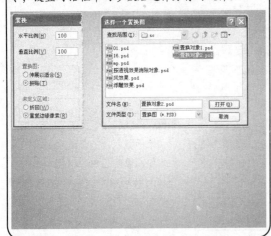

选择启用【最大兼容】选项的素材图像后，即可得到正确的图像效果。

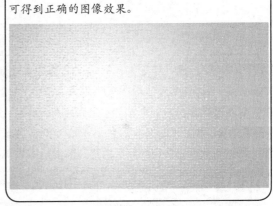

问题2：什么滤镜命令能够制作出墨迹的效果？

解答：墨迹效果是通过多个滤镜命令相结合完成制作的。首先在正方形画布中，分别在不同的图层中使用【套索工具】绘制不规则图像，并且填充不同的颜色。

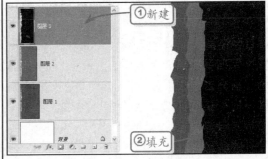

然后分别对不同图层执行【滤镜】|【风格化】|【风】命令，启用【大风】选项。

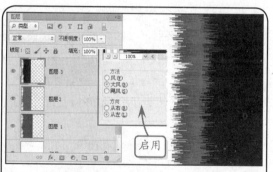

合并图像图层后，进行逆时针90度旋转，将其放置在画布顶端。执行【滤镜】|【扭曲】|【极坐标】命令，得到圆点效果。

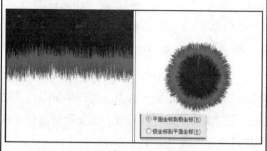

最后对圆点图像执行【滤镜】|【模糊】|【径向模糊】命令，得到墨迹效果。

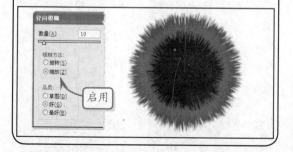

问题3：为什么选中关键帧后，设置图层属性后，得到的却不是想要的效果？

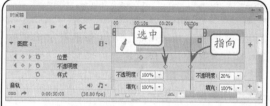

解答：关键帧中的选中状态，与当前状态有所不同。当选中第一个关键帧，而【当前时间指示器】指向第二个关键帧时，修改的是第二个关键帧状态的图层属性。

当选中某个关键帧，而【当前时间指示器】没有指向任何一个关键帧时，如果修改图层属性，那么会在【当前时间指示器】所在位置创建关键帧。

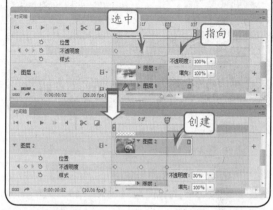

问题4：制作过渡动画时，设置过渡后怎么取消？

解答：在【时间轴】面板中创建过渡动画后，要想取消过渡效果，只要同时选中得到的动画帧后，单击面板底部的【删除所选帧】按钮 🗑 即可。

13.10 高手训练营

版本：Photoshop CS4/CS5/CS6

1. 绚丽光芒

颜色绚丽的光束效果，总是会给欣赏者一种神秘的美妙感受。在下面以练习中主要使用【滤镜】众多强大的功能中的一项——【波浪】命令。为用户呈现一种简单的绘制绚丽光芒效果的方法。

提示

执行【编辑】|【变换】|【水平翻转】命令并设置该图层的【混合模式】为"变亮"选项。新建图层，执行【滤镜】|【渲染】|【云彩】命令，创建云彩效果。

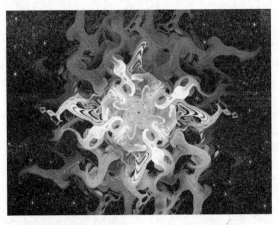

2．神奇闪电

本练习介绍如何使用【滤镜】的一些命令，将一幅普通的人物照片绘制成具有神奇色彩的科幻图片。练习中主要使用【云彩】命令绘制闪电和背景，使用【色彩平衡】命令对色调进行适当的调整。

提示

按Ctrl+D快捷键恢复前、背景色。然后执行【滤镜】|【渲染】|【分层云彩】命令，按Ctrl+I快捷键执行【反相】命令。

3．运用抽出命令抠取图像

使用滤镜中的抽出命令，可以很轻松的抠取出边缘较为复杂的图片。在提取过程中，要注意【抽出】对话框中的画笔设置，这样才能够非常精确地绘制出主题边缘，从而提取出主题图像。

4．创建透明效果动画

图像的隐藏与显示，可以通过Photoshop中的不透明度属性来实现。在制作过程中可以只通过对一幅图像的不透明度设置，来显示该图像，或者隐藏该图像显示另外一幅图像。

5．创建样式效果动画

时间轴动画中的样式效果，是通过【图层样式】来实现的。这里应用的是【颜色叠加】样式得到的背景色调变换的动画效果。在制作样式效果的时间轴动画时，要注意设置的是图层效果名称，而不是所有图层效果，否则无法实现过渡效果。

6．创网页Banner文字动画

在网页Banner中有一种动画背景静止不动，而网标示在循环播放，下面练习中制作能够从无到有显示，然后同时消失的动画，在制作的过程中主要是通过调整关键帧完成。

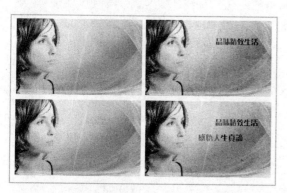

7．制作交换图像动画

两幅图像交替显示的动画也是通过帧动画制作而成的。但是由于两幅图像的边缘形状不相同，所以在显示一幅图像时，另外一幅图像必须隐藏。

8．文字变形

在时间轴动画中，Photoshop中的文本图层还可以通过【文字变形】选项创建文字变形动画。在创建动画过程中，只要设置两个关键帧文字变形的参数值，即可呈现文字变形效果。

第 **14** 章

购物类网站——ASP+ACCESS

　　现如今，网上购物不仅是时尚达人的购物首选方式，同时也逐渐成为了人们生活中的重要组成部分。在网络上购物既方便，又快捷，同时也能带来很多的乐趣。购物网站能够随时让顾客参与购买，更方便，更详细，更安全。要达到这样的水平就要使网站中的产品分类秩序化、科学化，便于购买者查询。同时还要把网页制作得有指导性并且更加美观，吸引更多的购买者。

14.1　购物类网站分类

版本：DW CS4/CS5/CS6

购物网站就是商家提供网络购物的站点，消费者利用Internet直接购买自己需要的商品或者享受自己需要的服务。网络购物是交易双方从洽谈、签约以及贷款的支付、交货通知等整个交易过程通过Internet、Web和购物界面技术化模式一并完成的一种新型购物方式。

1．按照商业活动主体分类

通过Internet的购物网站购买自己需要的商品或者服务，交易双方可以是商家对商家，商家对消费者或消费者对消费者。

■ B2B

B2B是英文Business-to-Business的缩写，即商家对商家，或者说是企业间的电子商务，即企业与企业之间通过互联网进行产品、服务及信息的交换。代表网站阿里巴巴是全球领先的B2B电子商务网上贸易平台。

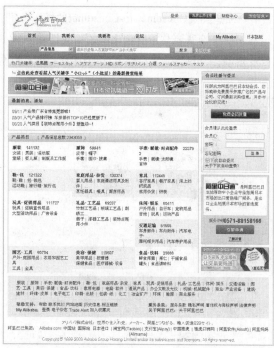

■ B2C

B2C是英文Business-to-Consumer的缩写，即商家对消费者，也就是通常说的商业零售，直接面向消费者销售产品和服务。最具有代表性的B2C网站有国内最大的中文网上书店当当网和美国的亚马逊网上商店。

■ C2C

C2C是英文Consumer-to-Consumer的缩写，即消费者与消费者之间的电子商务。C2C发展到现在已经不仅仅是消费者与消费者之间的商业活动，很多商家也以个人的形式出现在网站上，与消费者进行商业活动。互联网上的C2C网站有很多，知名的网站有易趣网、淘宝网、拍拍网和最近刚刚上市的百度有啊。

2．按照商品主体分类

一些购物网站是针对某一种或一类商品而设的站点，按销售产品类型分类，可分为电器购物网站、服装购物网站、首饰购物网站等。

■ 电器购物网

主要销售彩电、冰箱、洗衣机、空调、手机、数码相机、MP3、厨卫家电、小家电、办公家电等。如国美电器网站和数码相机购物网。

■ 服装购物网

主要以销售服装为主，可以是男装、女装、内衣、孕婴童装、婚纱礼服、运动装、休闲装、家居服、羽绒服、工作服、品牌服装、帽子、围巾、领带、腰带、袜子、眼镜等。如淘宝网站和品牌服饰网站。

■ 食品购物网

主要以食品为主，可以是休闲食品、水果、蔬菜、粮油、冲调品、饼干蛋糕、婴幼食品、果汁饮料、酒类、茶叶、调味品、方便食品和早餐食品等。如我买网和水果购物网站。

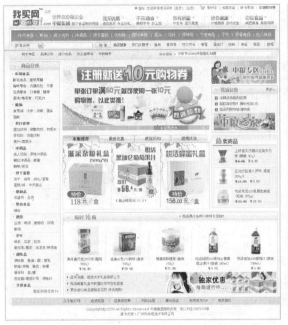

■ 首饰购物网站

以首饰产品为主，包括耳饰，头饰，胸饰，腕饰，腰饰等类别，具体包括戒指、耳环、项链等，如下图所示的两个首饰网站。

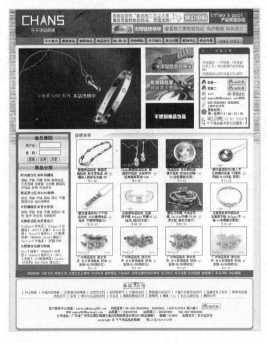
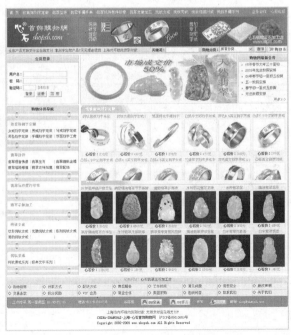

14.2 ASP基础

版本：DW CS4/CS5/CS6

ASP（Active Server Pages）是一种服务器端的网页设计技术，可以将Script脚本程序直接加在HTML网页上，从而轻松读取数据库中的内容，也可以轻易地集成现有的客户端VBScript和DHTML，输出动态、互动内容的网页。本节将详细介绍VBScript脚本语言的基础知识。

1．变量

变量是指在程序的运行过程中随时可以发生变化的量，也就是程序中数据的临时存放场所。在程序代码中可以只使用一个变量，也可以使用多个变量。变量中可以存放语句、数值、日期以及属性等。

■ 声明变量

在VBScript脚本语言中，可以使用Dim语句、Public语句或Private语句显式声明变量。例如，使用Dim语句声明str变量，代码如下所示。

```
Dim str
```

另外，在声明变量时，可以使用单个语句声明多个变量，只需要使用逗号分隔变量即可。例如，使用Dim语句同时声明4个变量，代码如下所示。

```
Dim a,b,c,d
```

在VBScript脚本语言中，直接使用变量名是一种隐式声明变量的简单方式。但这并不是一种好的编程习惯，因为这样有时会由于变量名被拼写错误而导致运行程序出现意外的结果。因此，最好使用Option Explicit语句指定显式声明变量，并将其作为程序的第一条语句。

■ 变量的作用域与存活期

变量的作用域由它的声明位置决定。如果在过程内部声明变量，则只有在该过程中的代码才可以访问或更改变量值，此时变量具有局部作用域并被称为过程级变量。如果在过程之外声明变量，则该变量可以被脚本语言中所有过程识别，称为Script级变量，具有全局作用域。

变量存在的时间称为存活期。全局变量的存活期从被声明开始一直到脚本运行结束。对于局部变量，存活期仅是该过程运行的时间，该过程结束后，该变量也随之消失。

■ 给变量赋值

创建表达式为变量赋值时，将变量名称放置在表达式的左侧，要赋的值放置在表达式的右侧，其格式如下所示。

```
Num = 100
```

2．常量

常量是具有一定含义的名称，用于代替数字或字符串，并且其值从不改变。在VBScript脚本程序中，可以使用Const语句创建用户自定义的常量。

使用Const语句可以创建名称具有一定含义的字符串型或数值型常量，并给它们赋原义值。例如，为MyName常量赋字符串型值，为MyAge常量赋数值型值，代码如下所示。

```
Const MyName = "Tom"
Const MyAge = 23
```

字符串型文字包含在两个引号之间（" "），这是为了区别字符串型和数值型常量。而日期型文字和时间型文字则包含在两个井号（# #）之间，代码如下所示。

```
Const MyDay = #1985-06-01#
```

3．数据类型

数据类型描述变量可以包含的信息的种类，每种编程语言都有很多的数据类型，如字符型、整型、浮点型等。但在VBScript中将各种各样的信息统统归纳在一起叫做Variant类型，然后在Variant的子类型中再进行详细分类，Variant类型的特点是根据变量的值自动判断子类型，并根据情况自动进行转换，不必事先对变量进行数据类型声明。可以将Variant简单分成如下所示的几种子类型。

■ 数值类型

数值子类型为各种各样的数值，在Variant中又可以分为如下几种：

- Byte 包含0到255之间的整数。

- Integer 包含-32768到32767之间的整数。

- Currency 包含-922337203685477.5808到922337203685477.5807。

- Long 包含-2147483648到2147483647之间的整数。

- Single 包含单精度浮点数，负数范围从-3.402823E38到-1.401298E-45，正数范围从1.401298E-45到3.402823E38。

- Double 包含双精度浮点数，负数范围从-1.79769313486232E308到-4.94065645841247E-324，正数范围从4.94065645841247E-324到1.79769313486232E308。

在选取数据的类型时，要根据实际需要进行，如果能够使用小的就尽量选用小的，这样占用内存较少，运行速度比较快。

- **字符串类型**

字符串类型的数据用string表示，要放在双引号之间。

- **日期类型**

日期类型的数据用Date表示，要放在双#号之间，如#2005-1-26#。

- **布尔类型**

布尔类型的数据用boolean表示，有两个值true，false，布尔值和数字有如下关系数字false相当于0，true相当于-1。

- **对象类型**

对象类型的数据用Object表示。

- **空值**

空值（Null）表示不含任何数据。

- **未定义**

未定义Empty表示数据未被初始化，也就是变量没有被赋值。

- **错误数据**

错误数据Error包含错误号，可以使用产生的错误号来对当前错误进行解释。

4．运算符

VBScript中的运算符可分为4类：算术运算

符、比较运算符、连接运算符、逻辑运算符。下表列出了各种运算符。

运算符类型	符号	说明	运算符类型	符号	说明
算术运算符	^	求幂	比较运算符	=	等于
	—	负号		<>	不等于
	*	乘		<	小于
	/	除		>	大于
	\	整除		<=	小于等于
	MOD	求余		>=	大于等于
	+	加		IS	对象引用比较
	—	减	连接运算符	&	字符串连接
逻辑运算符	NOT	逻辑非	逻辑运算符	XOR	逻辑异或者
	AND	逻辑与		EQV	逻辑等价
	OR	逻辑或者		IMP	逻辑隐含

当表达式由多个运算符组成时，将按照一个顺序计算表达式。这个顺序被称为运算符优先级。通常情况下，首先计算算术运算符，然后计算比较运算符，最后计算逻辑运算符。连接运算符的优先级在算术运算符之后，比较运算符之前。

算术运算符遵循数学上的先乘除后加减、从左至右的原则。所有的比较表达式的优先级相同，即按照从左到右的顺序计算比较运算符。也可以使用圆括号改变优先级顺序。如算术表达式3+8\3*(4+6)\5/2的值运算后为5。

14.3 流程控制语句

版本：DW CS4/CS5/CS6

　　VBScript脚本语言的控制语句与其他编程语言的控制语句的作用和含义相同，都是用于控制程序的流程，以实现程序的各种结构方式。控制语句由特定的语句定义符组成。

1. 条件语句

　　条件语句的作用是对一个或多个条件进行判断，根据判断的结果执行相关的语句。VBScript的条件语句主要有两种，即If Then…Else语句和Select…Case语句。

　　If Then…Else语句

　　If Then…Else语句根据表达式是否成立执行相关语句，因此又被称作单路选择的条件语句。使用If Then…Else语句的方法如下所示。

■ **语法格式**

```
IF Condition Then
[statements]
End If
或者
IF Condition Then [statements]
```

　　在If…Then语句中，包含两个参数，分别为Condition和statements参数。

　　■ **Condition参数**　必要参数，即表达式（数值表达式或者字符串表达式），其运算结果为True或False。另外，当参数condition为Null，则参数condition将视为False。

　　■ **statements参数**　由一行或者一组代码组成，也称为语句块。但是在单行形式中，若没有Else子句，则statements参数为必要参数。该语句的作用是表达式的值为True或非零时，执行Then后面的语句块（或语句），否则不作任何操作。

　　If…Then…Else语句的一种变形允许从多个条件中选择，即添加ElseIf子句以扩充 If…Then…Else语句的功能，使其可以控制基于多种可能的程序流程。

　　■ **Select…Case语句**

　　Select…Case语句的作用是判断多个条件，根据条件的成立与否执行相关的语句。因此又被称作多路选择的条件语句。使用Select…Case的格式如下：

　　■ **语法格式：**

```
Select Case testexpression
[Case expressionlist-n
[statements-n]] ...
[Case Else
[elsestatements]]
End Select
```

　　Select Case语句的语法具有以下几个部分：

　　■ **testexpression**　必要参数，任何数值表达式或字符串表达式。

　　■ **expressionlist-n**　Case语句的必要参数。其形式为expression，expression To expression，Is comparisonoperator expression的一个或多个组成的分界列表。To关键字可用来指定一个数值范围。如果使用To关键字，则较小的数值要出现在To之前。使用Is关键字时，则可以配合比较运算符（除Is和Like之外）来指定一个数值范围。

　　■ **statements-n**　可选参数。一条或多条语句，当testexpression匹配expressionlist-n中的任何部分时执行。

　　■ **elsestatements**　可选参数。一条或多条语句，当testexpression不匹配Case子句的任何部分时执行。

　　在Select…Case语句中，每个Case语句都会判断表达式的值是否符合该语句后面条件的要求。如果条件值为True时，则执行相关的语句并自动跳出条件选择语句结构，否则继续查找与其匹配的值。当所有列出的条件都不符合表达式的值时，将执行Case Else下的语句然后再跳出条件选择语句结构。

2. 循环语句

　　循环语句是可根据一些条件反复多次执行语

句块，直到条件值为False后才停止循环。在编写代码时，通常使用循环语句进行一些机械的、有规律性的工作。VBScript中的循环语句主要包括Do…Loop循环语句和For循环语句。

■ Do…Loop语句

Do…Loop循环语句用于控制循环次数未知的循环结构。包含两种书写方式，如下所示。

语法格式

```
Do [{While | Until} condition]
[statements]
[Exit Do]
[statements]
Loop
```

或者

■ Do

```
[statements]
[Exit Do]
[statements]
Loop [{While | Until} condition]
```

在该循环结构中，主要包含以下两个参数，其功能如下：

■ condition 可选参数。数值表达式或字符串表达式，其值为True或False。如果condition是Null，则condition会被当作False。

■ Statements 一条或多条命令，它们将被重复执行，直到condition为True。

在上面的语句中，Do{While|Until}Loop型的语句为先对条件进行判断，然后决定语句是否循环。而Do…Loop{While|Until}型的语句则为先执行一次循环，然后再决定循环是否继续进行，在这种类型的循环语句中，循环体至少执行一次。

■ 退出循环

Exit Do语句用于退出 Do...Loop 循环。因为通常只是在某些特殊情况下要退出循环（如要避免死循环），所以可在 If...Then...Else 语句的 True 语句块中使用 Exit Do 语句。如果条件为 False，循环将照常运行。

■ 使用While...Wend

While...Wend语句是为那些熟悉其用法的用户提供的。但是由于While...Wend缺少灵活性，所以建议最好使用Do...Loop 语句。

■ For…Next语句

For循环语句用于控制循环次数已知的循环结构。其书写格式如下：

语法格式

```
For counter = start To end [Step
step]
[statements]
[Exit For]
[statements]
Next [counter]
```

For … Next循环语句的语法具有以下几个部分：

■ counter 必要参数。用于循环计数器的数值变量。这个变量不能是Boolean或数组元素。

■ start 必要参数。counter的初值。

■ End 必要参数，counter的终值。

■ Step 可选参数。counter的步长。如果没有指定，则step的缺省值为1。

■ Statements 可选参数。放在For和Next之间的一条或多条语句，它们将被执行指定的次数。

除此之外，还有For Each...Next 循环语句，它与For...Next循环语句类似。For Each...Next不是将语句运行指定的次数，而是对于数组中的每个元素或对象集合中的每一项重复一组语句。这在不知道集合中元素的数目时非常有用。

■ Exit For语句

Exit For提供一种退出For循环的方法。只能在For...Next或For Each...Next循环中使用。Exit For将控制权转移到Next之后的语句。在嵌套的 For 循环中使用时，Exit For将控制权转移到循环所在位置的上一层嵌套循环。

14.4　ASP内置对象

版本：DW CS4/CS5/CS6

ASP提供六种内置对象，这些对象可以使用户通过浏览器实现请求发送信息、响应浏览器以及存储用户信息等功能。

1．Request对象

Request对象用于访问用HTTP请求传递的信息，也就是客户端用户向服务器请求页面或者提交表单时所提供的所有信息，包括HTML表格用POST方法或GET方法传递的参数、客户端用户浏览器的相关信息、保存在这些域中浏览器的cookies、附加在页面URL后的参数信息。

■ Reuqest对象成员

Request对象的属性和方法各有一个，而且都不经常使用。但是，Request对象还提供了若干个集合，这些集合可以用于访问客户端请求的各种信息。Request对象成员介绍如表所示。

Request对象成员	说明
属性 TotalBytes	返回由客户端发出请求的字符流的字节数量，是一个只读属性
方法 BinaryRead(count)	当使用POST方法发送请求时，从请求的数据中获得count字节的数据，并返回一个数组
集合 QueryString	读取使用URL参数方式提交的名值对数据或者以GET方式提交表单<form>中的数据
集合 Form	读取使用POST方式提交的表单<form>中的数据
集合 ServerVariables	客户端请求的HTTP报头值，以及一些Web服务器环境变量值的集合
集合 Cookies	用户系统发送的所有Cookies值的集合
集合 ClientCertificate	客户端访问页面或其他资源时表明身份的客户证书的所有字段或条目的数据集合

在Request对象的所有集合中，最经常使用的是Form集合和QueryString集合，它们分别包含客户端使用POST方法发出的信息和使用GET方法发出的信息。

■ 使用Request对象

当用户在浏览器地址栏中输入网页的URL地址访问网页，就是通过GET方法向服务器发布信息，而发送的信息可以从浏览器地址栏的URL地址中看到。POST方法只有通过定义<form>标签的method属性为"post"时才会被使用。

◆ 访问Request.QueryString集合

当用户使用Get方法传递数据时，所提交的数据会被附加在查询字符串（QueryString）中一起提交到服务器端。QueryString集合的功能就是从查询字符串中读取用户提交的数据。访问QueryString集合项的语句如下所示：

```
Value = Request.QueryString(Key)
```

其中，参数Key的数据类型为String，表示要提取的HTTP查询字符串中变量的名称。

◆ 访问Request.Form集合

Get方法有一个缺点就是URL字符串的长度在被浏览器及服务器使用时有一些限制，而且会将某些希望隐藏的数据暴露出来。所以，为了避免以上问题，可以设置表单使用Post方法传递数据，代码如下所示：

```
<form name="form1" method="post" action="Check.asp">
```

在上面的语句中，键值被存储在HTTP请求主体内发送，这样就可以使用Request.Form集合获取HTML表单中的信息，其使用方法如下：

```
Value = Request.Form(name)
```

Form集合同样包含有三个属性，即Count、Item和Key，它们的功能及使用方法如表所示。

名称	功能	使用方法
Count	返回集合中项的数量	Request.Form.Count

(续表)

名称	功能	使用方法
Item	返回特定键或索引数确定的值	Request.Form.Item(Index)
Key	获取Form集合中只作为可读变量的对象的名称	Request.Form.Key(Index)

2. Response对象

Response对象用于向客户端浏览器发送数据，用户可以使用该对象将服务器的数据以HTML的格式发送到用户端的浏览器，Response与Request组成了一对接收、发送数据的对象，这也是实现动态的基础。

Response对象也提供一系列的属性，可以读取和修改，使服务器端的响应能够适应客户端的请求，这些属性通常由服务器设置。

◆ Buffer属性

该属性用于指示是否是缓冲页输出，Buffer属性的语法格式如下：

```
Response.Buffer = Flag
```

其中，Flag值为布尔类型数据。当Flag为False时，服务器在处理脚本的同时将输出发送给客户端；当Flag为True时，服务器端Response的内容先写入缓冲区，脚本处理完后再将结果全部传递给用户。Buffer属性的默认值为False。

◆ CacheControl属性

该属性指定了一个脚本生成的页面是否可以由代理服务器缓存。为这个属性分配的选项，可以是字符串Public或者是Private。启用脚本生成页面的缓存和禁止页面缓存，可分别使用如下代码：

```
<%
Response.CacheControl="public"    '启用缓存
Response.CacheControl="Private"    '禁止缓存
%>
```

◆ Charset属性

该属性将字符集名称附加到Response对象中的Content-type标题的后面，用来设置Web服务器响应给客户端的文件字符编码。

◆ ContentType属性

ContentType属性用来指定响应的HTTP内容类型。如果未指定，则默认是text/HTML。其语法格式如下：

```
Response.ContentType = 内容类型
```

一般来说，ContentType都以"类型/子类型"的字符串来表示，通常有text/HTML、image/GIF、image/JPEG、text/plain等。

◆ Expires属性

该属性指定浏览器上缓存存储页距过期的时间。如果用户在某个页过期之前又回到此页，就会显示缓冲区中的版本。这种设置有助于数据的保密。语法格式如下：

```
Response.Expires=分钟数
```

◆ ExpiresAbsolute属性

该属性指定缓存于浏览器中页距过期的时间在未到期之前，若用户返回到该页，该缓存就显示；如果未指定时间，该主页当天午夜到期；如果未指定日期，则该主页在脚本运行当天的指定时间到期。语法格式如下：

```
Response.ExpiresAbsolute = 日期 时间
```

◆ Status属性

Status属性用来设置Web服务器要响应的状态行的值。HTTP规格中定义了Status值。该属性设置语法如下：

```
Response.Status = "状态描述字符串"
```

■ Response对象方法

Response对象提供了一系列的方法，用于直接处理返回给客户端而创建的页面内容。

◆ Write方法

Response.Write是Response对象最常用的方法，该方法可以向浏览器输出动态信息，其语法格式如下：

```
Response.Write 任何数据类型
```

只要是ASP中合法的数据类型，都可以用Response.Write方法来显示。由于前面多次使用该方法，这里就不再详细介绍。

◆ Redirect方法

Response.Redirect可以用来将客户端的页面重定向到一个新的页面,有页面转换时候常用到的就是这个方法。

◆ Flush方法

如果将Response.Buffer设置为True,那么使用Response.Flush方法可以立即发送IIS缓冲区中的所有当前页。如果没有将Response.Buffer设置为True,则使用该方法将导致运行时错误。

◆ Clear方法

如果将Response.Buffer设置为True,那么使用Response.Clear方法可以删除缓冲区中的所有HTML输出。如果没有将Response.Buffer设置为True,则使用该方法将导致运行时错误。

◆ End方法

Response.End方法使Web服务器停止处理脚本并返回当前结果,文件中剩余的内容将不被执行。

◆ BinaryWrite方法

Response.BinaryWrite方法主要用于向客户端写非字符串信息(如客户端应用程序所需要的二进制数据等)。语法格式如下:

```
Response.BinaryWrite 二进制数据
```

◆ AppendTolog方法

Response.AppendTolog方法将字符串添加到Web服务器日志条目的末尾。由于IIS日志中的字段用逗号分隔,所以该字符串中不能包含逗号(","),而且字符串的最大长度为80个字符。

◆ AddHeader方法

Response.AddHeader方法用指定的值添加HTTP标题,该方法常常用来响应要添加新的HTTP标题。它并不代替现有的同名标题。一旦标题被添加,就不能删除。

3. Application对象

Application对象是一个应用程序级的对象,在同一虚拟目录及其子目录下的所有.asp文件构成了ASP应用程序。使用Application对象可以在给定的应用程序的所有用户之间共享信息,并在服务器运行期间持久地保存数据。而且,Application

对象还有控制访问应用层数据的方法和可用于在应用程序启动和停止时触发过程的事件。

Application对象没有属性,但是提供了一些集合、方法和事件。Applicatin对象成员介绍如表所示。

Application对象成员	说明
集合 Contents	没有使用<object>元素定义的存储于Application对象中的所有变量的集合
集合 StaticObject	使用<object>元素定义的存储于Application对象中的所有变量的集合
方法 Content.Remove()	移除Contents集合中的某个变量
方法 Content.RemoveAll()	移除Contents集合中的所有变量
方法 Lock()	锁定Application对象,只有当ASP页面对内容能够进行访问,解决并发操作问题
方法 Unlock()	解锁Application对象
事件 OnStart	当ASP启动时触发,在网页执行之前和任何Session创建之前发生
事件 OnEnd	当ASP应用程序结束时触发

4. Server对象

Server对象提供对服务器上的方法和属性的访问,最常用的方法是创建ActiveX组件的实例。其他的方法用于将URL或HTML编码成字符串、将虚拟路径映射到物理路径以及设置脚本的超时时限。

Server对象只提供了一个属性,但是它提供了7种方法用于格式化数据、管理网页执行、管理外部对象和组件执行以及处理错误,这些方法为ASP的开发提供了很大的方便。Server对象成员介绍如表所示。

Server对象成员	说明
属性 ScriptTimeout	脚本在服务器退出执行和报告一个错误之前执行的时间

(续表)

Server对象成员	说明
方法 CreateObject()	创建组件、应用程序或脚本对象的一个实例，使用组件的ClassID或者ProgID为参数
方法 Mappath()	将虚拟路径映射为物理路径，多用于Access数据库文件
方法 HTMLEncode	将输入字符串值中所有非法的HTML字符转换为等价的HTML条目
方法 URLEncode（"url"）	将URL编码规则，包括转义字符，应用到字符串
方法 Execute（"url"）	停止当前页面的执行，把控制转到URL指定的网页
方法 Transfer（"url"）	当新页面执行完成时，结束执行过程而不返回到原来的页面
方法 GetLastError	返回ASPError对象的一个引用，包含该页面在ASP处理过程中发生的最近一次错误的详细数据

5．Session对象

使用Session对象可以存储特定的用户会话所需的信息。当用户在应用程序的不同页面之间切换时，存储在Session对象中的变量不被清除。而用户在应用程序中访问页时，这些变量始终存在。

Session对象拥有与Application对象相同的集合，并具有一些其他属性。Session对象成员介绍如下表所示。

Session对象成员	说明
集合 Contents	没有使用<object>元素定义的存储于Application对象中的所有变量的集合

(续表)

Session对象成员	说明
集合 StaticObject	使用<object>元素定义的存储于Application对象中的所有变量的集合
属性 CodePage	定义用于浏览器中显示页内容的代码页
属性 SessionID	返回会话标识符，创建会话时由服务器产生
属性 Timeout	定义会话超时周期（以分钟为单位）
方法 Content.Remove()	移除Contents集合中的某个变量
方法 Content.RemoveAll()	移除Contents集合中的所有变量
方法 Abandon()	网页执行完时结束会话并撤销当前的Session对象
事件 OnStart	当ASP启动时触发，在网页执行之前和任何Session创建之前发生
事件 OnEnd	当ASP应用程序结束时触发

6．ObjectContext对象

使用ObjectContext对象可以提交或放弃一项由Microsoft Transaction Server（MTS）管理的事务。MTS是以组件为主的事务处理系统，可用来进行开发、拓展及管理高效能、可伸缩及功能强大的服务器应用程序，所以Microsoft也在ASP中增加了新的内部对象ObjectContext，以使编程人员在设计Web页面程序中直接应用MTS的形式。

ObjectContext对象用于中止或者提交当前的事务，该对象没有属性，只有用于中止或提交事务的方法及所触发的事件。ObjectContext对象成员介绍如下表所示。

ObjectContext对象成员	说明
方法 SetAbort	将当前的事务标记为中止，当脚本结束时将取消参与此事物的全部操作
方法SetCommit	将当前事务标记为提交，在脚本结束时如果没有其他的COM+对象中止事务，参与事务的操作将全部提交

（续表）

ObjectContext对象成员	说明
事件OnTransactionAbort	当脚本创建的事务中止后，将触发OnTransactionAbort事件
事件OnTransactionCommit	当脚本所创建的事务成功提交后，将触发OnTransactionCommit事件

14.5　制作购物网首页

版本：DW CS4/CS5/CS6

　　民众购物网是一个综合性的电子商务网站，包含有数码、服饰、家电等多种类型的商品。网站以红色为主色调，给购物者留下一种温馨、舒适的感觉，并且符合商品的档次和品味。

练习要点

● 添加图片
● 设置属性
● 添加表格
● 设置表格宽度
● 添加Flash

提示

民众购物网以左右结构为主，左侧为公告、客服、购物提示等相关内容，而右侧为展示商品的区域，也是该主页的重要组成部分。整个网页以表格布局为主，另有AP Div层辅助使用。

操作步骤 ▶▶▶▶

STEP|01 在文档中插入一个宽度为920像素的1行×4列表格，并在1列单元格中插入一个10行×1列的嵌套表格。

STEP|02 在前5行单元格中，插入LOGO、公告栏和搜索等素材图像，并在它们之间留有一个空行。

提示

由于篇幅有限，部分步骤或代码已省略，详细代码请查点原文件。

STEP|03 在表格的第6、7、8行单元格中，插入客服、提示等相关图像，并空出后两行作为网站调查。

STEP|04 设置父表格的2列单元格为10像素。在3列单元格中，插入一个6行×1列的嵌套表格。

提示

在选择相应的内容的前提下，才可以设置其段落格式和粗体格式。

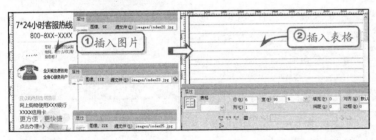

STEP|05 设置第1行单元格的高度为16像素，并插入图像及文字，该表格为网站的快速链接。在第2行单元格中，插入制作好的Flash导航条。

提示

设置页面背景颜色，也可以通过【外观（HTML）】类别中的【背景】来设置。

STEP|06 在表格的第3、4行单元格中，插入横幅图像，通常为网站的宣传语或服务宗旨等。

STEP|07 在表格的第5行单元格中，插入一个5行×4列的嵌套表格，合并第1行单元格插入栏目标题图像。

提示

当设置【项目列表】浮动时，项目列表前的项目符号将不显示。

提示

在设置文本元素时，有时需要与CSS样式一块使用。打开【CSS样式】面板，单击【新建CSS规则】依次设置。

STEP|08 在其他单元格中，插入"店铺"栏目的素材图像及文字。使用同样的方法，在表格的第6行单元格中，插入5行×4列的嵌套表格，并插入图像及文字。

STEP|09 在表格下面插入一个宽度为920像素的1行×3列表格，然后在单元格中插入表单元素及文字，该表格为"搜索宝贝"功能。

STEP|10 选择下拉列表框，在【列表值】对话框中，设置项目标签和值。

STEP|11 在表格下面插入一个宽度为920像素的1行×2列表格，并在第1列单元格中插入背景图像。在第1列单元格中绘制AP Div层，并在层中输入文字。

STEP|12 在文档的最底部，插入一个宽度为920像素的2行×3列表格，然后在单元格中插入素材图像，该表格为网页的版尾。

STEP|13 在【标题】文本框中，输入"∷民众购物网∷"文本，并保存该页面即可。

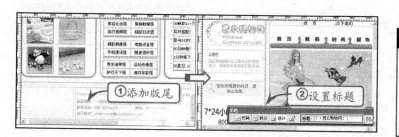

14.6　制作商品展示页面

版本: DW CS4/CS5/CS6

本例制作的商品展示页面，是专门用来展示化妆品的。在版面设计和色彩上与主页相同，只是将原来的正文部分更改为化妆品展示区域。

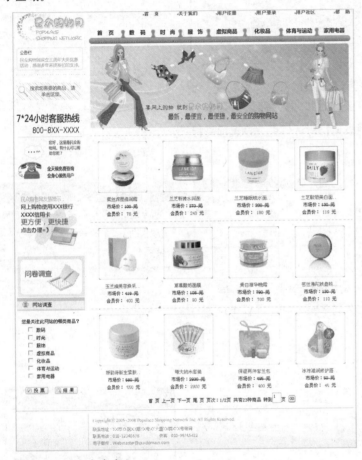

操作步骤 >>>>

STEP|01 将网站的主页另存为class.asp页面，然后将原来的正文内容删除，使留出空白区域。

STEP|02 将光标置于空白区域，然后切换到【代码】视图模式中，在<td></td>标签之间引用Cclass.asp页面。

STEP|03 新建Cclass.asp页面，在文档中根据商品展示的布局，插入表格和嵌套表格。

①引入文件　②插入表格

STEP|04 在【代码】视图模式中，使用select语句查询数据库中的商品，并使用if语句判断商品是否存在，代码如下所示。

```
<%
set rs=server.createobject("adodb.recordset")
rs.open "select * from products  order by adddate
desc",conn,1,1
if rs.recordcount=0 then
<%
else
...'商品展示代码
%>
```

提示

代码"rs.open "select * from products order by adddate desc",conn,1,1"表示查询products数据表中的商品信息。

STEP|05 计算每页显示的商品数、商品的总记录数、页数以及参数的安全性设置，代码如下所示。

```
<%
'每页商品数
rs.PageSize =12
'商品总数
iCount=rs.RecordCount
'每页商品数
iPageSize=rs.PageSize
'总页数
maxpage=rs.PageCount
page=request("page")
if Not IsNumeric(page) or page="" then
'如果page参数不是数字或为空
    page=1'page参数为1
else
  page=cint(page)
end if
if page<1 then
  page=1
elseif page>maxpage then
  page=maxpage
end if
rs.AbsolutePage=Page
if page=maxpage then
      x=iCount-(maxpage-1)*iPageSize
else
      x=iPageSize
end if
```

提示

代码"if rs.recordcount=0 then"表示如果商品的记录数为0。

提示

代码"page=request("page")"表示通过request对象获取page参数。

提示

代码"rs.AbsolutePage=Page"表示当前页数。

```
%>
```

STEP|06 使用for…next循环语句，将商品以每行4个展示在页面上，代码如下所示。

```
<%
ii=0
For i=1 To x
...'表格内容
rs.movenext
 ii=ii+1
if ii mod 4 =0 then
%>
  </tr>
  <tr>
<%end if%>
<% next%>
```

STEP|07 在表格的各个单元格中，添加相应的字段名，以显示商品的图像、价格等信息。

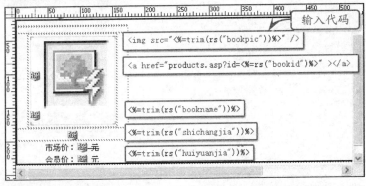

STEP|08 在表格的下面创建记录集导航条，通过导航条可以以翻页的形式查看所有记录。

```
<%
call PageControl(iCount,maxpage,page,"border=0
align=center","<p align=center>")
'以下为Sub过程
Sub PageControl(iCount,pagecount,page,table_style,
font_style)
'生成上一页下一页链接
    Dim query, a, x, temp
action = "http://" & Request.ServerVariables("HTTP_
HOST") & Request.ServerVariables("SCRIPT_NAME")'链
接地址
```

```
        Response.Write("<table width=100% border=0
cellpadding=0 cellspacing=0 >" & vbCrLf )
        Response.Write("<form method=get onsubmit =""document.
location = " & action & "?" & temp & "Page="+ this.page.
value;return false;""><TR >" & vbCrLf )'表单
        Response.Write("<TD align=center height=40>" &
vbCrLf )
    Response.Write(font_style & vbCrLf )
    if page<=1 then
        Response.Write ("首 页 " & vbCrLf)
        Response.Write ("上一页 " & vbCrLf)
Else
'跳转到第1页
        Response.Write("<A HREF=" & action & "?" &
temp & "Page=1>首 页</A> " & vbCrLf)
        Response.Write("<A HREF=" & action & "?" &
temp & "Page=" & (Page-1) & ">上一页</A> " & vbCrLf)
'跳转到上一页
end if
    if page>=pagecount then
        Response.Write ("下一页 " & vbCrLf)
        Response.Write ("尾 页 " & vbCrLf)
Else
        Response.Write("<A HREF=" & action & "?" &
temp & "Page=" & (Page+1) & ">下一页</A> " & vbCrLf)
'跳转到最后一页
        Response.Write("<A HREF=" & action & "?" & temp
& "Page=" & pagecount & ">尾 页</A> " & vbCrLf)
end if
'显示当前页数
Response.Write(" 页数:" & page & "/" & pageCount
& "页" &  vbCrLf)
'显示商品总数
    Response.Write(" 共有" & iCount & "种商品" &  vbCrLf)
    Response.Write(" 转到" & "<INPUT CLASS=wenbenkuang
TYEP=TEXT NAME=page SIZE=2 Maxlength=5 VALUE=" & page &
">" & "页" & vbCrLf & "<INPUT type=submit value=GO>")
    Response.Write("</TD>" & vbCrLf )
    Response.Write("</TR></form>" & vbCrLf )
    Response.Write("</table>" & vbCrLf )
End Sub
%>
```

STEP|09 保存页面后，按F12快捷键预览效果。

> **提示**
>
> "if page<=1 then" 表示如果page参数小于或等于1。

> **提示**
>
> 代码 "if page>=pagecount then" 表示如果page参数大于或等于总页数。

> **提示**
>
> 代码 "Response.Write("<A HREF=" & action & "?" & temp & "Page=" & (Page+1) & ">下一页</A> " & vbCrLf)" 表示跳转到下一页。

14.7　制作详细信息页面

　　详细信息页面，可以根据地址中的商品id参数，通过查询数据库的方式，将该商品的相关信息显示在页面中，包括商品名称、品牌、规格、数量、折扣等信息。

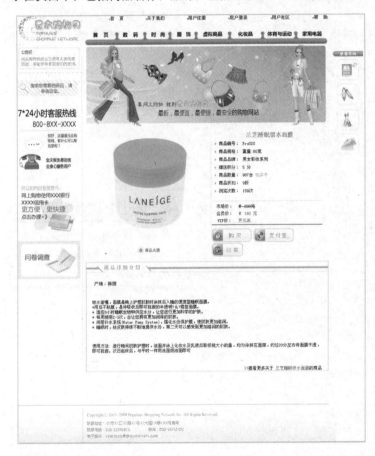

练习要点

- 引入ASP页面
- 创建ASP页面
- 查看数据库
- 输出数据信息

提示

由于篇幅有限，部分代码已省略，详细代码请查点原文件。

提示

添加样式时有两种方法：一是在标签栏选择标签，右击执行【设置类】/【设置ID】命令；二是在属性检查器中，直接在【类】/【ID】的下拉菜单中选择。

操作步骤 》》》》

STEP|01 将网站的主页另存为products.asp页面，然后将原来的正文内容删除，使留出空白区域。

STEP|02 将光标置于空白区域，然后切换到【代码】视图模式中，在<td></td>标签之间引用Cproducts.asp页面。

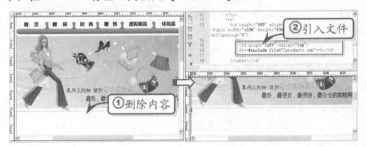

提示

设置表格属性时，既可以在弹出的【表格】对话框中设置；也可以在属性检查器中设置边距、间距、边框粗细等。

STEP|03 新建Cproducts.asp页面，根据商品详细信息的展示布局，插入表格和嵌套表格。在表格的各个单元格中，插入显示对应字段的代码。

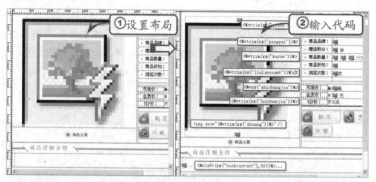

STEP|04 切换到【代码】视图模式中，使用select语句根据地址中的id参数，查询数据库中的相应数据，代码如下所示。

```
<%set rs=server.createobject("adodb.recordset")
rs.open "select * from products where
bookid="&request("id"),conn,1,3
if rs.recordcount=0 then
'如果查询的记录为0
%>
<font color="#FF0000"><strong>商品已不存在</strong></font>
<%
else
rs("liulancount")=rs("liulancount")+1
rs.update
end if
%>
```

STEP|05 选择"购买"图像，设置链接地址为 "buy.asp?id=<%=rs("bookid")%>&action=add"，然后保存页面，按F12键预览效果。

14.8 高手答疑

版本：DW CS4/CS5/CS6

问题1：超链接的目标有那几种？

解答：超链接的目标有4种，设置这4种目标可以将链接的文件载入到不同的窗口中。

■ **_blank**

将链接文件在新的浏览器窗口中打开，并将

弹出的新窗口置于激活状态。

■ **_parent**

将链接文件载入到父框架集或包含该链接的框架窗口中。如果包含该链接的框架不是嵌套的，则链接文件将载入到整个游览器窗口中。

■ _self

将链接文件作为链接载入到同一框架或窗口中。_self是IE默认的打开目标。

■ _top

将链接文件载入到整个浏览器窗口并删除所有框架。

问题2：图片如何随页面滚动加载？

解答：其实这是很多大型网站都使用了的方法，比如淘宝、拍拍等。这次在游戏官网里做一个尝试，效果不错，初期为首页节省了几十K的下载量，因为不同显示器分辨率不同，所以第一屏高度不一样，这个数据有所浮动。

首先，将图片的路径存储在img标签的一个非src属性中，首页是存储在rel属性中的，此举是避免页面直接加载图片。然后使用JS的监听方法（IE是attachEvent，其他浏览器是addEventListener），监听页面的scroll事件。

一旦页面滚动，就会执行一个函数来判断图片是否处于浏览器的当前一屏内，如果是，将rel属性内的地址赋值给src属性，如果不是，继续监听。当板块内的所有图片都被加载后，取消监听。

问题3：当长或高的尺寸设置小于某一值后实际长宽就不随属性值的减小而减小了？

解答：很可能的原因是单元格内有空格，空格和一个文字一样，它占据一定的空间。这时，用户可以将空格去掉或者设置：style="font-size:0px; line-height:0px;"。

问题4：如何分类收藏资源？

解答：在分类收藏之前，首先应在【资源】面板中建立收藏夹。

在Dreamweaver中，执行【窗口】|【资源】命令，打开【资源】面板。在【资源】面板中的【预览栏】单击【收藏】单选按钮，切换到收藏状态。

单击面板右下角的【新建收藏夹】按钮 ，即可在【列表栏】中建立一个收藏夹，并为其设置名称。

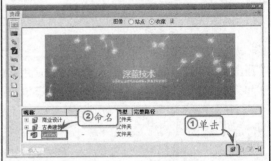

然后，即可单击【站点】单选按钮，切换回站点的状态，并右击资源，执行【添加到收藏夹】命令，将资源添加到收藏夹。

再次单击【收藏】单选按钮。在收藏状态下，用户可将列表栏中的资源直接拖曳到收藏夹中。

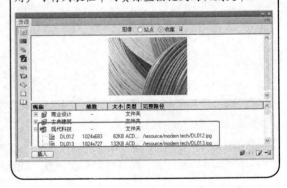

14.9 高手训练营

版本：DW CS4/CS5/CS6

1．认识过程

过程是一组能执行指定任务且具有返回值的脚本命令。用户可以定义自己的过程，然后在脚本中反复调用。

在VBScript中，过程被分为Sub过程和Function过程。

■ Sub过程

Sub过程是包含在Sub和End Sub语句之间的一组VBScript语句，执行操作但不返回值，演示代码如下所示。

```
<%
Sub myNum()
    a=4
    b=6
    sum = a+b
    response.Write sum
End Sub
%>
```

■ Function过程

Function过程是包含在Function和End Function语句之间的一组VBScript语句。Function过程与Sub过程类似，但是Function过程可以返回值，演示代码如下所示。

```
<%
Function myNum(b)
    myNum = 10+b
End Function
a=100
response.Write myNum(a)
%>
```

2．过程的数据进出

给过程传递数据的途径是使用参数。参数被作为要传递给过程的数据的占位符。参数名可以是任何有效的变量名。

使用Sub语句或Function语句创建过程时，过程名之后必须紧跟括号。括号中包含所有参数，参数间用逗号分隔。例如，fDegrees是传递给Celsius函数的值的占位符，代码如下所示。

```
<%
Function Celsius(fDegrees)
    Celsius = (fDegrees - 32) * 5 /
9
End Function
%>
```

3．调用过程

调用Function过程时，函数名必须用在变量赋

值语句的右端或表达式中。

例如，在代码中，通过Temp=myNum(5)进行调用过程，其中过程为myNum（5），而5为参数值。然后，将计算的结果赋予Temp变量。

```
<%
Function myNum(b)
    myNum = 10+b
End Function
Temp=myNum(5) '调用函数
response.Write temp
%>
```

而在response.Write myNum(5)表达式中，response.Write为输出语句。即可以直接调用并输出过程。

```
<%
Function myNum(b)
    myNum = 10+b
End Function
response.Write myNum(5)'调用函数
%>
```

调用Sub过程时，只需输入过程名及所有参数值，参数值之间使用逗号分隔。不需要使用Call语句，但如果使用了此语句，同必须将所有参数包含在括号之中。

4．使用集合

大多数ASP内建对象支持集合。集合是存储字符串、数字、对象和其他值的地方。集合与数组非常相似，但不同的是，集合被修改后，项目的位置也会随之改变。

■ 通过名称和索引访问项目

通过使用项目名称可以访问集合中的具体项目。例如，在Session对象中储存了以下用户信息，每条用户信息即为一个项目：

```
<%
Session.Contents("Name") = "Tim"
Session.Contents("Sex") = "Male"
Session.Contents("Age") = 25
%>
```

使用在集合中储存项目时关联的名称可以访问项目。例如，利用下面的表达式返回项目中的

内容：

```
<%= Session.Contents ("Name") %>
```

通过使用与项目关联的索引或号码也可以访问项目。例如，下面的表达式检索存储在Session对象的第二个存储槽中的信息：

```
<%= Session.Contents(2) %>
```

ASP以特定的顺序搜索与对象关联的集合，如果在对象的集合中，特定名称的项目只出现一次，则可以省略该集合的名称：

```
<%= Session ("Name") %>
```

■ 遍历集合

遍历集合中的所有项目，可以读取或修改集合中存储的项目。遍历集合时，必须提供集合名称。例如，可以使用VBScript脚本中的For...Each语句访问存储在Session对象中的项目：

```
<%
Dim Item
For Each Item in Session.Contents
    Response.Write Session.
Contents(Item) & "<BR>"
Next
%>
```

使用VBScript脚本中的For...Next语句也可以遍历集合。例如，要列出存储在Session中的三个项目，可以使用下面的语句：

```
<%
Dim Item
For Item = 1 to 3
    Response.Write Session.
Contents(Item) & "<BR>"
Next
%>
```

一般不知道存储在集合中的项目个数，但是通过Count属性，可以返回集合中的项目数：

```
<%
Dim Item
For Item = 1 to Session.Contents.
Count
    Response.Write Session.
```

```
Contents(Item) & "<BR>"
Next
%>
```

■ 遍历带子关键字的集合

脚本在单一cookie中嵌入相关值，以减少浏览器和Web服务器之间传送的cookie数目。因此，Request和Response对象的Cookies集合能够在单一项目中拥有多个值，而且这些子项目或子关键字可以被单个访问。

例如，读取Request.Cookie集合中所有的cookie值以及Cookie中所有的子关键字：

```
<%
Dim Cookie, Subkey
For Each Cookie in Request.Cookies
  Response.Write Cookie & "<BR>"
  If Request.Cookies(Cookie).HasKeys
Then
    'HasKeys语法首先检查cookie是否含
有子关键字
    For Each Subkey in Request.
Cookies(Cookie)
      Response.Write Subkey & "="
& Request.Cookies(Cookie)(Subkey) &
"<BR>"
    Next
  Else
    Response.Write "在这个Cookies中
没有子关键字<BR>"
  End If
Next
%>
```

第 **15** 章

旅游类网站——ActionScript 3.0

　　随着现代生活节奏的加快，人们的工作压力越来越大，很多人通过旅游来缓解疲劳，减轻工作压力。于是，旅游业快速发展起来的，并带动了旅游类网站的发展。通过这些旅游类网站，人们足不出户就可以了解各地的风土人情、旅游资源等。

15.1　旅游类网站分类

旅游类网站种类很多，其服务范围各不相同。通常根据服务侧重点，可以将其分为以下几大类。

1．介绍古迹或博物馆

我国是三千年文明古国，有数不清的古迹与文物。介绍古迹或博物馆的网站为体现这一特点，通常使用暗红色、金黄色与褐色以体现出中国古代文化风格。例如，殷墟博物院是世界文化遗产之一，其网站配色使用褐色与金黄色搭配，体现出古色古香的风格。

2．介绍自然景点

自然景点也是一大旅游热点，不少旅游网站都以自然景观作为网站介绍的重点。这类网站在设计上，通常大量引用景点的照片以及与景点相关的绘画作品等来吸引旅游者。例如，扬州瘦西湖的景点网站，其Banner就使用了一幅具有山水画风格的照片，非常具有诗情画意。

3．介绍人文风情

我国有56个民族，各民族的民俗风情都不相同。因此，民俗旅游也是近年来热门的旅游题材之一，越来越多的旅游类企业建设了介绍人文风情的网站。

4．综合旅游信息

这类网站介绍的旅游信息内容非常广泛，为旅游者提供全方位的服务，如酒店预定、旅游线路咨询、机票车票预定、接送租车服务等。这类网站为满足各类旅客的需求，在首页放置了大量的信息。

5．地方旅游资源

旅游业的蓬勃发展，使得很多旅游机构建设以介绍本地旅游资源和政策法规为主要的网站。这类网站是非盈利的公益性网站，其建立是为了促进本地旅游业的健康发展。设计这类网站，应充分考虑本地旅游特色，将地方特色作为最大的亮点。

6．主题旅游公园

主题公园是一种新兴的旅游服务机构，通常以公园内知识性、趣味性的人造景观吸引旅游者。设计主题旅游公园时，应把握公园的主题，根据主题来确定网站的布局与配色。

7．旅游俱乐部

非盈利性的旅游网站，不只是地方旅游资源网站等，还包括一些旅游爱好者自发组建的俱乐部网站。这类网站通常作为组织俱乐部活动、俱乐部成员之间交流经验与感想所用。设计这类网站往往追求个性化与时尚。

15.2　旅游网站的设计风格

版本：Flash CS4/CS5/CS6

　　旅游网站通常以介绍旅游项目为主要目的，因此设计风格各不相同。在设计旅游网站时，应与旅游项目紧密结合，在网站配色以及图像的选用方面尤其要注意。本小节将展示不同风格的旅游网站，介绍这些旅游网站设计的特点。

■ **简洁大气型**

　　欧美的综合旅游网站设计通常大量使用水晶效果的横幅背景，以及简洁的圆角矩形标题栏。在配色上，常以白色和灰色为主色调，点缀橄榄绿与青色。这样的设计给人以简洁、大气的感觉。

■ **色彩艳丽型**

　　与之前的简洁大气型网站相比，色彩艳丽型网站在色彩搭配上非常讲究，喜欢使用艳丽的色彩来吸引旅游者的注意力。在这类网站的背景色中，经常使用大片的纹理。

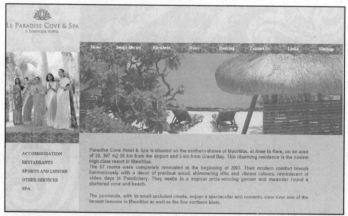

■ **清新明快型**

　　天蓝、白色、灰色三种颜色的搭配是网站中最常见的搭配，尤其是以海边、沙滩为旅游主题的旅游网站。通常都使用这种搭配，给人以清新、明快的感觉。

■ 高贵华丽型

一些介绍古代遗迹（尤其是宫殿等遗迹）的旅游网站，其设计往往大量采用暗色调与金黄色相辉映的手法，以突显出网站的高贵华丽。如右图中介绍意大利古建筑的网站便使用了精美的背景图像。

■ 古典怀旧型

随着现代生活的不断发展，一些旅游者对高楼大厦的科技生活感到厌倦。因此，有人开始喜欢自行车、野外远足等。这些旅游者建立了一些以怀旧为主题的俱乐部网站，使用黄褐色为主色调，配以发黄的老照片。

■ 现代科技型

旅游景点不仅包括风景名胜和人文古迹，一些现代科技的结晶也可以作为旅游景点供人们观赏，如科技馆、天文台等。这类网站在设计上追求现代科技的美感，通常以蓝色为主色调，配合以黑色为辅助用色，在设计上充满了现代感。

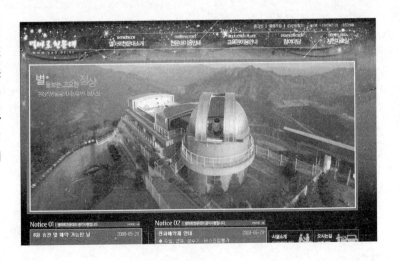

15.3 使用面板添加代码

版本: Flash CS4/CS5/CS6

在Flash CS6中，用户可以通过【动作】面板和【代码片段】面板为动画添加程序代码，使对象可以完成一些复杂的动作和应用功能。

1. 使用【动作】面板

【动作】面板是用于编辑ActionScript代码的工作环境，可以将脚本代码直接建嵌入到FLA文件中。它由三个窗格构成：动作工具箱、脚本导航器和脚本窗格。

使用脚本窗格可以创建导入应用程序的外部脚本文件。这些脚本可以是ActionScript、Flash Communication或Flash JavaScript文件。也可以单击【添加】按钮，将在菜单中列出可用于所创建的脚本类型的语言元素。

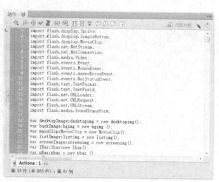

2. 使用【代码片断】面板

选择舞台上的对象或时间轴中的帧，执行【窗口】|【代码片断】命令，打开【代码片断】面板，然后双击要应用的代码片断即可。

如果选择了舞台上的对象，Flash将代码片断添加到帧中的【动作】面板。如果选择了时间轴帧，Flash只将代码片断添加到那个帧。

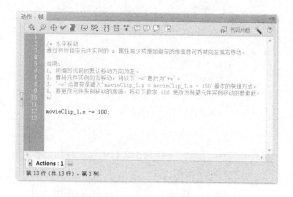

15.4 变量与常量

版本: Flash CS4/CS5/CS6

计算机在处理数据时，必须将其加载到内存中。在ActionScript中，需要将存放数据的内存单元命名。只有命名的内存单元中存放的数据才可被ActionScript程序访问。被命名的内存单元分为两种，即常量和变量。

1．变量

变量是指在程序运行时随时可能发生变化的数据。ActionScript处理数据时，按照变量的名称访问内存单元中的数据，并对数据进行操作。在一段ActionScript代码中，可以使用一个变量，也可以使用多个变量。

■ 声明变量

在程序中使用变量，必须先对变量进行声明。例如，声明一个变量variable01，如下所示。

```
var variable01;//声明一个名称为variable01的变量
```

在声明变量的同时，还应为变量中存储的数据关联数据类型。虽然在声明变量时不指定变量的数据类型，程序代码依然可以运行，但这在严格模式下将产生编译器警告，并很容易出现种种错误。例如，声明一个变量variable02，并将其关联为Number型数据，如下所示。

```
var variable02:Number;//声明一个名称为variable02的变量为Number型数据
```

声明变量后，可为变量赋值，也可不为变量赋值。如需要为变量赋值，应使用赋值运算符（=）。例如，为String变量Variable03赋值为"Hello,World!"，如下所示。

```
var variable03:String="Hello,World!"
;//声明名称为variable03的String变量，并
赋值为"Hello,World!"
trace (variable03);//在屏幕中输出变量
variable03的值
```

■ 变量的作用域

变量的"作用域"是指在代码执行过程中，该变量可被引用的区域。在ActionScript中，根据作用域可以将所有变量划分为两种，即"全局"变量和"局部"变量。任何一个变量的使用都必须遵循作用域的限制。

■ "全局"变量

"全局"变量是指在代码的所有区域中定义的变量，这种变量是在所有函数或类定义的外部声明的变量。

■ "局部"变量

"局部"变量是指仅在代码的某个部分定义的变量。"局部"变量的作用域是有限的。如果超出了变量的作用域，则引用将无法实现。

2．常量

常量是指在计算机的内存单元中存储的只读数据，其在程序运行中不会被改变。在ActionScript3.0中，常量又可以分为自定义常量和自带常量两种。

■ 自定义常量

自定义常量是指用户在程序中声明的不可改变的数据。自定义常量可以是任何类型的数据。声明自定义常量需要使用关键字"const"。

■ 自带常量

除了自定义常量，ActionScript中还有一类常量，即ActionScript自带的常量。这类常量又被称作全局常量。在ActionScript3.0中，自带常量共有4个。

常量	说明	常量	说明
Infinity	表示正无穷大的特殊值	-Infinity	表示负无穷大的特殊值
NaN	表示非数字值	undefined	表示无类型变量或未初始化的动态对象属性

15.5　数据类型

版本：Flash CS4/CS5/CS6

在ActionScript3.0中，声明一个变量或常量时，必须指定数据类型。ActionScript的数据按照结构可以分为基元数据、内置数据类型和核心数据两种。

1. 基元数据

基元数据是ActionScript最基础的数据类型。所有ActionScript程序操作的数据都是由基元数据组成的。基元数据包括7种子类型，如下所示。

■ Boolean

Boolean型数据是一种逻辑数据。其只有两个值，即True(真)和False（假）。对于Boolean类型的变量，其他任何值都是无效的。在ActionScript中，已声明但未赋值的Boolean变量默认值为False。

■ Number

在ActionScript3.0中，Number型数据可以用来表示所有的数字，包括整数、无符号整数以及浮点数。Number使用64位双精度格式存储数据，其最小值和最大值分别存放在Number对象的Number.MIN_VALUE和Number.MAX_VALUE属性中，如下所示。

```
Number.MAX_VALUE ==
1.79769313486231e+308
Number.MIN_VALUE ==
4.940656458412467e-324
```

上面这两个属性为Number对象的公共常量。因此，其值相当于Number型数据可表示的最大值和最小值。在将变量设置为Number类型时，可以通过小数点来定义变量表示的数据类型。例如，当赋予变量的值有小数点时，则Number类型数据的变量表示浮点数。

Number类型的数据除了包括整数、无符号整数和浮点数外，还包括一些特殊成员，如NaN、Infinity和-Infinity等。当无法用数学表达式来表达Number的值时，AVM2虚拟机将会把该值自动转换为NaN（非数字数据）。NaN是Number类型数据的默认值。

Infinity和-Infinity也是Number类型数据的特殊成员，表示正无穷大（无符号的无穷大）和负无穷大。Infinity和-Infinity都是Number型数据的公共常量。

声明一个Number型数据的其代码如下所示。

```
var NewNumber01:Number;//声明名称为NewNumber01的变量为Number型数据
var NewNumber02:Number=123.45;//声明名称为NewNumber02的变量为Number型数据，并赋值为123。
```

■ int

int型数据是整数型数据的一种，用于存储自-2 147 483 648到2 147 483 647之间的所有整数。int型数据的默认值为0。

在处理相同大小的整数时，使用int数据类型的速度要比使用Number数据类型的速度快的多。因此通常将符合int取值范围的整数声明为int类型的数据。只有当需要处理的数据取值范围超过了int型数据的取值范围时，才将数据的类型转换为Number。声明一个int型数据的代码如下所示。

```
var NewNumber03:int;//声明名称为NewNumber03的变量为int型数据。
var NewNumber04:int=256;//声明名称为NewNumber04的变量为int型数据，并赋值为256。
```

■ uint

uint型数据也是整数型数据的一种，表示无符号的整数（非负整数），取值范围为0 4 294 967 295之间的所有正整数。uint型数据的默认值也是0。

在处理相同大小的整数时，使用uint数据类型的速度与使用int数据类型的速度相同，也都比使用Number数据类型的速度要快。uint型数据最典型的应用即表示像素的颜色值。声明一个uint型数据的代码如下所示。

```
var Colorset:uint;//声明名称为Colorset的变量为uint型数据。
var ColorsetValue:uint=2994955731;//声明名称为ColorsetValue的变量为uint型数据，并赋值为2 994 955 731。
```

■ NULL

NULL是一种特殊的数据类型，它的值只有一个，即null，代表空值。null值为字符串类型和所有类的默认值，且不能作为类型修饰符。声明一个null型变量的代码如下所示。

```
var value01:null;//声明名称为value01的
变量为空变量。
```

■ String

String型数据类型表示一个16位字符的序列。字符串在数据的内部存储为Unicode字符，并使用UTF-16格式。

字符串型数据的值是不可改变的，就像在Java编程语言中一样。对字符串值执行运算会返回字符串的一个新实例。用 String 数据类型声明的变量的默认值是 null。声明一个String型变量的代码如下所示。

```
var text01:String="Hello,World!";//
声明名称为text01的变量为字符串变量，并赋值
为Hello,World!
```

当设置字符串变量的值为空时，变量输出为空。而当设置字符串变量的值为null时，字符串变量输出的值为null。

■ void

void类型的变量也只有一个值，即undefined，代表无类型的变量。void型变量仅可用作函数的返回类型。无类型变量是指缺乏类型注释或者使用星号 (*) 作为类型注释的变量。只能将 void 用作返回类型注释。

2. 核心数据

除了基元数据外，ActionScript还提供了一些复杂的数据类型，这些类型的数据是ActionScript的核心数据。核心数据主要包括Object（对象）、Array（数组）、Date（日期）、Error（错误对象）、Function（函数）、RegExp（正则表达式对象）、XML（可扩充的标记语言对象）和XMLList（可扩充的标记语言对象列表）等。其

中，最常用的核心数据即Object。

Object数据类型是由Object类定义的。Object类用作ActionScript中的所有类定义的基类。ActionScript3.0中的Object数据类型与早期版本中的Object数据类型存在以下三方面的区别：

■ Object数据类型不再是指定给没有类型注释的变量的默认数据类型

在早期的ActionScript版本中，AVM2虚拟机会自动将没有类型注释的变量声明为Object数据类型。ActionScript3.0现在包括真正的无类型变量这一概念，因此不再把没有类型注释的变量声明为Object数据类型。

■ Object数据类型不再包括undefined值

在早期的ActionScript版本中，undefined值是Object实例的默认值。ActionScript3.0中，没有类型注释的变量现在被视为无类型变量，因此undefined值已变为void型数据的值。

■ 在 ActionScript 3.0中，Object类实例的默认值是null

如果用户仍然将undefined的值赋予Object型数据，则AVM2虚拟机将自动把该值转换为Object的新默认值null。

3. 内置数据类型

大部分内置数据类型以及自定义数据类型都是复杂数据类型，因为它们表示组合在一起的一组值。常用的复杂数据类型如下：

■ MovieClip 影片剪辑元件。

■ TextField 动态文本字段或输入文本字段。

■ SimpleButton 按钮元件。

■ Date 有关时间中的某个片刻的信息（日期或时间）。

15.6 运算符

版本：Flash CS4/CS5/CS6

运算符是一种特殊的函数，表示实现某种运算的符号，具有一个或多个操作数并返回相应的值。操作数是被运算符用作输入的值，通常是字面值、变量或表达式。在ActionScript中，运算符共分为9种，详细介绍如下。

1. 算术运算符

算术运算符的作用是对表达式进行数学运算，是ActionScript中最基础的运算符。ActionScript中的算术运算符如下所示。

运算符	说明	运算符	说明
+	将表达式相加	%	求表达式a与表达式b的余数
--	表达式递减	*	表达式相乘
/	表达式与表达式的比值	-	用于一元求反或减法运算
++	表达式递增		

2. 逻辑运算符

逻辑运算符是针对Boolean型数据进行的运算。在ActionScript中的中，共有3种逻辑运算符，如表所示。

运算符	说明	运算符	说明
&&	逻辑与运算	||	逻辑或运算
!	逻辑非运算		

在使用逻辑与运算符"&&"运算Boolean值时，如两个值都是true（真），则结果为true（真）；如两个值都是false(假)，则结果为false（假）；如有一个值为false（假），则结果为false（假）。

3. 按位运算符

按位运算符是一种用于计算底层数字（计算机识别的2进制数字）的运算符号，其运算并非简单的算术运算或逻辑运算，而是根据2进制数字的位来操作的。在ActionScript中，共有7种按位运算符，如表所示。

运算符	说明	运算符	说明
&	按位与运算	|	按位或运算
<<	按位左移动	>>	按位右移动
~	按位取反运算	>>>	无符号的按位右移动
^	按位异或		

4. 赋值运算符

赋值运算符是ActionScript中最常见的运算符。用var或const声明一个常量或变量后，必须为其赋值，才能对其进行操作。赋值运算符又可以分为简单赋值运算符和复合赋值运算符。简单赋值运算符即等号"="。在ActionScript中使用简单赋值运算符如下所示。

```
const g:Number=9.8;//给常量g赋值为9.8
```

复合赋值运算符是一种组合运算符，其原理是将其他类型的运算符与赋值运算符结合使用。在ActionScript中的复合赋值运算符共有3种，如下所示。

■ 算术赋值运算符

算术赋值运算符是算术运算符和赋值运算符的组合。在ActionScript中，算术赋值运算符共5种，如表所示。

运算符	说明
+=	加法赋值运算。a+=b相当于a=a+b
%=	求余赋值运算。a%=b相当于a=a%b
-=	减法赋值运算。a-=b相当于a=a-b
*=	乘法赋值运算。a*=b相当于a=a*b
/=	除法赋值运算。a/=b相当于a=a/b

■ 逻辑赋值运算符

逻辑赋值运算符是逻辑运算符和赋值运算符的组合。在ActionScript中共有两种逻辑赋值运算符，即逻辑与赋值运算符"&&="和逻辑或赋值运算符"||="。可以通过两个表述内容完全相同的表达式来描述逻辑赋值运算符。

■ 按位赋值运算符

按位赋值运算符是按位运算符和赋值运算符的组合。在ActionScript中，共有6种按位赋值运算符，如表所示。

运算符	说明	运算符	说明
&=	按位与赋值。a&=b相当于a=a&b	<<=	按位左移赋值。a<<=b相当于a=a<<b

(续表)

运算符	说明	运算符	说明
|=	按位或赋值。a|=b相当于a=a|b	>>=	按位右移赋值。a>>=b相当于a=a>>b
>>>=	按位无符号右移赋值，a>>>=b相当于a=a>>>b	^=	按位异或赋值。a^=b相当于a=a^b

5. 比较运算符

比较运算符主要用于对两个表达式的值进行比较。在ActionScript中，共有8种比较运算符，如表所示。

运算符	说明	运算符	说明
==	等于号。表示两个表达式相等	>	大于号。表示第1个表达式大于第2个表达式
>=	大于等于号。表示第1个表达式不小于第2个表达式	!=	不等号。表示两个表达式不相等
<	小于号。表示第1个表达式小于第2个表达式	<=	小于等于号。表示第1个表达式不大于第2个表达式
===	绝对等于号。仅针对数字(Number)、整数(int)、正整数(uint)3种数据类型执行数据转换	!==	不绝对等于号。其与绝对等于号完全相反

6. 其他运算符

除了之前介绍的5种运算符外，ActionScript还有其他一些运算符，如表所示。

(续表)

运算符	说明	运算符	说明
[]	该运算符用于初始化一个新数组或多维数组，或访问数组中的元素	as	验证表达式是否为数组中的成员
,	用于多个表达式之间的连接，按照表达式排列的顺序进行运算	is	验证对象是否与特定的数据类型、类或接口兼容
::	标识属性、方法或XML属性或特性的命名空间	new	对类和对象实例化
{}	创建一个新对象，并用指定的名称和值初始化对象	in	计算属性是否为对象的一部分
()	对一个或多个参数执行分组运算，执行表达式的顺序计算，以及将一个或多个参数传递给函数	instanceof	计算表达式的原型链是否包括函数的原型对象
:	用于指定数据的数据类型	typeof	计算表达式的数据类型并返回指定的字符串
.	访问类变量和方法，获取并设置对象属性以及分隔导入的包或类	void	计算表达式，然后返回undefined
?:	条件运算符，计算表达式，如表达式的值为true则结果为表达式2的值，否则为表达式3的值		

15.7　流程控制

版本：Flash CS4/CS5/CS6

ActionScript 3.0遵循结构化的设计方法，将一个复杂的程序划分为若干个功能相对独立的代码模块。而调用某个模块代码的过程，需要由一些特殊的语句来实现，如条件语句、循环语句等。

1．条件语句

条件语句在程序中主要用于实现对条件的判断，并根据判断结果控制整个程序中代码语句的执行顺序。

■ if语句

if语句是最简单的条件语句，通过计算一个表达式的Boolean值，并根据该值决定是否执行指定的程序代码。

```
if(condition){
statements
}
```

其中，if是条件语句的关键字，必须为小写字母；condition是一个表达式，如果为真（True），则执行大括号（{}）中的程序代码，否则不执行。

当if语句的大括号中只有一行代码时，可以省略大括号。省略大括号后，代码的可读性将会降低，但可以使代码更加简洁。

```
if(condition)
//statements
```

如果if语句中包含有多个条件，可以使用逻辑与运算符"&&"和逻辑或运算符"||"进行连接。

```
//使用逻辑与运算符
if(condition1 && condition2){
statements
}
//使用逻辑或运算符
if(condition1 || condition2){
statements
}
```

■ if…else语句

简单的if语句只当判断条件为真时，执行其包含的程序。如果想要在条件为假时，执行另一段程序，则需要使用if…else语句。

```
if (condition){
statements1
}else{
statements2
}
```

在if..else语句中，当条件为真时，执行if语句中的程序；当条件为假时，执行else语句中的程序。这两段程序只选择一段执行，然后继续执行下面的程序。

■ if..else if语句

在一段程序中，如果想要判断的条件不止两个，则需要使用if..else if语句，它可以判断更多的条件，以控制更加复杂的流程。

```
if(condition1){
statements1;
}
else if(condition2){
statements2;
}
……
else if(conditionN){
statementsN;
}
else{
statements(N + 1);
}
```

■ switch..case语句

switch..case语句不是对条件进行判断得到布尔值，而是对表达式进行求值并根据预设的结果来确定要执行的程序块。

```
switch(expression){
case value1:
statements1;
```

```
break;
case value2:
statements2;
break;
......
case valueN:
statementsN;
break;
default:
statements(N + 1);
}
```

2. 循环语句

在程序设计中，如果需要重复执行一些有规律的运算，可以使用循环语句。

■ while语句

while语句是一种简单的循环语句，仅由1个循环条件和循环体组成，通过判断条件来决定是否执行其所包含的程序代码。

```
while(condition){
statements;
}
```

在执行循环体中的程序之前，while将先判断条件是否成立。如果成立，则开始执行。每执行一次循环体中的程序，while都会再次判断当前的条件是否成立。如果成立，则继续执行；否则退出循环。

■ do..while语句

do..while语句同样是由循环条件和循环体组成。与while语句不同的是，其循环条件放置在循环体的后面。

```
do{
statements;
}while(condition)
```

do..while语句保证至少执行一次循环体中的程序，然后再根据条件决定是否要继续执行循环。如果条件成立，它会继续执行大括号中的程序代码，直至条件不成立为止。

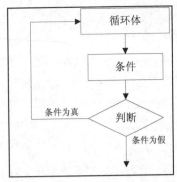

■ for语句

for语句是一种功能强大且使用灵活的语句。它不仅可以在指定循环次数的情况下执行程序，还可以在只给出循环结束条件的情况下执行。

```
for(initialization;expression;increm
ent) {
statements;
}
```

其中，initialization为初始表达式，用来创建指定循环次数初始值的变量；expression为一个关系表达式或者逻辑表达式，用来判断循环是否继续；increment用来增加或者减少变量的值。

在for语句中，初始表达式可以同时声明多个初始变量，但声明变量的表达式之间需要使用逗号（,）隔开。

```
for(initialization1,initialization2;
expression;increment){
statements;
}
```

■ for..in语句

for..in语句是一种特殊的循环语句，它通常只出现在对象的属性或数组的元素中，可以用一个变量名称来搜索对象，然后执行每个对象中的表达式。

```
for(variable in object|array){
statements;
}
```

其中，variable表示一个变量，用于遍历对象或数组；object表示将要遍历的对象；array表示将要遍历的数组。

在使用for..in语句时，首先应创建一个对象或数组。然后通过该语句，可以依次执行对象或数组中的内容。

```
var obj:Object = {Name:"Tom",Age:25};
//创建Object对象
for(var i:* in obj){
trace(i + ":" + obj[i]);
}
//输出：Name:Tom  Age:25
```

■ for each..in语句

for each...in语句用于循环访问集合中的项目，它可以是XML或XMLList对象中的标签、对象属性保存的值或数组元素。

```
for each(variable in object|array){
statements;
}
```

使用for each..in语句来循环访问通用对象的属性，但是与for..in语句不同的是，for each..in语句中的迭代变量包含属性所保存的值，而不包含属性的名称。

```
var obj:Object = {Name:"Tom",Age:25};
//创建Object对象
for(var i:* in obj){
trace(i);
}
//输出：Tom 25
```

3．跳转语句

除了条件语句和循环语句外，ActionScript还提供了一种跳转语句，用于实现程序执行时多个代码块之间的跳转。

■ break

执行break语句可以退出当前的循环或语句，并继续执行后面的语句。

break语句不仅可以在switch..case条件语句中使用，还可以在循环语句中使用，以提前结束循环，继续执行循环外的语句。

```
loop statement(condition){
statements;
```

```
if(condition){
break;
}
}
```

break语句还可以在嵌套循环中使用。如果在内循环中执行break语句，Flash只会跳出包含break语句的内循环，而不影响其他循环的执行。

```
loop statement(condition){
loop statement(condition){
if(condition){ break;}
}
statements;
}
```

■ continue语句

continue语句也是一种跳转语句，其作用是结束本次循环，并再次判断条件，决定是否继续执行下一次循环。

```
loop statement(condition){
if(condition){
continue;
}
statements;
}
```

■ label

label语句是ActionScript 3.0引入的一种新的语句类型，其主要用于关联循环程序块，为break和continue命令提供目标对象。

```
label:loop statement(condition){
loop statement(condition){
if(condition){
break label;
}
}
}
```

label标签还可以跳出块语句。当块语句有相关联的标签时，则可以在该块语句内部添加引用该标签的break语句。

```
label:{
break label;
}
```

15.8 制作旅游类网站开头动画

版本: Flash CS4/CS5/CS6

对于Flash动画网站，通常在开始展示网站的主题内容之前，都会设计一个开头动画，用于引导用户和吸引用户的目光。网站开头动画的好坏，直接影响到整个网站给访问者留下的印象，因此一个效果精彩的开头动画，是Flash网站成功的关键。本练习就制作一个宾馆网站的开头动画。

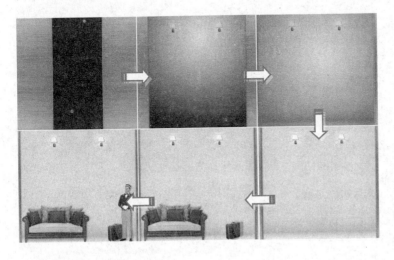

提示

如果想要将文字转换为矢量图形，需要执行两次【修改】|【分离】命令。而对于位图图像来说，则只需要执行一次命令。

操作步骤 》》》》

STEP|01 新建766像素×700像素的空白文档，执行【文件】|【导入】|【打开外部库】命令，打开"素材.fla"文件。然后，将"素材"文件夹下的"背景"图像拖入到舞台中，并设置其坐标为0,0。

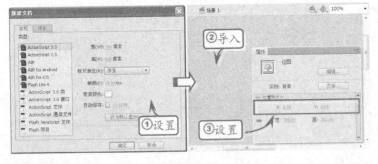

提示

选择第260帧，执行【插入】|【时间轴】|【帧】命令，插入普通帧，延长该图层至第260帧。

STEP|02 新建"底边"和"阴影"图层，将外部库中"素材"文件夹下的"底边"和"阴影"图像拖入到相应的图层中，并移动到舞台的底部。

STEP|03 新建图层，将外部库中"素材"文件夹下的"灯光"和"壁灯"图像拖入到舞台中。然后，复制这两个图像并将副本放置

在源图像的右侧。

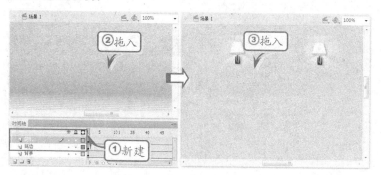

提示

在创建补间形状动画之前，首先要确定起始关键帧和结束关键帧中的内容为矢量图形。

STEP|04 新建"黑幕"图层，绘制一个与舞台大小相同的黑色矩形。在第10帧处插入空白关键帧，打开【颜色】面板，选择【颜色类型】为"径向渐变"，并设置渐变色。然后，在舞台中绘制一个矩形。

STEP|05 在第20帧处插入关键帧，使用【形状变形工具】选择该矩形，并将其放大。然后右击第10帧，在弹出的菜单中执行【创建补间形状】命令，创建补间形状动画。

提示

将第10帧后的所有普通帧删除。绘制完渐变矩形后，可以使用【渐变变形工具】调整渐变的位置和角度等。

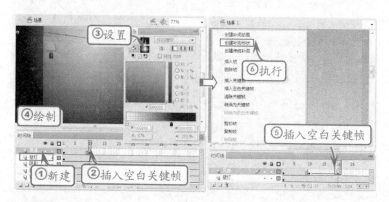

STEP|06 在第25帧处插入关键帧，选择该矩形，在【颜色】面板中设置其Alpha值为0%。然后右击第20帧，执行【创建补间形状】命令，创建补间形状动画。

STEP|07 新建"左门"图层，将外部库中"门"图形元件拖入到舞台的左侧，使其覆盖舞台的左半区域。然后创建补间动画，选择第15帧，将"门"图形元件向左移动，使遮挡的左半区域显示出来。

提示

在传统补间范围中插入关键帧，并修改影片剪辑的形状，可以按照指定效果创建更加复杂的动画。

STEP|08 新建"右门"图层，将"门"图形元件拖入到舞台中，执行【修改】|【变形】|【水平翻转】命令，将其水平翻转。然后，将其移动到舞台的右半区域，使用相同的方法在第1帧至第15帧之间创建向右水平移动的补间动画。

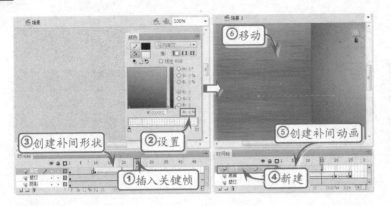

提示

执行【插入】|【新建元件】命令,在弹出的【创建新元件】对话框中,选择类型为"按钮",即可创建按钮元件。

STEP|09 新建"侧边"图层,在第16帧处插入关键帧,将外部库中"素材"文件夹下的"侧边"图像拖入到舞台的左边缘。然后复制并水平翻转该图像,将其移动到舞台的右边缘。

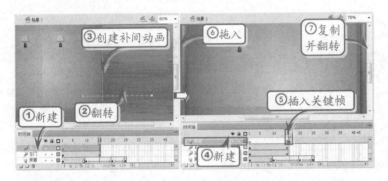

提示

右击弹起状态帧,在弹出的菜单中执行【复制帧】命令。然后,右击按下状态帧,在弹出的菜单中执行【粘贴帧】命令,即可复制粘贴帧中的内容。

STEP|10 新建"沙发"图层,在第30帧处插入关键帧,将外部库中"素材"文件夹下的"沙发"图像拖入到舞台的左下角,并转换为"沙发"图形元件。然后,打开【变形】面板,设置其缩放比例为"200%"。

STEP|11 创建补间动画,在第30帧处设置"沙发"图形元件的Alpha值为"0%"。然后选择第35帧,在【变形】面板中设置其缩放比例为"100%";在属性检查器中设置Alpha值为"100%"。

提示

选择点击状态帧,在舞台中绘制的矩形表示鼠标经过该区域将会发生响应。该矩形可以为任意填充颜色。

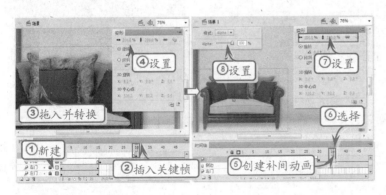

STEP|12 新建 "行李箱" 图层，在第40帧处插入关键帧，将外部库中 "素材" 文件夹下的 "行李箱"、"行李箱阴影" 和 "行李箱底部阴影" 图像拖入到舞台的右外侧，并将转换为 "行李箱" 图形元件。创建补间动画。然后选择第45帧，将 "行李箱" 图形元件移动到 "沙发" 图形元件的右侧。

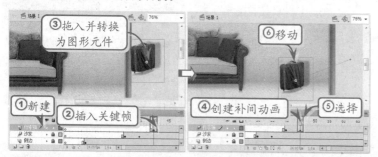

> **提示**
>
> 导航按钮元件的动画基本上都是从舞台上方向下移动，为了增强动画的效果，可以在属性检查器中设置缓动。

STEP|13 新建 "服务员" 图层，在第50帧处插入关键帧，将外部库中 "素材" 文件夹下 "服务员" 和 "服务员阴影" 图像拖入到舞台的右外侧，并转换为 "服务员" 图形元件。创建补间动画。然后选择第55帧，将 "服务员" 图形元件移动到 "行李箱" 图形元件的右侧。

> **提示**
>
> 导航按钮元件的旋转角度并不统一，这样做的目的是为了使页面表现得大方、随意、不拘束，也符合网站的主题。

STEP|14 新建 "版权信息" 图层，在第60帧处插入关键帧，在 "沙发" 图形元件底部的舞台外侧输入版权信息。设置文字的系列为Century Gothic，样式为Bold Italic，大小为 "12点"。创建补间动画。然后选择第65帧，将版权信息文字向上移动到 "沙发" 图形元件的下面。

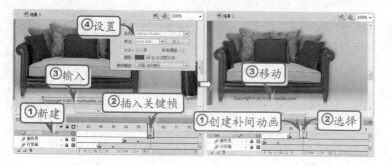

> **提示**
>
> 在创建补间动画后，还可以通过属性检查器中的缓动选项为补间动画定义特殊效果。

15.9 制作餐饮类网站导航

版本：Flash CS4/CS5/CS6

网站的开头动画结束后，就进入了网站首页。网站首页的内容同样也是通过一系列的动画进行展示的，其中包括LOGO、导航条和正文内容。首先通过缩小渐显的补间动画逐个展示导航图像，其中导航文字则是利用了模糊滤镜的变化。然后，通过调整LOGO元件的Alpha透明度，使其渐渐显示。最后，使用遮罩动画以卷轴的方式来展示首页的正文内容。

练习要点

- 输入文字
- 设置文字属性
- 创建补间动画
- 使用任意变形工具

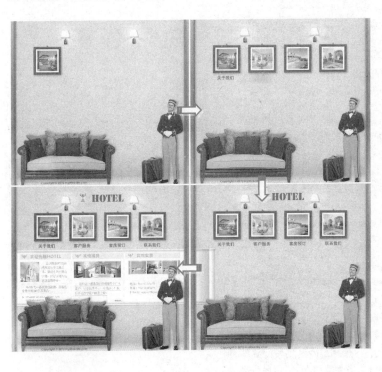

提示

在创建传统运动引导动画之前，必须将运动对象转换为元件。

提示

起始关键帧中的形状提示为黄色，结束关键帧中的形状提示为绿色，当不在一条曲线上时为红色。

操作步骤 ▶▶▶▶

1. 设计导航条和LOGO动画

STEP|01 新建"关于我们-初始"影片剪辑，将外部库中"素材"文件夹下的"相框"拖入到舞台中。然后新建图层，将"导航图片01"图像拖入到舞台中。

STEP|02 新建图层，使用【矩形工具】在"导航图片01"图像的上面绘制一个矩形。然后右击该图层，在弹出的菜单中执行【遮罩层】命令，将其转换为遮罩层。

提示

在创建补间形状动画之前，首先要确定起始关键帧和结束关键帧中的内容为矢量图形。

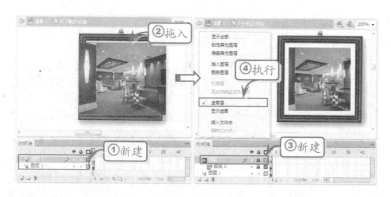

STEP|03 在【库】面板中右击"关于我们-初始"影片剪辑，在弹出的菜单中执行【直接复制】命令并重命名为"关于我们-经过"。然后打开该元件，延长各个图层的帧数至25。

STEP|04 右击图层2，在弹出的菜单中执行【创建补间动画】命令。然后，分别选择第5、10、15、20帧处，调整图像的大小和位置。

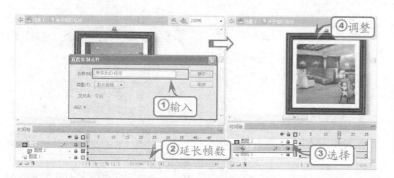

STEP|05 新建图层，在第25帧处插入关键帧。右击该帧执行【动作】命令，打开【动作】面板，并输入停止播放命令"stop();"。

STEP|06 新建【关于我们】按钮元件，将"关于我们-初始"影片剪辑拖入到舞台中，并在【属性】检查器中设置其坐标为0,0。然后，在【指针经过】帧处插入关键帧，将"关于我们-经过"影片剪辑拖入到舞台中。

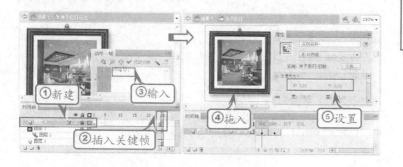

STEP|07 返回场景，新建"关于我们"图层，在第65帧处插入关键帧，将【关于我们】按钮元件拖入到舞台中。然后打开【变形】面板，设置按钮元件的缩放比例为"250%"，并在属性检查器中设置其Alpha值为"0%"。

STEP|08 创建补间动画，在第70帧处插入关键帧，在【变形】面板中更改【关于我们】按钮元件的缩放比例为"100%"；在属性检查器中设置其Alpha值为"100%"。

提示

创建运动引导动画，至少需要两个图层：一个是普通图层，用于存放运动的对象；另一个是运动引导层，用于绘制作为对象运动路径的辅助线。

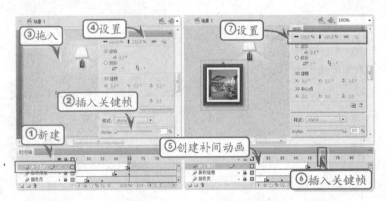

提示

按住 Shift 键同时选择4个导航按钮元件，打开【对齐】面板，单击【垂直中齐】按钮和【水平居中对齐】按钮，使元件的间距相等，且处于同一水平线。

STEP|09 使用相同的方法，制作【客户服务】、【客房预订】和【联系我们】按钮元件。然后新建图层，分别在第70~75帧、第75~80帧和第80~85帧处创建按钮元件渐显的补间动画。

STEP|10 新建"导航文字"影片剪辑，使用【文本工具】在舞台中输入"关于我们"文字，在属性检查器中设置文字的系列为"汉仪大黑简"；大小为"18点"；颜色为"棕色"（#4E2F16）等。

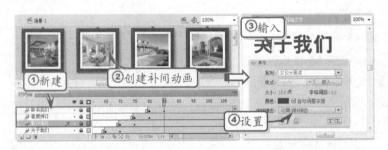

提示

将20帧后的所有帧删除。

STEP|11 创建补间动画，在属性检查器中单击【添加滤镜】按钮为文字添加"模糊"滤镜，并设置模糊X和模糊Y均为"100像素"。然后选择第5帧，更改文字的模糊X和模糊Y均为"0像素"。

STEP|12 新建3个图层，使用相同的方法分别在第5~10帧、第10~15帧和第15~20帧之间制作"客户服务"、"客房预订"和"联系我们"导航文字的渐显动画。

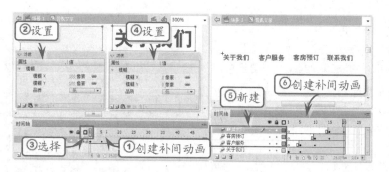

STEP|13 新建图层，在第20帧处插入关键帧。打开【动作】面板，在其中输入停止播放动画命令"stop();"。

STEP|14 返回场景。新建"导航文字"图层，在第85帧插入关键帧。然后，将"导航文字"影片剪辑拖入到舞台中导航图片的下面。

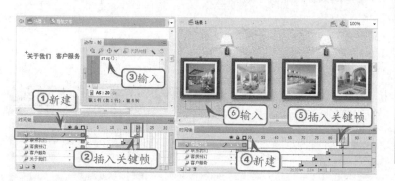

STEP|15 新建LOGO图层，在第105帧处插入关键帧，将外部库"素材"文件夹下的LOGO图像拖入到舞台的顶部。然后，在其右侧输入HOTEL文字，在属性检查器中设置其系列为Stencil Std，大小为"40点"，颜色为"棕色"（#4E2F16）。

STEP|16 创建补间动画，在属性检查器中设置LOGO影片剪辑的Alpha透明度为"0%"。然后选择第110帧，更改其Alpha透明度为"100%"。

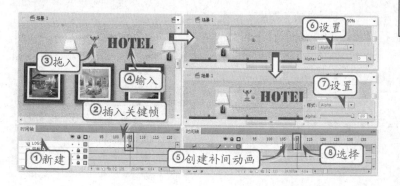

2. 设计首页内容动画

STEP|01 新建"卷轴"影片剪辑，将库部库中"卷轴"文件夹下的"卷轴背景"图形元件拖入到舞台中，并在第15帧处插入普通帧。

STEP|02 新建图层，在舞台的左侧绘制一个矩形。在第15帧处插入关键帧，使用【任意变形工具】向左拉伸矩形，使其覆盖"卷轴背景"图形元件，然后创建形状补间动画。

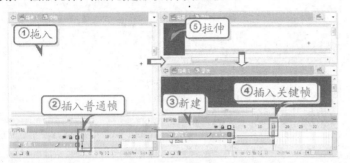

STEP|03 右击图层2，在弹出的菜单中执行【遮罩层】命令，将其转换为遮罩图层。

STEP|04 新建图层，将外部库中"卷轴"文件夹下的"轴"影片剪辑拖入到"卷轴背景"的左侧。然后创建补间动画，选择第14帧，将"轴"影片剪辑拖到"卷轴背景"的右侧，并将第15帧删除。

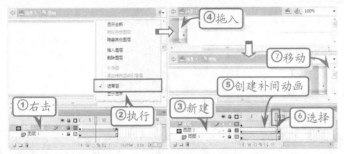

STEP|05 新建AS图层，在第15帧处插入关键帧。然后打开【动作】面板，在其中输入停止播放动画命令"stop();"。

STEP|06 新建"首页-内容"影片剪辑，将"卷轴"影片剪辑拖入到舞台中。然后选择第30帧，执行【插入】|【时间轴】|【帧】命令插入普通帧。

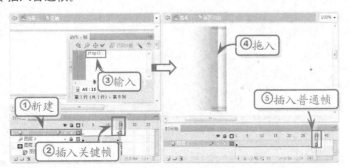

STEP|07 新建图层，在第20帧处插入关键帧，从外部库的"首页"文件夹下将"首页"影片剪辑拖入到舞台中。

STEP|08 创建补间动画，在第20帧处设置"首页"影片剪辑的Alpha值为"0%"。然后在第30帧处插入关键帧，更改其Alpha值为"100%"。

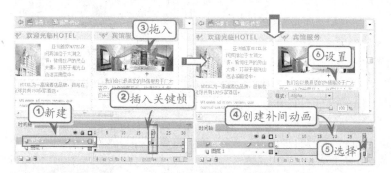

提示

要执行【合并对象】命令时，必须是同一个级别的对象才能够进行运算，比如图形对象与图形对象，对象绘制与对象绘制对象，而不能是这两种以外的其他对象，比如组合对象和元件对象等。

STEP|09 返回场景。在"右门"图层的上面新建"首页-内容"图层，在第110帧处插入关键帧，将"首页-内容"影片剪辑拖入到舞台中，并将第140帧后的所有帧删除。

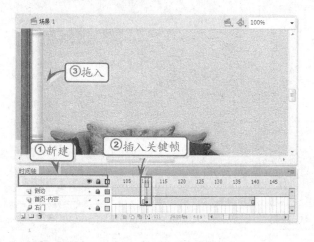

提示

得到相同图形对象的元件方式有多种，既可以将图形对象复制到新建元件中，也可以在【库】面板中直接直接复制元件。

15.10 高手答疑

版本：Flash CS4/CS5/CS6

问题1： 在编写代码时，程序员通常会给自己留一些注释，用于解释某些代码行如何工作或者为什么做出特定的选择，那么在ActionScript 3.0中如何添加注释？

解答： 代码注释是一个工具，用于编写计算机应在代码中忽略的文本。ActionScript 3.0包括两种注释：

■ 单行注释：在一行中的任意位置放置两个斜杠来指定单行注释。计算机将忽略斜杠后直到该行末尾的所有内容：

//这是注释；计算机将会忽略它。

var age:Number = 10; // 默认情况下，将age
设置为10。

■ 多行注释：多行注释包括一个开始注释
标记(/*)、注释内容和一个结束注释标记(*/)。无
论注释跨多少行，计算机都将忽略开始标记与结
束标记之间的所有内容：

```
/*
这可能是一段非常长的说明，可能说明特定函数
的作用或解释某一部分代码。
在任何情况下，计算机都将忽略所有这些行。
*/
```

注释的另一种常见用法是临时禁用一行或多
行代码。例如，如果要测试执行某操作的其他方
法，或要查明为什么某些ActionScript代码没有按
照期望的方式工作。

问题2：如何使用条件运算符实现条件判断？

解答：条件运算符是一个三元运算符，它包含三
个操作数：第一个操作数是条件表达式；第二个
操作数是当条件为真（true）时执行的语句；如果
条件为假（false），则执行第三个操作数。

条件运算符是应用if…else条件语句的一种简
便方法，它的一般形式如下：

```
(condition) ? expression1 :
expression2
```

例如，首先对变量a与变量b的值进行比较。
当a大于b时，则将a的值赋给变量c；否则将b的值

赋给变量c。

```
var a:int = 10;
var b:int = 8;
var c:int = (a > b) ? a : b;
trace(c);
//输出: 10
```

问题3：如何使用if语句实现多层次的条件判断？

解答：if语句可以实现同一层级的条件判断，但如
果想要进行多层次的条件判断，则可以使用嵌套if
语句。嵌套if语句的使用方法如下：

```
if(condition1){
if(condition2){
statements1;
}else{
statements2;
}
}else if(condition3){
statements3;
}else{
statements4;
}
```

其中，嵌套的if语句只有在if语句的条件为真
（true）时才会被执行，且必须包含在if语句的大括
号内。另外，else关键字也必须与它所属的if对齐。

15.11 高手训练营

版本：Flash CS4/CS5/CS6

1. 运算符的优先级

运算符的优先级决定了表达式中运算符的处
理顺序。在ActionScript中，可以使用显式的方法
来指定运算符的优先级。例如，在默认状态下，
AVM2虚拟机将优先执行乘法和除法，然后再执
行加法和减法，如下所示。

```
var a:int=10,b:int=20;
var c:int=a+b*a;//c==210
```

如果需要改变这个默认的执行顺序，可以为

需要高优先级的运算添加小括号"()"，如下所示。

```
var a:int=10,b:int=20;
var c:int=(a+b)*a//c==300
```

如果同一个表达式中，出现了两个或多个具
有相同优先级的运算符，则除了赋值运算符和条
件运算符"?:"之外，先处理左边的运算符，然
后再处理右边的运算符。赋值运算符和条件运算
符"?:"将先处理右边的运算符，再处理左边的
运算符。

多个相同优先级的运算符同样可以用小括号"()"来改变处理的优先顺序，例如，多个比较运算符组成的表达式，如下所示。

```
trace(10<60<40);//返回true
trace(10<60<40);//返回true
```

上面两个表达式的运算结果是完全相同的。如果需要改变表达式的默认处理顺序，则可以为右侧的运算添加小括号"()"，如下所示。

```
trace(10<(60<40));//返回false
```

2．命名空间

命名空间可以控制所创建的方法和属性的可见性。在Flash CS3以及Adobe Flash Player9.0版本的AVM2虚拟机中，主要有public(公共)、private（私有）、protected（受保护的）、internal（内部的）4种内置的命名空间。除了这4个内置的命名空间外，用户还可以创建自定义的命名空间。

在ActionScript3.0中，所有对类的属性、方法的解释都是通过命名空间进行的。如果用户未在代码中以命名空间开头，则解释器将通过默认的internal命名空间来解释类的属性和方法。

```
class NSExample//定义一个名为NSExample
的自定义类
{
    var stringtype:String;//声明一个自
定义字符串变量
    function afunction () {//声明一个
自定义函数
        trace(stringtype + " from
```

```
afunction ()");//该函数的作用是输出变量
和函数内容。
    }
}
```

在上面的代码中，并没有对命名空间进行定义。AVM2虚拟机在运行这段代码时，将自动以internal命名空间来解释类的属性。

3．包

在ActionScript1.0和2.0中，可以将代码放置在影片时间轴、按钮、影片剪辑的时间轴上或外部的.as文件内（以#include引用）。ActionScript3.0完全以类为基础，所使用代码都必须放在类的方法中。

使用"包"可以定义命名空间，并将多个类定义捆绑在一起，减少可能发生的命名冲突。包还可以将公有的代码共享。多个包之间的代码可以互相调用，通过这种调用，可以减少代码的行数，提高程序编写的效率。

包的代码通常需要写到扩展名为.as的文本文件中。声明一个包的代码如下：

```
package {//声明包
  public class Examplefile//创建公共类
Examplefile
  {
    function Examplefile()//创建主函数
Examplefile
  }
}
```